彩图1 在土中刨食的柴鸡

彩图2 生态放养的鸡能够提供风味和
卫生质量高的鸡肉

彩图3 柴鸡蛋

彩图4 放养鸡可以在放养场地
内觅食野生饲料

彩图5 冬季给柴鸡补饲胡萝卜

彩图6 在树林中播种的黑麦草可以
为春天的鸡群提供青绿饲料

彩图7　鸡群在人工种植的牧草地觅食

彩图8　人工养殖黄粉虫

彩图9　火炉加温设备　　　　　彩图10　燃油热风机

彩图 11   育雏热风炉

彩图 12   电热育雏伞

彩图 13   放养场地外周的金属围网

彩图 14   放养场地外周的竹篱笆和树条篱笆

彩图 15　放养鸡的简易鸡棚

彩图 16　蔬菜大棚改造成的鸡棚

彩图 17　放养鸡的简易鸡舍

彩图 18　建在树林中的放养鸡舍

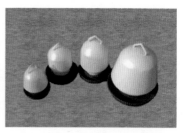

彩图 19　饮水设备

彩图20　放养柴鸡料筒　　　　彩图21　鸡舍内设置栖架

彩图22　喷雾器　　　　　彩图23　连续注射器

彩图24　纸浆蛋托　　　　彩图25　塑料蛋筐

彩图 26　笼养育雏

彩图 27　网上平养育雏方式

彩图 28　地面垫料平养育雏

彩图 29　雏鸡的饮水

彩图 30　常用的雏鸡开食盘

彩图 31　雏鸡喂饲

彩图 32　正确断喙的雏鸡（上喙比下喙略短）

彩图 33　用竹子做的栖架

彩图 34　在晴好天气让雏鸡到鸡舍
　　附近草地上活动和觅食

彩图 35　1 月的冬牧-70 黑麦草

彩图 36　冬天里的小青菜

彩图 37　将收割的野草放在
　　放养场地让鸡群采食

彩图 38　柴鸡具有栖高的习性，善飞跃

彩图 39　山地放养柴鸡的饮水
　　(图右侧白色的是饮水器)

彩图 40　饮水要足够

彩图 41　放养鸡群的补饲

彩图 42　产蛋箱

彩图 43　设置在崖壁上的产蛋窝

彩图 44　正在抱窝的鸡

彩图 45　气温低的时候要注意为鸡舍保温

彩图 46　绿化或搭设凉棚是夏季鸡群防暑的重要措施

彩图 47　分群管理有利于提高雏鸡成活率

彩图 48　在桃园内放养的柴鸡

彩图 49　林地养鸡场景

彩图 50　林地放养柴鸡的补饲

彩图 51　滩区放养柴鸡的补饲要结合
野生饲料资源情况

彩图 52　在山地放养的柴鸡

彩图 53　山地养鸡搭建的简易鸡棚

彩图 54　鸡舍内的柴鸡　　　　彩图 55　围圈放养的柴鸡

彩图 56　围圈放养鸡补饲精饲料　　彩图 57　围圈放养鸡补饲青绿饲料

生态养鸡实用技术

（第 2 版）

黄炎坤　编著

河南科学技术出版社

·郑州·

图书在版编目（CIP）数据

生态养鸡实用技术/黄炎坤编著.—2版—郑州：河南科学技术出版社，2020.9

ISBN 978-7-5725-0062-6

Ⅰ.①生… Ⅱ.①黄… Ⅲ.①鸡-生态养殖 Ⅳ.①S831.4

中国版本图书馆 CIP 数据核字（2020）第 130441 号

出版发行：河南科学技术出版社

地址：郑州市郑东新区祥盛街 27 号 邮编：450016

电话：（0371）65737028 65788613

网址：www.hnstp.cn

策划编辑：杨秀芳

责任编辑：申卫娟

责任校对：朱 超

封面设计：张 伟

责任印制：张艳芳

印 刷：辉县市文教印务有限公司

经 销：全国新华书店

开 本：850 mm×1 168 mm 1/32 印张：8.75 字数：238 千字 彩插：8

版 次：2020 年 9 月第 2 版 2020 年 9 月第 10 次印刷

定 价：29.80 元

前　言

　　我国是养鸡大国，据有关资料统计，2017年我国的禽肉总产量达到2 344.82万吨（占全世界禽肉总产量的15%左右），其中鸡肉产量为1 477.24万吨（占禽肉总产量的63%）。白羽肉鸡出栏42亿只，生产鸡肉781万吨；黄（麻）羽肉鸡出栏36.9亿只，生产鸡肉443万吨；817系列鸡肉产量106万吨；淘汰蛋鸡的鸡肉产量139.01万吨。蛋鸡存栏12.07亿只，鸡蛋产量2 115.8万吨（占世界总产量的42%左右），2018年鸡肉和鸡蛋的人均占有量分别为9.8千克和18.3千克。然而，我国的鸡蛋和鸡肉出口量很低，主要在国内市场消费。在常规的鸡蛋和肉鸡市场供应量充足，已经满足日常生活需求的情况下，消费者对安全优质的肉蛋产品的需求将会不断增加。

　　笼养蛋鸡所产的鸡蛋与圈养（甚至笼养）肉鸡所提供的鸡蛋、鸡肉的生产效率高，鸡的生产性能表现也很好，这些肉和蛋中的营养物质含量也足够，但是无论是蛋还是肉，其口感风味却不能满足人们的要求，很多人感到现在的鸡蛋和鸡肉没有香味。同时，鸡群在高密度饲养条件下，生活环境质量不好，鸡群的活动少，体质差，容易感染疾病，日常卫生防疫管理中药物的使用比较多，饲料中各种化学合成添加剂的使用较多，人们对笼养蛋鸡和圈养肉鸡所提供产品的卫生安全质量担忧颇多。

　　与传统的养鸡方式不同，生态养鸡的核心是为鸡群的健康生产提供一个良好的环境，饲养过程中让鸡群能够呼吸新鲜的空气，能够有足够的活动空间，大多数生物学习性能够得到满足，饲料中尽可能地减少合成添加剂的使用，卫生防疫管理上强调预防为主，严格控制药物使用以减少鸡的蛋和肉中的微生物污染和药物残留，使肉蛋产品在质量安全上和风味上能够符合现代消费需求。

随着人们质量意识的提高和收入水平的增加，大部分消费者宁愿花费较高的价钱去购买卫生质量安全有保证、风味好的特色性肉蛋产品，这也带动了生态养鸡产品市场需求量的显著增加。促进了以放养为主的生态养鸡模式在许多地方的推广和应用。

采用生态养殖模式饲养，鸡运动量大、饲养密度低、生活环境质量好、能够较多地采食野生的饲料、健康状况良好，尽管鸡群的生长速度相对较慢、产蛋量较低、生产成本稍高，但是，所提供的产品不仅卫生质量好而且风味也很好，适合了城市消费者对食品质量追求的目标。市场上，放养鸡所产的蛋价格是笼养鸡所产的蛋的 3～4 倍，柴鸡的价格是白羽快大型肉鸡的 2～4 倍，这为具有放养条件地方的农民发展特色性生态养殖提供了广阔的空间。生态养殖已经成为一个新兴的、充满活力的养殖产业。

但是，作为一种新的养殖理念，生态养殖的含义和效果还没有被大多数消费者所熟悉，生产者和消费者之间的桥梁还没有架好，造成消费者不知道到哪里去购买，而生产者不知道到哪里去销售。因此，从事生态养鸡的人员也需要多了解市场、开发市场，确保优质的产品能够以合理的价格及时销售出去。

由于编者水平所限，书中不足之处，敬请业内人士和广大读者批评指正，以便今后继续修订完善。

编著者

2019 年 5 月

目　录

一、生态养鸡概述

生态，就是指一切生物的生存状态，以及它们之间和它们与环境之间环环相扣的关系。由无机环境生物的生产者（绿色植物）、消费者（草食动物和肉食动物）及分解者（腐生微生物）三部分组成。相对于集约化、工厂化养殖方式来说，生态养殖是让畜禽在自然生态环境中按照自身原有的生长发育规律自然地生长，而不是人为地制造生长环境和用促生长剂让其违反自身原有的生长发育规律快速生长。

（一）生态养鸡的概念

有关"生态养殖"的概念比较多，从有关资料的介绍看：生态养殖是指根据不同生物间的共生互补原理，利用自然界物质循环系统，在一定的养殖空间和区域内，通过相应的技术和管理措施，使不同生物在同一环境中共同生长，保持生态平衡，提高养殖效益的一种养殖方式。有的定义是：畜禽生态养殖是指按照生态学和生态经济学原理，按照"整体、协调、循环、再生"的原则，因地制宜地规划、设计、组织、调整和管理畜禽生产，使农、林、牧等行业之间相互支持，相得益彰，以保持和改善生态环境质量，维持生态平衡，保持畜禽养殖业协调、可持续发展的生产形式。既能合理地利用自然资源发展畜牧业，又可在大力发展养殖业的同时，保护自然资源，维护生态平衡，保证养殖业资源的持续利用，实现畜禽养殖业生产的可持续发展，同时还能提高养殖业产品的品质。

生态放养鸡是相对"笼养鸡""舍养鸡""速生鸡""色素鸡"等的一种称谓。它是养殖者从农业可持续发展的角度，根据生态学、生态经济学的原理，将传统养殖方法和现代科学技术相结合，利用林地、草场、果园、农田、荒山、竹园和河滩等资源长期放养的无公害优质鸡。实行自由放养，让鸡群以觅食昆虫、嫩草、树叶、籽实和腐殖质等自然饲料为主，人工科学补料为辅，严格限制化学药品和饲料添加剂的使用，禁用任何激素和人工合成促生长剂，通过良好的饲养环境、科学饲养管理和卫生保健措施，最大限度地满足鸡群的营养、生理和心理需要，提高鸡群本身的免疫力，标准化生产，使肉、蛋产品达到无公害食品乃至绿色食品的标准。

专家研究发现，长期自由放养的鸡与其他鸡相比，其肌肉中肌纤维直径最小、密度更大，而肌纤维越细，肉质越嫩，肌纤维越密，风味越好；研究同时还发现，其肌肉中氨基酸和肌苷酸含量明显大于笼养鸡的含量。氨基酸和肌苷酸含量的多少是衡量肉质优劣的一项重要指标，它们直接影响到鸡肉加热后产生肉香味的强弱。

与传统的养鸡生产相比，生态养鸡生产首先关注的是鸡群的健康和鸡肉、鸡蛋的品质（包括营养价值、风味、化学品与药物残留、微生物污染等），其次才考虑鸡群的生产性能高低。因此，在有些情况下，强调了鸡的健康和产品品质就可能会在一定程度上造成生产性能的下降。这对于还没有形成优质优价的鸡产品市场调控机制的情况下，可能会使一些真正从事生态养鸡的养殖场（户）的生产成本提高，缺乏价格竞争力。

（二）政府在发展生态养殖方面的相关政策

2018 年中央一号文件指出：要优化养殖业空间布局，大力发展绿色生态健康养殖。扶持小农户发展生态农业、设施农业、体验农业、定制农业，提高产品档次和附加值，拓展增收空间。推进有机肥替代化肥、畜禽粪污处理、农作物秸秆综合利用、废弃农膜回收、病虫害绿色防控。加强农村水环境治理和农村饮用水水源保护，实施农村生态清洁小流域建设。实施农村人居环境整治三年行动计划，以农村垃圾、污水治理和村容村貌提升为主攻方向，整合各种资源，强化各种举措，稳步有序推进农村人居环境突出问题治理。

农业部办公厅于 2018 年 1 月 30 日印发的《2018 年畜牧业工作要点》指出：今后一个时期，畜牧业工作的总体思路是全面贯彻党的十九大精神，认真学习贯彻习近平新时代中国特色社会主义思想，以新发展理念为指导，深入落实中央农村工作会议、全国农业工作会议决策部署，聚焦实施乡村振兴战略和建设美丽中国的新任务、新要求，以"优供给、强安全、保生态"为目标，以"增效"为着力点加快转变生产方式，以"增值"为着力点加快塑造产业新形态，以"增美"为着力点加快重构种养关系，以"增绿"为着力点加强草原生态保护建设，持续提升劳动生产率、资源利用率、畜禽生产力，推动畜牧业高质量发展，在农业中率先实现现代化。总结提炼各地畜牧业新业态发展典型模式，推动畜牧业与文化、休闲、旅游等产业紧密联结，打造畜牧业发展新模式。

河南省人民政府办公厅于 2017 年 11 月 29 日发布了《河南省高效种养业转型升级行动方案（2017—2020 年）》和《河南省绿色食品业转型升级行动方案（2017—2020 年）》，方案指出：要推动高效种养业转型升级，要把尊重自然、保护生态贯穿种养业转型升级全过程，以绿色发展为方向，大力推行绿色生产和清洁生产，增加绿色优质农产品供给，构建绿色发展产业链、价值链、供应链，提升质量效益和竞争力，变绿色为效益，促进农民增收，助力脱贫攻坚。加快构建种植业—秸秆—畜禽养殖—粪便—沼肥还田、养殖业—畜禽粪便—沼渣（沼液）—种植业等高效、生态、循环种养模式，促进种养结合、资源循环利用。

（三）生态养鸡应符合的基本要求

从上述定义中我们可以看出，"生态养殖"必须符合以下几个要求：

1. 让鸡群生活在一个较为宽阔舒适的空间，以满足其生物学习性 生态养殖最关键的环节就是让鸡生活得舒适，如果鸡群经常处于拥挤、肮脏、空气质量污浊、受惊吓的环境中，就谈不上生态养殖；在这种条件下鸡的许多生活习性无法得到满足，就会诱发出恶癖，如啄羽、啄肛等。鸡群只有生活在舒适的空间才能有健康的体质和良好的生产性能。

满足生物学习性是生态养殖的重要特征，这些生物学习性有很多，如栖高习性（鸡喜欢卧在高处、树枝上，鸡爪的结构也适应其在树枝上栖息）、沙土浴习性（鸡喜欢在沙土地上刨坑，并把沙土揉到毛中用于驱除体表的寄生虫）、公母交配习性（成年鸡每天都有交配行为）、怕潮湿（在潮湿的环境中容易感染细菌性疾病，如大肠杆菌病、曲霉菌病等）、杂食习性（鸡可以根据环境中存在的各种食物和自身的需要采食不同的饲料）、相互嬉戏（鸡之间有时的争斗是交流的形式）、运动习性（鸡喜欢来回走动、甚至飞跳）等。而这些习性在笼养或舍内密集饲养的条件下是无法得到满足的。满足不了鸡的生物学习性，就会影响到鸡的某些生理机能，就可能对健康和生产造成不良影响。

2. 为鸡群提供一个清洁的环境，保证环境不受各种污染

集约化养鸡把大量的鸡集中在一个狭小的空间内饲养，由于生活空间小、鸡只数量多，每天产生的有害气体、粪便、粉尘很多，环境中湿度大，空气中微生物浓度高，生活环境质量差，这是集约化养鸡生产中疫病问题多的重要原因。

生态养鸡的重要作用是为鸡群提供一个干净、舒适的生活环境。而且，鸡群的生活场所很少受到外来人员、车辆及其他鸟兽的干扰。只有这样，鸡群的健康才能得到保证，鸡蛋和鸡肉的安全质量才可靠。

3. 环境友好，在养鸡的过程中不会对环境自然生态造成严重破坏　我国在20多年来的养鸡发展过程中主要是采用舍内高密度饲养的方式，这种饲养方式能够在有限的空间内饲养大量的鸡只，可以提供较大数量的鸡肉或鸡蛋产品，对于解决产品供应不足、提高饲养效率、降低饲养成本发挥了重要作用。但是，随着人们生活水平的提高，一部分消费者逐渐重视鸡肉或鸡蛋的风味口感，而这种要求很难在集约化饲养方式下实现，这就出现了在许多地方把放养作为生态养鸡的主要模式，来提供风味口感更好的产品。在一些欧盟国家目前也禁止笼养的方式，要求鸡肉和鸡蛋都是放养模式的鸡群所提供的。

鸡群放养需要考虑鸡群在野外觅食的时候不会对场地的植被造成严重破坏，植被应该能够在较短时期内得到恢复，在丘陵山地放养鸡群更不能造成水土流失问题。鸡群放养不能对放养场地造成严重的污染，放养场地能够充分消纳鸡群放养过程中产生的粪便、废水等有机污染物。这些是可持续发展的前提条件。

要达到上述要求，关键是要控制单位面积放养场地的载鸡量即放养密度。如果不考虑生态环境的保护，那么生态养鸡只能是短期行为，而且这方面的教训很多。如有的地方在山地放养柴鸡，山地上的植被本来就不茂盛，但是每亩地放养鸡的数量超过了100只，不到半个月时间，放养场地内几乎寸草不生，而且地面上有大量被鸡刨出的坑，一些草根也被鸡刨了出来，以后的时间鸡只就没有野生的饲料可以食用了，只能使用配合饲料，而且该山地的水土流失问题也比以往更严重了。还有的生态养鸡场，配套的运动场面积小，每天鸡群到室外运动场活动后，场地上积存大量的粪便，时间长了运动场就被污染了；尤其是在一些靠近饮用水水源地的河流附近，污染物会对水质造成破坏。

4. 充分利用自然资源，包括场地、饲料等　生态养鸡就是要体现鸡群与自然生态环境的和谐，可以相互利用。如在树林里放养鸡群，树林里的杂草、草籽、虫子为鸡群提供了天然的饲料，鸡群的粪便为树林的生长提供了良好的有机肥，鸡吃虫子后减少了树林的病虫害，减少了喷洒农药的成本和对环境的污染。同样，在果园内养鸡也能得到相同的效果，而且也能为生产无公害水果提供条件。

在有的园林苗木种植基地，大片的林地内杂草丛生，每个月都需要雇用人员拔除杂草，还要定期喷洒农药防治病虫害。而在苗木地内放养一些蛋鸡后，这些鸡白天在林地内采食杂草和草籽，寻食地下各种虫子，傍晚在鸡舍附近用灯光诱虫为鸡群提供丰富的蛋白质饲料。不仅减少了除草、施肥和喷洒农药的费用，而且用较低的成本（适量补饲配合饲料）换取了较多的、品质优良的鸡蛋产品。

利用林地、果园放养鸡不仅为鸡群提供了较大的活动空间，也减少了专门建鸡场对农田的占用，还在一定程度上缓解了农田保护与养殖场建设占地之间的矛盾。

5. 疫病防控尽可能不使用抗生素类药物和添加剂　生态养鸡的主要目的是生产出优质、安全的鸡肉和鸡蛋，要求鸡肉、鸡蛋中无微生物污染和药物及重金属残留。这就要求在日常生产管理中要加强卫生防疫和检疫，尽可能避免鸡只被感染，同时做好疫病的净化管理。在鸡病防控过程中要尽量避免使用抗生素等化学合成药物，可以使用益生素（微生态制剂）、多聚糖（如异麦芽寡糖、大豆低聚糖、低聚果糖、半乳寡糖、乳果寡糖、低聚木糖、龙胆寡糖、甘露寡糖等）、中草药或其提取物、生物制剂（包括疫苗、干扰素、白介素等细胞因子）、酶制剂、糖萜素等提高机体免疫力和杀灭病原体。

生态养殖的蛋用鸡在 12 周龄前可以使用农业部规定允许使用的药物和添加剂；生态放养的肉用鸡则在出栏前 4 周停用各种化学药物；开产前 4 周内和产蛋期间的鸡群不能使用任何抗生素。这样才能保证所生产的肉和蛋中没有药物残留问题。

6. 能够提供符合无公害或绿色食品标准的鸡肉、鸡蛋产品 符合无公害或绿色食品标准的鸡蛋或鸡肉是当今消费者的追求，而生态养殖则是满足消费者健康饮食需求的重要途径。

目前，很多消费者认为集约化生产的鸡蛋和鸡肉口感和风味欠佳，而且因当前鸡病较多而对鸡肉和鸡蛋的质量有些顾虑，认为笼养鸡或集中圈养鸡生长速度快，肉无味、药物残留多、有微生物污染，鸡蛋味道差等。这些问题虽然不能全面和客观地反映现实情况，但是在实际生产和生活中确实存在。有一些集约化养鸡生产企业由于生产环境条件差，卫生防疫管理工作不到位，疫病问题非常突出。而养鸡生产者为了防治疾病，不得不经常使用各种药物（甚至是滥用药物）控制疾病，这在客观上就给人们造成了集约化鸡场生产的是"药蛋"和"药鸡"的疑虑。2017年以来全国各地通报了多起在鸡蛋抽检中查出氟苯尼考、氧氟沙星等药物残留的问题。

生态养鸡能够为鸡群提供舒适、安全的生活环境，能够让鸡群保持一个健康的体质，疾病的发生很少，药物的使用也自然少，肉和蛋的卫生质量问题能够得到解决。同时，鸡采食大量的天然饲料，与土壤经常接触，补饲的配合饲料少，摄入的化学添加剂自然也少，所生产的蛋和肉的风味也好。

（四）生态养鸡模式对鸡产品的影响

为什么采用生态养鸡模式就能够生产出质量可靠、风味浓郁的优质鸡蛋和鸡肉产品呢？这主要是由以下几方面因素决定的。

1. 鸡群活动空间大 采用生态养殖模式首先要求给鸡群提供足够大的生活空间。一般采用的放养模式，每亩地的放养鸡只数量为50只左右，平均每只鸡的活动空间为13.3平方米；如果采用鸡舍内平养加室外运动场（运动场面积为室内面积的3倍以上）饲养模式，每只鸡的活动空间约为0.5平方米，是单纯的舍内平养鸡活动面积（约为0.13平方米）的100倍和3.8倍，比笼养鸡的活动面积（0.04平方米）高出更多。充足的活动空间可以减少鸡群的应激，减少拥挤，减少互啄，减少环境污染，对于保证鸡群正常的生理机能和健康是十分有利的。充足的活动空间能够让鸡自由活动，最大限度地满足其生物学习性。

健康状况和精神状态良好的鸡所提供的肉和蛋的质量也好。如果鸡经常出现应激（如拥挤、争斗、紧张等），其体内的肾上腺皮质激素就会分泌较多，而这种激素对鸡肉和鸡蛋的品质会产生不良影响，含有这种激素的肉、蛋对消费者来说是有害的。

2. 鸡只充分接触土壤 凡是有足够时间与土地直接接触的鸡，其健康状况大都比较好，鸡的羽毛光亮而且完整，鸡冠大而红润，鸡肉紧实。而在笼中或网上饲养的鸡相对来说无论是羽毛的完整性、光洁度及精神状态，都不如在地面四处活动的鸡。

土壤中含有的一些物质对鸡只正常生理机能的维持非常重要。在鸡群放养过程中我们会发现鸡只常常在地面啄食一些沙粒、草根，还会刨出小坑并在其中躺卧，将细沙或细土揉入羽毛间进行沙浴，这不仅获取了一些营养素，还有助于驱除体表的寄生虫。因此，在一些地方把散养的鸡叫作"走地鸡"，销售的价格也比较高。

3. 鸡只生活空间的空气质量好 由于笼养或舍内平养方式是在一个狭小的空间内生活着大量的鸡只，鸡只每天排泄的粪便、呼出的二氧化碳、粪便中产生的有害气体、生活过程中形成的粉尘、机体外排的各种微生物都在舍内聚集，加上鸡舍的通风不能保证各处的空气及时更新，鸡舍内的空气质量根本无法与舍外相比。研究证明，集约化养鸡生产中鸡群的生理机能和健康方面发生的问题都与鸡舍内空气质量不好有很大的关系。

生态养鸡过程中，鸡群有大部分的时间在室外活动，外界的空气质量要比鸡舍内的好（外界环境空气中的微生物、有害气体、粉尘含量都比室内空气中的低很多）。即便是夜间或雨雪及大风天气，鸡群需要在鸡舍内生活，由于鸡群在鸡舍内连续生活的时间短，鸡舍内的空气也不会显得很污浊。基本上能够保证鸡群所呼吸到的空气是洁净的，大肠杆菌病、慢性呼吸道病、曲霉菌病等与空气质量密切相关的传染病发生率较低。

4. 鸡只接触到的病原微生物少 病原微生物是引起鸡群发生传染病的根源，当环境中病原微生物的浓度达到一定程度，鸡体的抵抗力又比较低的时候就会引起鸡发病。环境中微生物的来源包括各种传播媒介（如人员、动物、车辆、物品、灰尘）从疫区携带过来的、本养殖场以往的死鸡和粪便污水造成的土壤和饮水污染等。微生物在温暖、湿润、空气不流通、空气中粉尘多的环境中繁殖得很快，堆积的粪便和垫料、环境中的死鸡尸体及其他含有机质的垃圾是微生物繁殖的重要场所，病鸡体内可能存在大量的病原微生物并不断向环境中排放。

在笼养或舍内平养条件下，鸡舍内的有机物（饲料、粪便、粉尘、脱落的羽毛和皮屑等）积存较多、温度和湿度较高、阳光照射少、空气流通不良，这些都为微生物的繁殖提供了良好条件，使得室内空气中微生物的浓度显著高于室外。在鸡舍内生活的鸡群接触到的微生物数量就比较多。

放养的鸡群活动范围大，单位面积的粪便、垫草等有机物积存的量少，而且土壤的消纳能力强，加上白天阳光直接照射地面和物品，环境中的微生物绝大多数都被杀灭，鸡群生活中接触到的微生物数量就显著减少。这也是采用生态养鸡模式的情况下，鸡群健康状况良好，感染传染病的概率较低的重要基础。

　　5. 鸡只的运动量大　鸡只的运动量与机体的新陈代谢直接有关，运动量越大则机体新陈代谢越旺盛，鸡的体质就越好。因此，放养或运动多的鸡体质健壮，发病较少，不需要经常使用药物，有助于减少因为药物滥用而造成肉、蛋中药物残留的问题。另外，鸡在运动过程中所产生的一些代谢产物或诱导分泌的一些物质可能会长期在体内积累，成为风味物质的组成成分，或与风味物质的形成有关，因此，运动多的鸡其蛋和肉的风味要比笼养或舍内饲养的鸡要好。

　　6. 鸡只采食天然的饲料多　采用生态养鸡模式的鸡群能够采食大量的天然饲料，如青草、草根、草籽、虫子、原粮等。这些天然的、未经加工的饲料所含的营养素被破坏的较少（尤其是维生素、不饱和脂肪酸等），有的还含有一些天然的生物活性物质和抗菌物质，鸡只采食后不仅能够获得生长发育和产蛋所需要的营养素，还能够提高机体的生理机能和体质。采食天然饲料可以减少配合饲料的用量，减少合成添加剂的用量，减少肉和蛋中化学物质的残留。"虫子鸡""虫草蛋"也因此而生，成为高端鸡和蛋的代名词。

　　7. 鸡只的生产性能相对较低　由于在生态放养鸡的饲料中很少添加或不添加一些非营养性添加剂，所用饲料主要由天然的原料组成，会出现营养不完善、不平衡的问题，就会造成鸡群的生长速度较慢、产蛋率较低。加上鸡群运动量大，要消耗一定量的营养，用于生长和产蛋的营养相对减少，饲养期则需要延长。而较长的饲养期有利于肌间脂肪、肌内脂肪的形成，使肌肉更加紧实；对于蛋鸡而言，则有利于蛋内固形成分和微量营养素的增加。

（五）发展生态养鸡的意义

生态养鸡是我国现代化养鸡生产的重要补充，对丰富城市居民肉蛋品需求多样化、合理利用自然资源、增加山区和农区群众收入方面有重要意义。对于非放养的生态养鸡方式，由于为鸡群提供了一个舒适的生活环境，鸡群能够保持良好的健康状况，生产性能表现也会更好。这里主要从放养方式表述发展生态养鸡的意义。

1. 生态养殖符合鸡的生理特点　鸡为杂食性禽类，适合地面觅食，野外生活力较强，在放牧饲养条件下，可以节约饲养成本。尤其是像柴鸡，体格健壮，性情活跃，活动范围大，捕捉野生昆虫能力强，在每年5~6月黄河滩区放鸡灭蝗中，柴鸡是首选禽种，可以减少农药投入，保护生态环境，同时能够生产优质肉蛋产品。鸡只喜欢运动，在较大的空间内可以来回跑动，这种运动能够增强其体质。柴鸡具有掘土找食的天然习性，在冬春季节绿色植物缺乏时，仍然能够从土壤中找到可以食用的饲料资源（如草根、虫子等）（彩图1）。

2. 生态养殖可以生产优质鸡肉　对于我国大多数地区的消费者来说，优质鸡肉意味着鸡肉的风味口感好，没有微生物污染和药物残留，具有较高的营养价值。生态养殖的鸡生活在远离城市污染的山区农村或农区林地、果园，这些地方野生饲料资源丰富、空气清新、水质良好，减少了配合饲料及添加剂的用量，保证了鸡肉的天然风味。放养场地的防疫隔离条件较好，疫病威胁小，减少了预防用药，因此鸡肉中无药物残留，放养的柴鸡是高档的绿色禽产品。生态养殖的鸡只活动量大，其肌肉纤维细、肌肉紧凑、皮脆骨细、味道鲜美、鸡汤清香，是家庭、酒店和食品加工厂的最佳原料鸡（彩图 2）。

3. 生态养殖可以提高鸡蛋品质 研究发现，影响鸡蛋的品质与风味的因素主要有四个，一是品种，二是健康状况，三是饲料，四是饲养方式。有了好的鸡品种，再采用放养方式，鸡的活动范围与采食空间扩大，可以摄入笼养无法得到的各种微量元素、青绿饲料、昆虫、草籽等野生动植物资源，食物来源更加广泛，鸡只的健康状况良好。这样，鸡蛋的营养会更全面，风味会更好，而且无药物残留。

据分析，放养柴鸡蛋的蛋黄占全蛋的比例高达 32%，而普通笼养商品鸡蛋约为 27%；柴鸡蛋的哈氏单位（衡量蛋白黏稠度的指标）达到 86，而普通商品鸡蛋为 76；蛋黄色泽，柴鸡蛋的罗氏色度为 9，而普通商品鸡蛋为 7，煎炒出的柴鸡蛋为金黄色（普通商品鸡蛋为灰黄色），而且香味明显。因此，从外观性状看，柴鸡蛋的蛋黄大、颜色深，蛋白黏稠。放养柴鸡蛋的水分含量低，蛋白中蛋白质的含量高，蛋黄中脂肪的含量也明显比普通商品鸡蛋高。柴鸡蛋的蛋黄中多种维生素和微量元素的含量也高于普通商品鸡蛋。放养柴鸡蛋的蛋壳致密，气孔小，耐存放。一般室温条件下，普通商品鸡蛋静止存放 28 天就出现蛋黄黏壳现象，而柴鸡蛋 35 天还没有发生此现象。正是由于在这些指标上明显优于普通商品鸡蛋，柴鸡蛋才受到消费者的青睐（彩图 3）。

由于采用生态养殖方式生产的鸡蛋营养价值高、味道好，而且其中的药物残留少，符合绿色食品的基本要求，其在市场上的销售价格明显高于普通商品鸡蛋，而且供不应求。现在市场上放养鸡群生产的鸡蛋每千克售价一般在 20 元左右，高的甚至超过 50 元。

4. 生态养殖可以降低综合性生产成本 我国农村、山区有广阔的适合鸡群放养的场地，野生动植物饲料资源丰富（彩图 4）。放养鸡可以充分利用山区、滩区、果园、林地内的鲜嫩草、草籽、昆虫等自然资源，鸡舍及其他设备也很简单，可以有效地降低饲料、固定投入等成本，同时又可消灭病虫害，增加草地、果园内的肥力。林地放养鸡还可以代替人工除草，减少这方面的开支。

5. 生态养鸡能够提高山区群众的收入　我国偏远贫困山区工业和商业不发达，交通不便利，人口密度低，群众的经济收入水平低，是当前我国贫困人口相对集中的地区，也是国家脱贫攻坚战的重要区域。然而，这些地区防疫隔离条件好，环境污染程度低，是生产绿色禽产品的理想地区。在这些地区发展生态养鸡，产品优势明显，是当地农民增收的好项目。多年来饲养柴鸡的养鸡户和养鸡场饲养实践证明，放牧饲养的柴鸡，公鸡90~100日龄即可上市，上市体重1.5~2.0千克，活鸡批发价约为20元/千克，饲养一个生产周期平均利润10元/只以上。放养母鸡（包括柴鸡和培育的蛋鸡配套系）主要目的是生产散养鸡蛋，每只母鸡一个产蛋周期可以产蛋120~200枚，重量8~10千克，每千克批发价16元，利用1年淘汰的母鸡批发价每只可以卖到25元，饲养1只母鸡一个周期可以获得净利润35元左右。我国柴鸡的市场价格各地差异很大，南方高于北方，发达地区高于欠发达地区。

（六）生态养鸡产品的质量保证

消费者之所以愿意用较高的价格购买采用生态养殖方式生产的鸡和鸡蛋，关键在于他们认为这样的鸡和鸡蛋的风味好、营养价值高，肉和蛋中的药物残留少，更符合绿色食品的标准要求。生产和销售的生态养鸡产品是否能够真正符合消费者的这种需求，主要看生产过程是否能够满足以下几方面的要求。

1. 饲养的鸡是健康的鸡　从雏鸡购买到整个养殖过程都要把健康作为第一关注点。没有健康的鸡群就无法达到生态养殖的目的。雏鸡要购自卫生防疫管理规范的种鸡场，避免垂直传播疾病对以后的影响；鸡群按时接种疫苗以防止传染病的发生；使用中草药防止细菌性疾病和寄生虫病。只有鸡群健康才能保证产品的优质、安全。

2. 采用放养方式　如果把鸡养在鸡笼内或圈在鸡舍内，鸡的活动量小，鸡群的生产性能会明显提高，但是肉和蛋的风味明显下降。如果采用放养方式，鸡的运动量大，虽然产蛋性能和生长速度会下降，但是其肉和蛋的风味明显提高。

3. 较多使用野生饲料　野生饲料（如青草、叶菜、草籽、昆虫等）都是新鲜的，其中所含的各种营养成分都得到很好地保留，鸡能够很好地利用这些营养物质，有的微量营养素还能够直接转移到肉和蛋中，改善肉和蛋的风味。如果使用配合饲料，则许多原料中的一些成分在加工过程被破坏，化学结构和性质发生了变化；而且在配合饲料生产中常常使用一些化学合成添加剂（甚至会有药物添加剂），不仅影响风味物质的沉积，还有可能使肉和蛋内有化学物质残留。配合饲料使用过多还会造成产蛋率高或生长速度快而影响产品质量。

4. 使用中草药预防疾病　无论采用何种饲养方式，鸡群饲养过程中受到外界各种不适因素的影响都可能诱发疾病，因此必须做好日常的预防和治疗。在防治疾病的过程中如果使用化学药物，尤其是在产蛋期或肉鸡上市前2周内使用，难免出现药物残留问题。使用中草药预防和治疗各种疾病能够避免药物残留问题的产生。因此，生态养鸡过程中应尽可能使用中草药代替化学药物用于防治疾病。

5. 保证鸡群的健康　只有健康的鸡群才能生产优质的肉和蛋。生态养鸡过程中必须做好综合性卫生防疫管理工作，预防各种疾病的发生，保证鸡群的健康。

二、生态养鸡的品种选择与繁育

现代蛋鸡、肉鸡配套系和地方优良品种都可以作为生态养鸡的品种。生态养鸡与传统的养鸡生产很大的差别在于饲养方式、使用的饲料和生产环境的差异，品种方面主要是考虑对这种饲养方式的适应性。

（一）蛋鸡配套系

蛋鸡配套系包括白壳蛋鸡、褐壳蛋鸡、粉壳蛋鸡三类，这里主要介绍当前国内饲养数量较多的一些品种。

1. 白壳蛋鸡配套系　主要是以单冠白来航品种为基础育成的，是蛋用型鸡的典型代表。这种鸡开产早，产蛋量高；无就巢性；体格小，耗料少，产蛋的饲料报酬高；单位面积的饲养密度高，相对来讲，单位面积上的总产蛋数多；适应性强，各种气候条件下均可饲养；蛋中血斑和肉斑率很低。这种鸡最适于集约化笼养管理。它的不足之处是过于神经质，胆小易惊，抗应激性较差；啄癖多，特别是开产初期啄肛造成的伤亡率较高。其代表性配套系如下：

（1）海兰 W-36：该鸡系美国海兰国际公司育成的配套杂交鸡，在国内一般称为海兰白。海兰 W-36 商品代鸡生产性能指标：0~18 周龄育成率 97%，平均体重 1.28 千克；161 日龄产蛋率达 50%，高峰期产蛋率为 93%~96%，32 周龄平均蛋重 56.7

15

克，70周龄平均蛋重64.8克，80周龄入舍鸡产蛋量294~315枚，饲养日产蛋量305~325枚；产蛋期存活率为90%~94%。海兰W-36雏鸡出壳后可通过羽速自别雌雄。

（2）罗曼白：罗曼白系德国罗曼公司育成的两系配套杂交鸡，即精选罗曼SLS，也称罗曼来航。据罗曼公司的资料介绍，罗曼白商品代鸡生产性能指标：0~20周龄育成率为96%~98%；20周龄体重1.3~1.35千克；150~155日龄产蛋率达50%，高峰期产蛋率为92%~94%，72周龄产蛋量290~300枚，平均蛋重62~63克，总蛋重18~19千克，每千克蛋耗料2.3~2.4千克；产蛋期末体重1.75~1.85千克；产蛋期存活率为94%~96%。

（3）京白1号：京白1号是北京华都峪口禽业公司育成的白壳蛋鸡配套杂交鸡。这种杂交鸡的突出特点是早熟、高产、蛋大、生活力强、饲料报酬高。其主要生产性能指标：0~18周龄育成率为98%；18周龄体重1.25千克；群体145日龄开产（产蛋率达50%），高峰期产蛋率为98%；72周龄产蛋数330枚，平均蛋重61克，总蛋重19.5千克；80周龄产蛋数373枚，平均蛋重62克，总蛋重22.2千克；每千克蛋耗料2千克；产蛋期存活率为97%；产蛋期末体重1.78千克。

2. 褐壳蛋鸡配套系　褐壳蛋鸡是在蛋肉兼用型品种鸡的基础上经过现代育种技术选育出的高产配套品系，所产蛋的蛋壳颜色为褐色，而且蛋重大；蛋的破损率较低，适于运输和保存；鸡的性情温顺，对应激因素的敏感性较低，好管理；啄癖少，因而死亡率、淘汰率较低；商品代杂交鸡可以根据羽色自别雌雄。国内饲养的主要配套系如下：

（1）京红1号：是北京华都峪口禽业公司培育的褐壳蛋鸡配套系，是国内目前饲养较多的品种之一。父母代种鸡父本为红褐色、母本为白色，均产褐壳蛋；商品代雏鸡绒毛公雏白色、母雏褐色。商品蛋鸡公雏主要生产性能指标：0~18周龄成活率为

98%，18 周龄体重 1.51 千克，消耗饲料 6.45 千克/只；开产日龄 140 天，高峰期产蛋率为 96%；19~72 周龄成活率为 97%，19~80 周龄成活率为 95%；72 周龄产蛋总重 20.4 千克，80 周龄产蛋总重 23 千克；36 周龄蛋重 61.2 克，72 周龄蛋重 65.3 克，80 周龄蛋重 65.5 克；36 周龄体重 1.93 千克，72 周龄体重 2.08 千克，80 周龄体重 2.1 千克。

（2）海兰褐壳蛋鸡：是美国海兰国际公司培育的四系配套优良蛋鸡品种，我国从 20 世纪 80 年代引进，目前在全国有多个祖代或父母代种鸡场，是褐壳蛋鸡中饲养较多的品种之一。海兰褐壳蛋鸡外貌特征与京红 1 号相似。

海兰褐壳蛋鸡商品代生产性能：1~18 周龄成活率为 96%~98%，体重 1.5 千克，消耗饲料 7 千克/只；产蛋期（至 72 周龄）高峰期产蛋率为 94%~96%；入舍母鸡产蛋数至 60 周龄 246 枚，至 74 周龄 330 枚，平均蛋重 65 克，平均每只鸡日耗料114~118 克；19~72 周龄成活率为 94%；72 周龄体重 2 千克。

（3）罗曼褐壳蛋鸡：是德国罗曼公司培育的四系配套优良蛋鸡品种，目前在全国大多数省（自治区、直辖市）建有种鸡场。罗曼褐壳蛋鸡具有适应性强、耗料少、产蛋多的优良特点。近年来引进的种鸡常常称为新罗曼，据养殖者反映虽然体重下降了，但产蛋性能没有降低，只是啄癖的发生率较高。外貌特征与京红 1 号相似。

罗曼褐壳蛋鸡父母代生产性能：18 周龄体重 1.4~1.5 千克，1~20 周龄耗料 8 千克/只（含公鸡），1~18 周龄成活率为 96%~98%，开产日龄为 147~161 天，产蛋高峰期产蛋率为 90%~92%；72 周龄产蛋量 275~283 枚，产合格种蛋 240~250 枚，产母雏 95~102 只；68 周龄母鸡体重 2.2~2.4 千克；21~68 周龄耗料 41.5 千克/只，产蛋期成活率 94%~96%。

罗曼褐壳蛋鸡商品代生产性能：20 周龄体重 1.5~1.6 千克，

1~20 周龄耗料 7.2~7.4 千克/只，1~18 周龄成活率为 97%~98%，开产日龄为 145~150 天，高峰期产蛋率为 92%~94%；72 周龄母鸡产蛋 295~305 枚，总蛋重 18.5~20.5 千克，平均蛋重 64 克，体重 1.9~2.1 千克；19~72 周龄日耗料 108~116 克/只，料蛋比（2.3~2.4）：1，成活率为 94%~96%。

（4）巴布考克 B-380 褐壳蛋鸡：是哈伯德伊莎家禽育种公司培育的高产褐壳蛋鸡良种。巴布考克 B-380 褐壳蛋鸡最显著的外观特点是具有黑色尾羽，并且其中 40%~50% 的商品代鸡体上着生黑色羽毛，由此可作为它的品牌特征以防假冒。该鸡种性温顺，耐粗饲，省饲料，适应性强，好饲养。

该鸡种具有优越的产蛋性能，商品代 76 周龄产蛋数达 337 枚，总蛋重 21.16 千克；蛋大小均匀，产蛋前后期蛋重差别较小；蛋重适中，产蛋全期平均蛋重 62.5 克；蛋壳颜色深浅一致；全程料蛋比低，为 2.05：1。

（5）新杨褐壳蛋鸡配套系：是上海新杨家禽育种中心等单位联合培育的，由四系配套组成，父母代羽速自别，商品代羽色自别。

新杨褐壳蛋鸡配套系父母代生产性能：1~20 周龄成活率为 95%~98%，20 周龄体重为 1.55~1.65 千克，入舍鸡耗料 7.8~8 千克；产蛋期（21~72 周）成活率为 93%~97%，开产日龄为 154~161 天，高峰产蛋期为 28~32 周；72 周龄入舍母鸡产蛋数为 266~277 枚，产种蛋数为 238~248 枚；68 周龄母鸡体重为 2.05~2.1 千克。

新杨褐壳蛋鸡配套系商品代生产性能：1~20 周龄成活率为 96%~98%，20 周龄体重为 1.5~1.6 千克，入舍鸡耗料 7.8~8 千克/只；产蛋期（21~72 周）成活率为 93%~97%，开产日龄为 154~161 天，高峰期产蛋率为 90%~94%；72 周龄入舍母鸡产蛋数为 287~296 枚，总蛋重 18~19 千克，平均蛋重 63.5 克，日平均耗料 115~120 克/只，饲料利用率为 2.25~2.4，羽色自别雌雄。

（6）宝万斯尼拉：为四元杂交褐壳蛋鸡配套系。父母代父本为单冠、红褐色羽，母本为单冠、芦花色羽。商品代雏鸡单冠、羽色自别：母雏羽毛为灰褐色，公雏羽毛为黑色。成年母鸡为单冠，体躯羽毛黑色，颈部上段羽毛红褐色；成年公鸡为芦花色羽毛。

育成期（0~17 周）生产性能：成活率为 98%，18 周体重为 1.5 千克，18 周耗料 6.6 千克/只。

产蛋期（18~76 周）生产性能：存活率为 95%，开产日龄为 143 天，高峰期产蛋率为 94%，平均蛋重 61.5 克，入舍母鸡产蛋数 316 枚，平均日耗料 114 克。

3. 粉壳蛋鸡 粉壳蛋鸡是由褐壳蛋鸡与白壳蛋鸡杂交育成的配套系（一些地方品种鸡也产粉壳蛋），其蛋壳颜色介于褐壳蛋与白壳蛋之间，呈浅褐色或粉灰色，国内群众都称其为粉壳蛋。其羽色为白色或白羽带杂色斑块。国内饲养的主要配套系如下：

（1）农大 3 号粉壳蛋鸡：是北农大科技股份有限公司和中国农业大学动物科技学院联合培育的矮小型商业品种。父本是矮小型褐壳蛋鸡配套系，母本是白壳蛋鸡配套系；商品代雏鸡能够根据羽速自别雌雄，成年母鸡羽毛以白色为主，有少量红羽。农大 3 号粉壳蛋鸡成年体重比普通壳蛋鸡小 25% 左右，自然体高比普通型鸡矮 10 厘米左右。商品代母鸡 18 周龄体重为 1.15 千克，72 周龄体重为 1.49 千克；1~18 周龄成活率为 98%，19~72 周龄成活率为 96%；142 日龄产蛋率为 50%，72 周龄饲养日产蛋数约 302 枚，平均蛋重 53.2 克；产蛋期平均日采食量只有 88 克/只，比普通鸡少 20% 左右。料蛋比一般在 2.1∶1，高水平的可达到 2.0∶1，比普通鸡饲料利用率提高 15% 左右。

（2）农大5号粉壳蛋鸡成年母鸡羽毛为红褐色，18周龄体重为1.13千克，72周龄体重为1.65千克；1~18周龄成活率为97%，19~72周龄成活率为95%；154日龄产蛋率为50%，72周龄饲养日产蛋数约295枚，平均蛋重54.9克。蛋壳颜色略深于农大3号，为深粉色。

（3）京粉1号：是北京华都峪口禽业公司培育的，商品代雏鸡可以通过羽速进行雌雄鉴别。成年商品代母鸡胸部羽毛带有浅褐色，其他部位羽毛为白色，主要生产性能指标：18周龄成活率为98%，每只消耗饲料6.33千克，体重1.43千克；开产日龄为140~144天，高峰期产蛋率为94%~97%；19~72周龄成活率为97%，产蛋总重20.1千克，体重1.81千克；19~80周龄成活率为95%，产蛋总重23千克，体重1.82千克；32周龄平均蛋重60克，72周龄平均蛋重65克，80周龄平均蛋重66克。

（4）京粉2号：由北京华都峪口禽业公司培育，商品代雏鸡可以通过羽速进行雌雄鉴别。成年商品代母鸡羽毛为白色，主要生产性能指标：18周龄成活率为98%，每只消耗饲料6.36千克，体重1.47千克；开产日龄为141~146天，高峰期产蛋率为94%~98%；19~72周龄成活率为97%，产蛋总重20.1千克，体重1.94千克；19~80周龄成活率为95%，产蛋总重22.8千克，体重1.95千克；32周龄平均蛋重61.5克，72周龄平均蛋重63.5克，80周龄蛋重64克。

此外，北京华都峪口禽业公司培育的粉壳蛋鸡还有京粉6号（商品代为红褐色羽毛）、京粉8号（商品代为黑色羽毛），生产性能与京粉2号相似。

（5）大午金凤蛋鸡：是大午种禽公司和中国农业大学合作培育成功的羽色自别粉壳蛋鸡配套系。商品代母鸡羽毛为红褐色，具有优良的综合生产性能，不啄肛，全程死淘率低，适应性强，耗料少，产蛋多，蛋重适中。商品代蛋鸡育雏、育成成活率

98%以上，产蛋期成活率96%以上；72周龄饲养日产蛋数315枚以上，产蛋总重可达20千克，产蛋期日平均耗料113克，高峰期料蛋比为2.2：1，90%以上产蛋率持续时间可达6～7个月，72周龄体重1.85千克。

（6）大午粉1号：由大午种禽公司培育，父母代和商品代均为白色羽毛，商品代可以通过羽速自别雌雄。成年商品代母鸡主要生产性能指标：18周龄成活率为95.3%～98.3%，体重1.38～1.43千克；开产日龄为144～147天；19～72周龄成活率为93%～96%，产蛋数332～338枚，平均蛋重60～61.5克，总重19.8～20.9千克，体重1.88～1.91千克。

（7）京白939：是由大午种禽公司选育的粉壳蛋鸡配套系。父母代种鸡父本羽毛为褐色，母本羽毛为白色。商品代可以根据羽色自别雌雄，成年母鸡羽毛以白色为主，一些个体白羽带有少量褐色或黑色羽毛。商品代主要生产性能指标：18周龄成活率为96%～98%，体重1.34～1.4千克；开产日龄为140～150天；19～72周龄成活率为95%～97%，饲养日产蛋数332～339枚，平均蛋重61～63克，入舍母鸡平均产蛋总重20.3～21.4千克，体重1.8～1.9千克。

（8）海兰灰：海兰灰的父本与海兰褐鸡父本为同一父本（父本外观特征见海兰褐鸡父本），母本白来航，单冠，耳叶白色，全身羽毛白色，皮肤、喙和胫的颜色均为黄色，体型轻小、清秀。海兰灰的商品代初生雏鸡全身绒毛为鹅黄色，有小黑点呈点状分布于全身，可以通过羽速鉴别雌雄，成年鸡背部羽毛成灰浅红色，翅间、腿部和尾部成白色，皮肤、喙和胫的颜色均为黄色，体型轻小、清秀。商品代母鸡18周龄成活率为98%，饲料消耗6千克/只；开产日龄为151天，高峰期产蛋率为94%，日耗料105克/只，21～74周龄料蛋比为2.29：1；32周龄平均蛋重60.1克，70周龄平均蛋重65.1克；20～80周龄产蛋总重

21.1千克，成活率为95%。

（9）罗曼粉：父母代种鸡1~18周龄成活率为96%~98%；开产日龄为147~154天，高峰期产蛋率为89%~92%；72周龄入舍母鸡产蛋266~276枚，产合格种蛋238~250枚，产母雏90~100只；19~72周龄成活率为94%~96%。商品鸡20周龄体重1.4~1.5千克，1~20周龄耗料为7.3~7.8千克，成活率为97%~98%；开产日龄为140~150天，高峰期产蛋率为92%~95%；72周龄入舍母鸡产蛋300~310枚，总蛋重19~20千克，平均蛋重63~64克，体重1.8~2.0千克；21~72周龄日耗料110~118克/只，料蛋比为（2.1~2.2）∶1，成活率为94%~96%。

（二）肉鸡配套系

我国饲养的肉鸡包括白羽快大型肉鸡和黄（麻）羽肉鸡两大类。这两类肉鸡的品种很多，这里介绍饲养数量较多的品种。

1. 白羽快大型肉鸡配套系 目前，国内饲养的白羽肉鸡都是国外育种公司培育的高产配套系，国内在2017年引进哈巴特曾祖代种鸡进行选育扩繁。白羽肉鸡的特点是生长速度快（35日龄体重超过2千克）、饲料效率高（每增重1千克消耗饲料约1.65千克），饲养全程需要较高的环境温度。在生态养殖方面，白羽肉鸡应用很少，在温暖和高温季节才可以到室外适量活动。欧洲一些国家在白羽肉鸡生产上提倡应用生态养殖模式，国内应用很少。

（1）AA肉鸡：也称为爱拔益加肉鸡，该品种由美国爱拔益加家禽育种公司育成，四系配套杂交，白羽。祖代父本分为常规型和多肉型（胸肉率高），均为快羽，生产的父母代雏鸡可翻肛鉴别雌雄。祖代母本分为常规型和羽毛鉴别型，常规型父系为快羽，母系为慢羽，生产的父母代雏鸡可用快慢羽鉴别雌雄；羽毛鉴别型父系为慢羽，母系为快羽，生产的父母代雏鸡需翻肛鉴别雌雄，其母本与父本快羽公鸡配套杂交后，商品代雏鸡可以用快慢羽鉴别雌雄。在舍饲情况下常规系商品代肉鸡5周龄平均体重2.2千克，6周龄平均体重2.6千克。

（2）罗斯308肉鸡：由英国罗斯家禽育种有限公司育成，是国内饲养量较大的白羽肉鸡配套系。商品代肉鸡5周龄平均体重2.2千克，肉料比1∶1.6；6周龄平均体重2.67千克，肉料比为1∶1.7。

（3）科宝肉鸡：是美国泰臣育种公司培育的肉鸡配套系，该鸡体型大，胸深背阔，全身白羽，鸡头大小适中，单冠直立，冠髯鲜红，虹彩橙黄，脚高而粗。父母代24周龄开产，开产体重2.7千克，30~32周龄达到产蛋高峰，产蛋率为86%~87%，66周龄产蛋量为175枚，全期受精率为87%。商品代生长快，40~45日龄上市，平均体重达2.2千克以上，肉料比为1∶1.7，全期成活率为97.5%。

（4）哈巴德肉鸡：是法国伊萨哈巴德公司育成的白羽配套系肉鸡品种，国内引进曾祖代进行繁育推广。父母代种鸡，入舍母鸡产蛋量为180枚，种蛋孵化率84%，蛋壳褐色。商品代肉用仔鸡5周龄公母平均体重2.18千克，肉料比1∶1.6；6周龄公母平均体重2.48千克，肉料比1∶1.7。

2. 优质肉鸡配套系　优质肉鸡的概念是相对于国外商用快长型肉鸡而言的，通常指含有地方鸡种血缘、生长较慢、肌肉品质优良、外貌和屠体品质适合消费者需求的地方鸡种或仿土鸡，或定义为凡具有中国地方品种鸡（即土鸡）的特点，其风味、口感上乘，羽色、肤色各异，以地方鸡血缘为主，适合中国传统加工工艺或传统烹调方式，受消费市场欢迎的良种鸡，就是优质肉鸡。目前，在我国饲养的优质肉鸡配套系绝大多数都是利用地方土种鸡与引进的品种（生长速度比较快、产蛋量较多）进行杂交培育出来的，是国内生态养鸡方面应用最多的鸡种类型。

按照生长速度，我国的优质肉鸡可分为三种类型，即快速型、中速型和优质型。优质肉鸡生产呈现多元化的格局，不同的市场对外观和品质有不同的要求。

（1）温氏土鸡：由广东温氏食品集团南方家禽育种有限公司和华南农业大学培育而成。新兴黄鸡2号、新兴矮脚黄鸡两个配套系品种通过了国家品种专业委员会的审定。新兴优质三黄公鸡，60～70天上市，上市体重1.5～1.6千克。新兴优质三黄项鸡（项鸡为刚开产的小母鸡），80～90天上市，上市体重1.3～1.4千克。新兴优质三黄老优项鸡，100天以上上市，上市体重1.65～1.75千克。温氏灵山土鸡：黑羽、麻花、黄羽毛色混杂，丰满光滑，鸡冠高耸鲜红，骨细皮薄，脚矮细小，肉质嫩滑，味道鲜美，香味浓郁，山地放养。上市日龄：公鸡85～90天；项鸡120～125天。上市体重：公鸡1.15～1.35千克，项鸡1.35～1.5千克。矮脚黄鸡土鸡形、脚黄且短矮、体型浑圆、羽毛纯黄贴身，口感鲜滑，皮下脂肪金黄充足。

此外，温氏集团培育的优质肉鸡还有：天露黄鸡，属三黄土鸡类，为传统的岭南地区走地鸡的基本品种，也是优良肉鸡的传统代表品种。天露麻鸡，源自清远麻鸡等中国麻鸡名种，麻羽黄脚，脚胫健壮有力，冠头鲜艳；经过精心选育，同时具有三黄土鸡类的柔嫩口感和麻鸡类的浓郁鸡味。天露花鸡，由地方土鸡名种的海南文昌鸡与清远麻鸡选育而来，采用传统农家五谷放养，皮爽肉滑，骨头香酥，鸡味鲜醇。温氏黄油鸡，羽色细黄，羽毛紧凑贴身，冠高适中，冠红面红，体型浑圆，脚胫细矮，胴体圆润饱满，具有合适的皮下脂肪和脂肪含量，且肉嫩皮滑，肉质鲜美，是家常烹饪、酒楼食肆的选用食材。温氏乌骨鸡，十全大补，滋补好滋味，外形具有桑葚冠、缨头、绿耳、胡须、丝毛、乌爪、毛脚、乌皮、乌肉、乌骨十大特征，有"十全"之誉，是补虚劳、养身体的佳品。

（2）江村黄鸡：江村黄鸡是广州市江丰实业有限公司培育的优良品种，分为 JH-1 号特优质鸡、JH-2 号快大型鸡、JH-3 号中速型鸡。其中江村黄鸡 JH-1 号可以当柴鸡饲养。江村黄鸡各品系的特点是鸡冠鲜红直立，嘴黄而短，全身羽毛金黄，被毛紧贴，体型短而宽，肌肉丰满，肉质细嫩、鲜美，皮下脂肪特佳，抗逆性好，饲料转化率高。既适合大规模集约化饲养，也适合小群放养。

（3）雪山草鸡：由江苏立华公司培育和推广。商品成鸡体型中等，青脚细腿，公鸡红背黑尾，母鸡麻羽。雪山草鸡性成熟早，公鸡 45 天啼鸣，母鸡 100 天产蛋。公鸡 84～90 天上市，体重 1.4～1.5 千克，肉料比 1∶2.8；母鸡 120 天上市，体重 1.25～1.4 千克，肉料比 1∶3.5。其肉质纤细嫩滑、鲜香可口，深受广大消费者喜爱。

（4）岭南黄鸡：由广东省农科院畜牧研究所培育。主要配套系有Ⅰ号中速型、Ⅱ号快大型、Ⅲ号优质型，岭南黄鸡Ⅰ号的配套模式为 F×E1B，Ⅱ号的配套模式为 AF×DB，Ⅲ号的配套模式为 H×E3S。其中，A、F 均为岭南黄鸡重型父系品系；D、B 为岭南黄鸡高产母系品系；E1 系为含 dw 基因的矮小型品系；H 为终端父系；E3 为第一父系，属矮小品系；S 为第一母系。

岭南黄鸡Ⅰ号配套系父母代公鸡为快羽，金黄羽，胸宽背直，单冠，胫较细，性成熟早；母鸡为快羽（可羽速自别雌雄），矮脚，三黄（羽、喙、脚黄），胸肌发达，体型浑圆，单冠，性成熟早，产蛋性能高，饲料消耗少。商品代肉鸡为快羽，三黄，胸肌发达，胫较细，单冠，性成熟早。

岭南黄鸡Ⅱ号配套系父母代公鸡为快羽，三黄，胸宽背直，单冠，快长；母鸡为慢羽，三黄，体型呈楔形，单冠，性成熟早，生长速度中等，产蛋性能高。商品代肉鸡为黄胫，黄皮肤，体型呈楔形，单冠，快长，早熟；可羽速自别雌雄，公鸡为慢羽，羽毛呈金黄色，母鸡为快羽，全身羽毛黄色，部分鸡颈羽、主翼羽、尾羽为麻黄色。

岭南黄鸡Ⅲ号配套系父母代公鸡均为慢羽，正常体型，三黄，含胡须髯羽、单冠、红色、早熟、身短、胸肌饱满。公鸡羽色为金黄色，母鸡羽色为浅黄色。

（5）良凤花鸡：由南宁市良凤农牧有限责任公司培育。该品种体态上与土鸡极为相似，羽毛多为麻黑色、麻黄色，少量为黑色。冠、肉垂、脸、耳叶均为红色，皮肤黄色。肌肉纤维细，肉质鲜嫩。公鸡单冠直立，胸宽背平，尾羽翘起。项鸡头部清秀，体型紧凑，脚矮小。该鸡具有很强的适应性，耐粗饲，抗病力强，放牧饲养更能显出其优势。父母代 24 周龄开产，开产母鸡体重 2.1~2.3 千克，每只母鸡年产蛋量 170 枚。商品代肉鸡60 日龄体重为 1.7~1.8 千克，料肉比为（2.2~2.4）：1。鸡苗畅销全区及华南、西南、黄河以南等广大地区，并出口越南。

（6）固始三高鸡：三高集团培育了多个配套系。三高青脚黄鸡 3 号配套系属慢长型优质肉鸡，具有耗能少、适应性强、繁殖性能好等特点。外貌清秀，肉质鲜美。其突出表现为以下几点：三种用途经营的灵活性，即上半年苗鸡形势好的季节，主要生产优质肉鸡；下半年鸡蛋销售旺季可以生产优质鸡蛋；春节等节假日期间是老母鸡销售的旺季，可以选择性淘汰种鸡，以实现效益的最大化，具有较强的抵御市场风险能力。该鸡性情温顺易管理，耗料比普通鸡减少 20%~25%；66 周龄饲养日总产蛋数平均为 188.6 枚；生活力强，父母代母鸡育雏期、育成期和产蛋期存活率分别达到 98.2%、99.5% 和 97.2%。

1）三高Ⅰ号：属于优质型，主要特征是青脚、青嘴、白皮肤、快羽，公鸡红羽黑尾，母鸡毛色以黄色、黄麻色为主，性成熟早、冠大直立、鲜红、体型丰满、体态均匀，整齐度高。60日龄公鸡体重 1.2 千克，母鸡 1.05 千克；90 日龄公鸡体重 1.65

千克，母鸡 1.38 千克；110 日龄公鸡体重 1.9 千克，母鸡 1.5 千克。

2）三高Ⅱ号：属于速生型，主要特征是青脚、青嘴、白皮肤、快羽，公鸡毛色深红，母鸡毛色以麻黄、浅麻为主，性成熟早，冠髯鲜红，体型较大，均匀一致。45 日龄公鸡体重 1.5 千克，母鸡 1.25 千克；65 日龄公鸡体重 2.5 千克，母鸡 2.1 千克。

（7）皖南黄鸡：是安徽华大集团家禽育种有限公司培育的系列黄鸡，主要配套系有皖南黄（麻）、皖南黄（乌骨）等。其主要特点是：成活率高，商品代生长速度快，具有类似土种鸡的羽色和体型。皖南黄鸡父母代开产日龄 150 天，开产蛋重 48 克，68 周龄产蛋 170 枚，平均蛋重 54 克，生产苗鸡 142~145 只。商品代 42 日龄体重，母鸡 0.8~1.05 千克，公鸡 1~1.2 千克，饲料转化比为（1.9~2.3）：1。

皖南青脚鸡（配套系）父母代种鸡 66 周龄饲养日产蛋 210 枚，高峰期产蛋率达 87%，80% 以上产蛋率能够维持 12 周以上，比同类其他品种全期多生产种蛋 21~31 枚，全期种蛋合格率为 93.2%，该配套模式降低了种鸡的生产成本，提高了饲养效益；商品代肉鸡具有青脚麻羽、生长速度快、饲料报酬高、均匀度好、成活率高、饲养成本低等特点，56 天上市平均活重 1 239.7 克、饲料转化比为 2.25：1，全期成活率为 98.1%，符合国内青脚肉鸡市场的需求。

此外，获得新品种（配套系）的优质鸡还有康达尔黄鸡 128 配套系、京星黄鸡 100 配套系、京星黄鸡 102 配套系、邵伯鸡配套系、鲁禽 1 号麻鸡配套系、鲁禽 3 号麻鸡配套系、文昌鸡、粤禽皇 2 号配套系、粤禽皇 3 号配套系、京海黄鸡、墟岗黄鸡Ⅰ号配套系、皖江黄鸡配套系、皖江麻鸡配套系、苏禽黄鸡 2 号配套系、金陵麻鸡配套系、金陵黄鸡配套系、金钱麻鸡 1 号配套系、南海黄麻鸡 1 号配套系、弘香鸡配套系、新广铁脚麻鸡配套系、新广黄鸡 K996 配套系、大恒 699 肉鸡配套系、凤翔青脚麻鸡配套系和凤翔乌鸡配套系等。

（8）漯河麻鸡：是由河南兴农牧业公司与河南牧业经济学院等单位联合选育的优质肉鸡配套系。包括铁脚麻鸡、麻羽仿土蛋鸡、矮小型麻羽绿壳蛋鸡等多个配套系。

漯河铁脚麻鸡外貌特征是：胫脚铁青色，皮肤黄白色，脚粗细适中，单冠，快羽，羽毛紧凑亮丽，冠红、大且直立，性成熟早。母鸡羽毛以麻黄、麻黑为主，公鸡羽毛主要为红羽黑尾。生产性能：父母代高峰产蛋率85%，72 周龄产蛋 190 枚。商品代：60 天公鸡体重 1.75 千克，母鸡体重 1.5 千克，冠大鲜红，料肉比为（2.1~2.4）：1。麻羽仿土蛋鸡为麻羽，产粉壳蛋（偏深），与柴鸡相似，66 周龄产蛋 185 枚，平均蛋重 55 克。矮小型麻羽绿壳蛋鸡为麻羽，产绿壳蛋，66 周龄产蛋 188 枚，平均蛋重 50 克。

（三）地方良种鸡

地方品种资源可以直接用于柴鸡生产，也为我们开展地方品种间的杂交利用和培育柴鸡新配套品系提供了丰富的素材。下面介绍一些近年来在柴鸡生产中开发较好，饲养量较大的品种，为广大养殖者提供选择。

1. 固始鸡　固始鸡是我国著名的地方鸡种，产区以河南省固始县为中心，分布于河南商城、新县、淮滨，以及安徽的霍邱、金寨等县。固始鸡属蛋肉兼用鸡种，耐粗饲，抗病力强，适宜野外放牧散养。肉质细嫩，肉味鲜美，具有较强的滋补功效。固始鸡体型中等，体躯呈三角形，外观秀丽，体态匀称，羽毛丰满。母鸡羽色以麻黄色和黄色为主，少量白色、黑色，公鸡毛色多为深红色或黄色，尾羽多为黑色。尾形分为佛手状尾和直尾两种，以佛手尾为主，尾羽卷曲飘摇、别致、美观。鸡嘴呈青色或青黄色，腿、脚都是青色，无脚毛。成年鸡冠型分为单冠和豆冠两种，以单冠居多。成年公鸡体重2.0～2.5千克，母鸡1.25～2.25千克。开产日龄180日龄，年产蛋140～160枚，平均蛋重51.4克，蛋壳红褐色。

2. 广西三黄鸡 原产于广西东南部的桂平、平南、藤县、苍梧、贺州市、岭溪、容县等地，2002年存栏量24.5万只，广西容县三黄鸡原种场负责保种。广西三黄鸡肉质优良，是广西、广东和港澳地区用来制作"白斩鸡"的主要原料鸡，在华南土鸡市场占有率较高。广西三黄鸡体型小巧、外貌华丽、肉嫩骨细，具有胫黄、喙黄、羽黄的三黄特征。羽色金黄，光泽好，羽毛紧贴体躯，毛片细，脚矮细，早熟。肉质鲜美结实，卖价高。公鸡70天出栏重1.1千克，项鸡110天出栏重1.4千克。150～180天开产，年产蛋量80枚，蛋重42克，蛋壳浅褐色。

3. 正阳三黄鸡 因其具有胫黄、喙黄、羽黄三黄特征，又产于河南省正阳县而得名，属兼用型地方品种。正阳三黄鸡原产地和中心产区为河南省正阳县，主要分布于正阳县的慎水、大林等乡镇，周边汝南县、确山县等地也有分布。正阳三黄鸡体型较小，结构紧凑，羽毛呈黄色。喙短粗、略弯曲，呈米黄色，基部多呈黄褐色。冠型有单冠和复冠两种，以单冠居多，直立，冠齿5～7个。冠、肉髯、耳叶呈红色，虹彩呈橘红色，皮肤呈黄色或白色，胫呈黄色。公鸡胸部突出，背腰平直，头尾高翘；冠、肉髯发达，颈羽呈金黄色，主翼羽呈黄褐色，尾羽呈黑褐色。母鸡体型呈楔形；颈羽呈黄色，较躯干部羽色略深，有光泽；尾羽、主翼羽多呈黑黄色；部分个体的冠体有折曲。雏鸡绒毛呈黄色。正阳三黄鸡平均194日龄开产。在放养条件下，年产蛋140～160枚；在舍饲条件下，年产蛋165枚。开产蛋重43克，平均蛋重50克。

4. 清远麻鸡 原产于广东省清远县，属小型肉用型鸡，

2002年存栏1 000万只，清远县种鸡场保种。清远麻鸡体型楔形，前躯紧凑，后躯丰满圆浑。外形特征称"一楔、二细、三麻"，即体型楔形，头细、脚细，羽色麻黄、麻棕、麻褐。单冠。喙、胫黄色。公鸡羽色枣红色，母鸡麻色。雏鸡背部两侧各有一条白色的绒毛带，两绒毛带的中间为灰棕色所隔。这一特征一直保留到第一次换羽后才消失。据此特征可鉴别真假清远麻鸡。成年公鸡体重2.18千克，母鸡1.7千克。开产日龄150~210天，年产蛋量72~85枚，平均蛋重46.6克，蛋壳淡褐色。

5. 惠阳鸡 又称三黄胡须鸡，属中型肉用鸡种。原产于广东省惠州地区，主产区是博罗、惠阳、紫金、龙门、惠东等县，2002年存栏250万只。体型中等，体质结实，胸深背宽，胸肌发达，体形似葫芦瓜。单冠，无肉髯。喙、胫和皮肤金黄色。公鸡羽色红黄，母鸡羽色黄色，主翼羽和尾羽有部分黑色，尾羽不发达。成年公鸡体重2.2千克，母鸡体重1.6千克，150~180日龄开产，年产蛋60~108枚，平均蛋重47克，蛋壳褐色。该品种以三黄（即黄喙、黄羽和黄脚）、肉嫩骨细、皮脆味鲜而成为广东三大名鸡之一。具有早熟、黄羽、黄喙、黄脚、胡须、短身、矮脚、易肥、软骨、白皮和玉肉等特点。

6. 白耳黄鸡 又名白耳银鸡、江山白耳鸡、玉山白耳鸡、上饶白耳鸡。主产于江西省广丰、上饶、玉山三县和浙江的江山市。浙江光大种禽业有限公司负责保种。白耳黄鸡属我国稀有的白耳蛋用早熟鸡种。白耳黄鸡的选择以三黄一白的外貌为标准，即黄羽、黄喙、黄脚、白耳。单冠直立，耳垂大，呈银白色，虹彩金黄色，喙略弯，黄色或灰黄色，全身羽毛黄色，大镰羽不发达，黑色呈绿色光泽，小镰羽橘红色。皮肤和胫部呈黄色，无胫羽。白耳黄鸡成年公鸡体重1 450克，母鸡1 190克。白耳黄鸡成年鸡屠宰率：半净膛，公鸡83.3%，母鸡85.3%；全净膛，公鸡76.7%，母鸡69.7%。白耳黄鸡开产日龄152天，年产蛋184

枚，蛋重 55 克，蛋壳呈深褐色。

7. 东乡绿壳蛋鸡　原产于江西省东乡区，江西省东乡黑羽绿壳蛋鸡原种场保种。东乡绿壳蛋鸡属蛋肉兼用型鸡种。羽毛黑色，喙、冠、皮、肉、骨、趾均为乌黑色。母鸡单冠，头清秀。公鸡单冠，呈暗紫色，肉垂深而薄，体型呈菱形。成年公鸡体重1 655 克，母鸡 1 307 克。成年鸡屠宰率：半净膛，公鸡 78.4%，母鸡 81.8%；全净膛，公鸡 64.5%，母鸡 71.2%。东乡绿壳蛋鸡开产日龄 152 天，500 日龄产蛋 160~170 枚，蛋重 50 克，蛋壳呈浅绿色。

8. 丝毛乌骨鸡　又称泰和鸡，属药用型或玩赏型，是现代消费者喜爱的食用鸡之一。原产江西省泰和县，分布很广，现在全国各地都有分布。体型小巧，性情温顺，行动迟缓，肌肉不丰满。冠形有桑葚冠和单冠两种，呈紫色。喙、胫和脚为黑色。羽色复杂，有白羽、黑羽、红羽、麻色和其他羽色等。羽毛的形状有丝羽和片羽两种。成年公鸡体重 1.25~1.5 千克，母鸡体重1.0~1.25 千克。170~250 日龄开产，年产蛋 75~150 枚，平均蛋重 42 克，蛋壳浅褐色。该品种以紫冠、缨头、绿耳、胡须、五爪、毛脚、丝毛、乌皮、乌肉、乌骨等"十全"特征而出名。用该鸡炖成的鸡汤美味爽口。

9. 卢氏鸡　主产于河南省卢氏县境内。卢氏鸡属小型蛋肉兼用型鸡种，体型结实紧凑，后躯发育良好，羽毛紧贴，颈细长，背平直，翅紧贴，尾翘起，腿较长，冠型以单冠居多，少数凤冠。喙以青色为主，黄色及粉色较少。卢氏鸡胫多为青色。公鸡羽色以红黑色为主，占 80%；其次是白色及黄色。母鸡以麻色为多，占 52%，分为黄麻、黑麻和红麻；其次是白鸡和黑鸡。成年公鸡体重 1 700 克，母鸡 1 110 克。180 日龄屠宰率：半净膛79.7%，全净膛 75.0%。卢氏鸡开产日龄 170 天，年产蛋 110~150 枚，蛋重 47 克，蛋壳呈红褐色和青色，红褐色占 96.4%。

目前，在卢氏鸡的基础上培育出了卢氏鸡绿壳蛋种群，其养殖量已经超过5万只。

10. 北京油鸡 北京油鸡体躯中等，羽色美观，主要为赤褐色和黄色羽色。赤褐色者体型较小，黄色者体型大。雏鸡绒毛呈淡黄色或土黄色。冠羽、胫羽、髯羽也很明显，很惹人喜爱。成年鸡羽毛厚而蓬松。公鸡羽毛色泽鲜艳光亮，头部高昂，尾羽多为黑色。母鸡头、尾微翘，胫略短，体态敦实。北京油鸡羽毛较其他鸡种特殊，具有冠羽和胫羽，有的个体还有趾羽。不少个体下颌或颊部有髯须，故称为三羽（凤头、毛腿和胡子嘴），这是北京油鸡的主要外貌特征。屠体皮肤微黄，紧凑丰满，肌间脂肪分布良好，肉质细腻，肉味鲜美。其初生重为38.4克，4周龄重为220克，8周龄重为549克，12周龄重为959克，16周龄重为1 228克，20周龄的公鸡重为1 500克、母鸡重为1 200克。年产蛋120枚，蛋重54克，蛋壳颜色为淡褐色，部分个体有抱窝性。

11. 文昌鸡 文昌鸡是一种优质育肥鸡，因产于海南省文昌县（现已撤县设市）而得名。据传，文昌鸡最早出自该县潭牛镇天赐村，此村盛长榕树，树籽富含营养，家鸡啄食，体质极佳。文昌鸡的特点是个体不大，重约1.5千克，毛色鲜艳，翅短脚矮，身圆股平，皮薄滑爽，肉质肥美。海南人吃文昌鸡，传统的吃法是"白斩"（也叫"白切"），最能体现文昌鸡鲜美嫩滑。同时配以鸡油鸡汤精煮的米饭，俗称"鸡饭"。海南人说的"吃鸡饭"即包含白斩鸡在内。白斩文昌鸡在海南不论筵席、便餐皆能派上用场。在香港、东南亚一带备受推崇，名气颇盛。

12. 旧院黑鸡 原产地为四川省万源市的旧院、白羊等乡镇。旧院黑鸡体型较大。喙呈黑色。冠有单冠和豆冠两种。冠、肉髯呈红色或紫黑色。虹彩呈橘红色。皮肤有白色和乌黑色两种。胫呈黑色，少数个体有胫羽。公鸡羽毛多呈黑红色，其颈羽、鞍羽、镰羽呈黑色，有红色镶边，富有光泽；少部分个体颈羽、翅羽呈红色。母鸡羽毛呈黑色，有翠绿色光泽，少数个体颈羽为有红色镶边的黑羽。雏鸡头、背部绒毛多为黑色，颈、腹部绒毛多为黄白色。10 周龄公鸡体重 905 克，母鸡 890 克；13 周龄公鸡体重 1 782 克，母鸡 1 366 克。平均 144 日龄开产，开产日龄最早的个体记录为 115 天，年产蛋 168 枚，开产蛋重 35.9 克，平均蛋重 50.2 克。蛋壳浅褐色居多，浅绿色约占 5%。

13. 贵妃鸡 也称贵妇鸡，外貌奇特，羽毛华丽，娇小玲珑。冠为羽毛凤冠，成年公鸡更明显。冠体前有一独立的呈锥形的小冠体，冠体为豆冠，冠体两侧为碗状发达的肉质体，延伸为"V"形肉质角状冠，色泽鲜红、细致，后侧形如圆球状的大朵黑白花片羽毛束。眼大而灵活，鼻孔外露而显眼，三冠、五趾、黑白花羽是其最典型的特征。肉质细嫩，营养丰富，皮薄肉香，腹脂较少。成年公鸡体重 1.5~1.8 千克，母鸡约 1.25 千克，6 个月龄开始产蛋，每只母鸡年产蛋 170~180 枚，蛋重约 38 克。饲养 3 个月可上市，体重 1.5 千克左右，肉料比为 1:3.2。

（四）其他鸡

1. 肉杂鸡 即使用肉鸡的种公鸡与蛋鸡的母鸡进行杂交生产的后代，许多地方把这种杂交鸡称为"817"。采用这种杂交方式生产的肉杂鸡其雏鸡的生产成本相对较低，鸡的生产性能也较好，鸡的羽毛颜色和体型特征能够满足某些地方消费市场的需求。使用红色或麻色公鸡与商品蛋鸡（使用较多的是巴布考克B-380、罗曼褐、海兰褐等）杂交，其杂交后代羽毛的颜色多数是以红色或黄色为主，称为"红肉杂"；使用白羽快大型肉鸡（如 AA、爱维茵、科宝、罗斯 308 等）与商品蛋鸡（使用较多的是罗曼褐、海兰褐等）杂交，其杂交后代羽毛的颜色多数是以白色为底色并杂以少量红色，称为"白肉杂"。"红肉杂"一般在 85 日龄、"白肉杂"在 56 日龄体重可以达到 1.5~2 千克。

2. 蛋鸡小公鸡 在蛋鸡孵化厂，许多时候经过鉴别后的公雏鸡价格不超过0.2元/只，有时候甚至丢弃。这些小公鸡经过90天的饲养，体重达到1.5千克左右，经过120天的饲养，体重接近2千克，羽毛的颜色以白色为底色杂以少量的红色羽毛。

（五）购买雏鸡或种蛋要注意的问题

对于养鸡户或小规模的鸡场，需要到其他孵化场购买雏鸡或到种鸡场购买种蛋。在确定购买之前，需要掌握几个原则。

1. 了解供种场（厂）的基本情况 提供雏鸡或种蛋的孵化场或种鸡场的规模有多大，饲养的种鸡有几个品种，鸡群的健康状况怎样，鸡场周围的环境状况是否良好等。是否有动物卫生防疫条件合格证、种畜禽生产经营许可证。了解该种鸡场近期内鸡群的健康状况等。

2. 要求提供相关资料 购买雏鸡或种蛋需要供种方提供品种（配套系）、名称、相应的饲养管理手册、动物检疫证明等技术资料。如果购买的是青年鸡，还需要提供之前的免疫接种情况等。

3. 确定购买的具体情况 包括购买的数量、时间、品种，雏鸡的性别要求，签订购销合同等。购买青年鸡还需要确定日龄、体重、胫长等指标。

（六）把控好种源性传染病

常见的种源性传染病主要是禽淋巴白血病、沙门杆菌病和支原体病，这些传染病的病原可以通过鸡蛋从种鸡体内传递到雏鸡体内。如含有鸡白痢沙门杆菌的种鸡所产种蛋中大约有40%带有沙门杆菌，这些带菌种蛋在孵化过程中可能会引起胚胎死亡，降低孵化率；也可能会使出壳的雏鸡先天携带病菌，在以后发病，雏鸡生长速度慢；而且通过治疗无法清除体内的沙门杆菌，成年后的带菌母鸡产蛋率比正常鸡低 20%左右。病鸡所产鸡蛋可能带有沙门杆菌，这种细菌可能会引起人的肠炎。因此，一些种源性传染病不仅降低种鸡、商品鸡的生产性能，还影响鸡肉和鸡蛋的质量安全。被这些病原体污染的鸡场或放养场地会给以后的养殖造成严重的威胁。

据报道，近年来在高产蛋鸡配套系、白羽肉鸡配套系中出现过的种源性传染病主要是禽淋巴白血病和支原体病，而在地方品种鸡和优质鸡中出现的有禽淋巴白血病、沙门杆菌病和支原体病，前两者在有些种鸡场表现比较严重。

种源性传染病必须从种鸡场进行净化处理。作为一般的养殖场，需要了解供种场种鸡群的疫病净化情况，不要从被这几种传染病污染的种鸡场购买雏鸡或青年鸡。

（七）不同品种（配套系）适用的生态养殖模式

1. 高产蛋鸡配套系　适于在林地、滩区、山地等条件下的放牧饲养，也适于在有较大活动场所的地方围圈放养。

2. 白羽肉鸡配套系　通常不适宜放养。尤其是在日龄较小、外界温度较低的情况下。

3. 优质仿土蛋鸡和地方品种鸡　适宜在林地、滩区、山地等条件下的放牧饲养，也适于在有较大活动场所的地方围圈放养。

4. 腿部短小类型的品种　主要是矮小型品种和丝羽乌骨鸡，适宜在果园、林地放养，不适宜在地势陡峭的山地、沟壑地放养。

（八）鸡的生物学习性

鸡的生物学习性是在进化过程中为了适应外界环境条件而形成的一些生理特点和行为特征。了解鸡的生物学习性有助于在养殖过程中为鸡群提供适宜的饲养管理条件和环境，满足鸡的习性，减少鸡群的应激。

1. 性情温顺，群居性强 鸡的性情安静、温顺，具有明显的合群性，适合大群饲养。相同日龄的鸡群，终日饮食、栖息相伴，群体习性明显，而且按个体强弱排列有序，无论采食、饮水、栖息，强者占据有利地位，弱者尾随其后。如果饲养密度过大，饲料、饮水供应不足，体弱者往往难以吃饱饮足，势必造成强弱分化更为悬殊。但是，在公鸡之间容易出现争斗现象，如果活动范围大则争斗必然减少。

不同日龄的鸡只由于体型、体重有较大差异，如果放在一起会出现大鸡欺负小鸡的现象，对小鸡的生长甚至成活率都会带来不良影响。因此，每群放养鸡都应该是相同日龄的同一批鸡。另外，不同群的鸡相互之间陌生，如果混到一起则会引起相互争斗，这就要求在放养鸡的过程中尽可能防止不同群的鸡混到一起。

2. 代谢旺盛，体温高 鸡的体温为 41.5 ℃（40.9～41.9 ℃），高于任何家畜的体温。体温来源于体内物质代谢过程的氧化作用所产生的热能，其数量的多少取决于代谢强度。鸡的营养物质来自所供给的日粮，因而要利用它代谢旺盛的特点，供给充足的营养物质，维持鸡体健康、稳产。在放养过程中也需要适当补饲能量和蛋白质饲料，保证其基本的营养需要。

3. 生长迅速，成熟期早 肉用仔鸡一般初生重 38～40 克，养至 5～6 周龄，体重可达 2～2.5 千克，增重 50 多倍；肉用种鸡的产蛋日龄为 170～180 天，商品蛋鸡 140～150 日龄开产，一些优质鸡品种的开产日龄在 160 日龄前后。因此，在生产中要充分发挥鸡生长迅速、成熟期较早的特性，供给足够的全价日粮，科学饲养，加强管理，并根据不同类型鸡对环境的要求，适当调节光照和饲养密度，以保证获得理想的生产性能。

4. 饲料利用率高，饲料报酬高　由于鸡的代谢旺盛，日粮以精料为主，因而长肉快、产蛋多、耗料少、饲料报酬高。例如，目前饲养肉用仔鸡的肉料比为 1 ：（1.6~1.7）；饲养商品蛋鸡的蛋料比为 1 ：（2.2~2.4）。饲料报酬的高低取决于鸡的品种、饲料及饲养管理条件的优劣。放养鸡群不追求过快的生长速度或过高的产蛋率，不需要大量喂饲配合饲料，应适当搭配青绿饲料，在保持较慢生长速度或合适产蛋率（50%~70%）的同时提高肉和蛋的质量。

5. 消化道短，粗纤维消化率低　鸡的消化道长度仅为体长的 6 倍，与牛（20 倍）、猪（14 倍）相比要短得多。鸡的消化道短，以致食物通过快，消化吸收不完全；口腔无牙齿咀嚼食物；腺胃消化性差，只靠肌胃与沙粒磨碎食物；盲肠只能消化少量的粗纤维，对粗饲料的消化率远远不及其他家畜。在生态养鸡生产中，依据鸡的生物学特性，除了让鸡群适当采食野生的青绿饲料外，还要补充精料以保证基本的营养需要；否则，其生长速度或产蛋量就会很低，无法保障生产效益。

6. 具有自然换羽的特性　通常当年的新鸡有 3 次不完全的换羽现象，1 年以上的鸡，每年夏末至秋季换羽 1 次。鸡在自然换羽期间，母鸡多数停止产蛋，而且换羽需要相当长的时间。为了集中换羽，提高鸡的产蛋量和蛋的质量，生产中可采取人工强制换羽，通过增减日粮数量与质量或者服用药物，以及改变生活条件来控制换羽时间及换羽速度。

7. 对环境变化敏感　无论是商品蛋鸡、肉用仔鸡，还是种鸡，对外来的刺激反应都非常敏感，奇怪的音响、突然的亮光、移动的阴影或异常的颜色等，均能引起鸡群骚动和混乱，轻者影响鸡的生长、产蛋，重者会引起大批猝死。环境温度出现突然变化容易造成鸡受凉而降低抗病力，尤其是在早春和秋冬季，周龄小的鸡容易出问题。陌生人、猛禽、野兽、家畜靠近鸡群也会引起惊群。

8. 抗病能力差　这是由鸡的解剖学特点决定的。尤其是鸡的肺脏与很多的胸腹气囊相连，这些气囊充斥于鸡体内各个部位，甚至进入骨腔中，所以鸡的传染病由呼吸道传播引起的较多，且传播速度快，发病严重，死亡率高。因此，无论采用何种饲养方式都需要做好卫生防疫工作。

9. 耐寒怕热　鸡的颈部和体躯都覆盖有厚厚的羽毛，鸡用喙将尾部的尾脂腺分泌的油脂涂抹到羽毛上面，能够提高羽毛的保温性能，能有效地防止体热散发和减缓冷空气对机体的侵袭。冬季只要舍内温度不低于 10 ℃，不让鸡吃雪水就可以使产蛋率保持在适宜的水平。应该注意的是，温度过低（舍温低于 8 ℃）会使产蛋量下降。一些放养鸡场不注意冬天的保暖，饮水器或水盆内的水常常结冰，会影响鸡群的饮水，不利于鸡群的健康和生产。放养鸡的场地要选在背风向阳的地方，减少冬季冷风的影响。

由于鸡体表大部分被羽毛覆盖，加上羽毛良好的隔热性能，其体热的散发受到阻止，在夏季炎热的气温条件下，如果无合适的降温散热条件，则会出现明显的热应激，造成产蛋减少或停产。在放养情况下，鸡群活动场所内要有树木用于遮阴防暑。

10. 就巢性　就巢性是禽类在进化过程中形成的一种繁衍后代的本能，其表现是母鸡伏卧在有多个种蛋的窝内，用体温使蛋的温度保持在 37.8 ℃左右，直至雏鸡出壳。大多数的地方鸡种还保留有不同程度的就巢性。就巢性的强弱与产蛋数呈负相关。就巢时家禽的卵巢和输卵管萎缩，产蛋停止，这对总产蛋数影响很大。就巢常常出现在每年的 4~6 月，如果产蛋窝内有鸡蛋没有及时收捡而积存时容易诱发抱窝。放养鸡群在春季要注意观察，发现抱窝的个体要及时进行醒抱处理。

11. 栖高性　鸡在放养状态下喜欢于夜间栖息在离地较高的

树枝上以躲避敌害的侵扰，目前许多农村散养的鸡仍然会在夜间栖息在树上。即便是在大群饲养条件下，鸡仍然会表现出这种习性。生态养殖的鸡场一般会在鸡舍内设置栖架，让鸡只卧在上面休息。

12. 喜沙浴　鸡散养时，常常在地面刨出一个个土坑，自己进行沙浴。其目的是清洁皮肤和羽毛，能够防止体表寄生虫病。所以围圈饲养时，舍内和运动场应设沙浴池，便于鸡在池内用沙子洗羽毛，有益于鸡体的健康。

三、生态养鸡的模式

（一）鸡群放养

目前，生态养鸡基本上都是被理解为放养鸡群，或是种养结合，这也是生态养鸡的主要模式。

1. 生态养鸡的放养场地 能放养鸡群的场地类型很多，但是，在不同的地区放养场地的主要类型有差别，不同类型放养场地所放养鸡群的类型也有差别，需要因地制宜进行选择。

（1）果园放养鸡群：中原地区的果园包括苹果园、桃园、梨园、杏园、李子园、柿子园、猕猴桃园及葡萄园等水果园，也包括核桃园、板栗园、枣园、山楂、石榴园等干杂果园。

在果园中养鸡要注意预防鸡只损坏水果。对于树干低矮、果枝下垂类型的果树，一般饲养白羽肉鸡或速生型黄（麻）羽肉鸡、丝羽乌骨鸡及各种矮脚型鸡。这些鸡跳跃能力差，很少会到树上，不会对水果造成危害。对于树干较高的水果或干杂果园，各种类型的鸡都可以放养。对于樱桃、鲜桃等一些成熟期早的水果，也可以在水果采摘后的时期（6~11 月份）利用果园场地放养各种类型的鸡群。

（2）树林放养鸡群：我国中原地区有大量的林地，尤其是在近年来许多地方栽种了大片的速生杨，还有大片的园林苗木基地，这些林地下有大量的空间，地面有较多的各类虫子和杂草，是放养鸡群的重要场地。林地内适合各种类型鸡群的放牧养殖。

在南方，有的地方有大片的竹林、香蕉林、松树或柏树林，也可以用于放养鸡。南方一些茶园也会在 4 月以后放养鸡进行除草、除虫。

一些山区为了防止水土流失也种植了大片的杂木林，当树龄超过 5 年（树根扎得比较深，固土和保墒能力较强），用于生态养鸡也是比较理想的。

（3）山沟放养鸡群：在淮河、长江流域，以及江南各地，由于气温高、降水多，许多山沟的自然植被条件很好，各种树木，包括大量的灌木和杂草丛生，草中各类虫子数量很多，能够为鸡群提供丰富的天然饲料，是生态养鸡的很好场地。主要应防止雨季山洪、泥石流带来的危害。北方地区的山沟植被情况较差，所能够提供的野生饲料资源较少，只能提供一个放养场地。

（4）滩地放养鸡群：在一些没有耕种的滩地，每年 4 月以后就会有大量的杂草生长，在杂草中滋生了许多虫子。利用滩地放养鸡群在一些地方也是生态养鸡的重要组成部分。

在上述的各种放养场地中可以有计划地人工种植一些牧草以增加场地内青绿饲料的数量。牧草要在鸡群开始放养前有一定的生长期，因为刚出土的草芽根系很少，容易被鸡连根拔出。通常牧草可以秋播也可以春播，一般的放养场地可以采用秋播方式，尤其是一年生黑麦草。因为，大多数地方进入深秋之后会停止鸡群的野外放养，给牧草一个生长的时期。

对于采用生态放养模式的生产者，要在开始养鸡之前提早种植多年生牧草，最好提前一年。经过一年生长的牧草其根部已经在地下扎得比较牢，耐践踏、耐放牧的性能比较好。而且，一年后的牧草产量也比较高。

在一些放养场所，也可以在秋末种植一些麦类、小青菜等越冬作物，为冬季和早春放养鸡群提供一部分青绿饲料。

2. 鸡群放养模式

（1）散放饲养：这是鸡群放养模式中比较粗放的一种，是在放养场地搭建简易鸡舍，白天把鸡群放养到放牧场地内，在场地内鸡群可以自由走动，自主觅食，傍晚让鸡群回舍休息。这种放养模式一般适用于饲养规模较小、放牧场地内野生饲料不丰盛且分布不均匀的条件下。

（2）分区轮流放牧：这是鸡群放牧饲养中管理比较规范的一种模式，在平原地区的林地、果园、滩地较多使用。它是在放养鸡的区域内将放牧场地划分为 4~6 个小区，每个小区之间用尼龙网隔开，先在第一个小区放牧鸡群，3~4 天后转入第二个小区放养，依此类推。这种模式可以让每个放养小区的植被有一定的恢复期，能够保证经常给鸡群提供一定数量的野生饲料资源。

（3）固定放牧：在固定的放牧场地内，修建小容量鸡舍，按照每 5 亩地为一个放牧单元，每个鸡舍约 50 平方米，可以饲养 200~300 只鸡，平均每亩地饲养 40~60 只鸡。这样的放养鸡群密度不会对放养场地内的植被造成严重破坏，野草能够持续生长。

（4）流动放牧：这种放养鸡群的方式相对使用较少，它是在一定的时期内，在一个较大的场地中或不连续的多个场地中放牧鸡群。在某个区域内放牧若干天，将该区域内的野生饲料采食完后把鸡群驱赶到相邻的另一个区域内，依次进行放牧。这种放养方式没有固定的鸡舍，而是使用帐篷作为鸡群休息的场所。每次更换放牧区域都需要把帐篷移动到新的场地并进行固定。

（5）季节性放养：一些种植业塑料大棚，其种植的果蔬具有季节性，在一茬果蔬收获后到下一茬种植前会有几个月的空闲期。利用空闲期可以放养优质肉鸡。

（二）带室外运动场的圈养

在没有放养条件的地方，发展生态养鸡可以采用这种方式。这种方式是在划定的范围内按照规划原则建造鸡舍，在鸡舍的南侧或东南侧、西南侧划出面积为鸡舍 3~5 倍的场地作为该栋鸡舍的室外运动场。运动场内可以栽植各种乔木。在一些农村，闲置的场院和废弃的黏土砖窑、厂房等，这些地方都可以加以修整用于养鸡。

这种生态饲养方式，白天鸡群可以有较多的时间在运动场活动、采食，进行沙土浴。鸡舍内采用网上平养或地面垫料平养方式，供鸡群夜间或不良天气在室内活动与休息。

采用这种养殖方式要考虑为鸡群提供一个舒适、干净、能够满足其生物学习性的环境。鸡舍的通风、采光、保温、隔热、隔离效果要好。鸡舍内要设置栖架，能够满足鸡只栖高的习性。

采用这种生态养殖模式也要考虑青绿饲料的来源，因为在养鸡过程中需要经常在场地内撒一些青绿饲料让鸡群采食。

（三）生态养鸡的饲养阶段

生态养鸡主要是满足鸡只的生物学习性，为鸡群提供良好的生活环境，充分利用天然的资源减少对环境的破坏，尤其是在鸡群的主要生产阶段更需要符合这些要求。在实际生产中生态养鸡需要分为两个阶段，各个阶段的生产要求有差别。

1. 室内保育阶段 这个阶段也称为育雏阶段，对于蛋用鸡来说主要是饲养 7 周龄之前的雏鸡；对于优质肉鸡来说要依据气候情况，育雏阶段为 4~8 周龄。因为这个阶段的雏鸡适应性差、体质弱，需要保温、接种疫苗、防止其他动物危害、防止风吹雨淋和温度骤变、防止受惊吓、需要喂饲优质的配合饲料等，这些要求在放养条件下是无法得到满足的。只有在育雏室内靠人工饲养管理才能达到这些要求。

室内保育阶段时间的长短与饲养的鸡类型、饲养季节有很大关系。如在气温较高的4~10月，室内保育4周就可以；而在气温较低的11月至翌年3月，室内的保育需要6周甚至更长。优质肉鸡的室内保育期相对较短，蛋鸡的保育期相对较长。目前，白羽肉鸡一般很少采用放养方式，但是在一些地区会在天气暖和的时候将4周龄以后的白羽肉鸡赶到室外运动场活动，而且会通过限制采食量而延长饲养期。

2. 室外生活阶段　这个阶段是在鸡生长到一定周龄，体重达到一定标准，体质增强，活动能力强，野外觅食能力和消化能力强的基础上，让鸡群有大量的时间在室外活动、采食和休息。这个阶段鸡群的活动会直接对其肉、蛋的口感风味产生影响。

室外生活阶段要求有宽阔的活动场地、相对安静及清洁无污染的环境、一定数量和类型的天然饲料，以保证鸡群能够舒适地生活、健康地生产，提供符合无公害或绿色食品标准的鸡肉和鸡蛋。

室外生活阶段的持续期受鸡的类型和饲养季节的影响。肉鸡的室外生活阶段时间相对较短，白羽肉鸡应有3周左右的时间，优质肉鸡则不少于10周；蛋用鸡的室外生活时间较长，可以有6~10个月的时间。

四、生态养鸡所需要的饲料

（一）鸡的采食习性

1. 杂食性 家鸡的祖先生活在野外，以昆虫、嫩草、植物种子、浆果为食，逐渐形成杂食性这一特点。在配合鸡饲料时，要因地制宜，利用当地各种动、植物饲料资源，做到饲料原料多样化。有条件的地区，可以利用草场、草坡、林间、果园、滩地等土地资源，进行放牧饲养，采食嫩草、草籽和昆虫，节约精饲料，提高养殖效益。有条件的情况下要尽可能给鸡群喂饲一些青绿饲料和各类虫子。

2. 觅食力强 地方良种鸡由于选育程度不高，生产性能没有现代鸡种那么高，但是其适应性特别强，表现抗病力强，觅食力强。在平养的情况下，能够在地面上找到一切可以利用的食物，特别适合放牧饲养，能够捕食活的昆虫。即便是经过选育的优质肉鸡和蛋鸡配套系，在适应放养条件后也能够在放养场地很好地觅食。

3. 喜食粒状饲料 鸡喙的形状决定了其便于啄食粒状饲料，很多放养鸡养殖场给鸡群喂饲玉米、小麦、绿豆等原粮。如果喂饲配合饲料，在不同粒度的饲料混合物中，鸡会首先啄食直径3~4毫米的饲料颗粒，最后剩下的是饲料粉末。为了使柴鸡能够采食到各种饲料原料，要求饲料加工时粒度均匀，柴鸡放养可以直接将原粮撒到地面任其自由啄食。

4. 采食高峰　正常情况下，鸡采食行为都是在有光的白天进行的，雏鸡在晚上要人工光照补料。在自然光照条件下，成年鸡采食有两个高峰，一是日出后2~3小时，二是日落前2~3小时。生产中要注意这两个时段的喂饲，早上将鸡群从室内放出后可以喂饲少量饲料，大约每只鸡20克。如果不喂饲或喂饲量太少，不利于鸡群在场地内较大范围活动、觅食；如果喂料量太多，则鸡只感觉不到饿而不会积极觅食。傍晚鸡群回鸡舍休息的时候要根据放养场地野生饲料资源情况掌握喂饲量，保证鸡群当天能够摄入足量的营养。

5. 同步化采食　鸡喜欢群居生活，在一起采食、饮水。在同一群中，个体间几乎是同步采食，同步休息的。生产中，一定要配足料槽、饮水器，满足鸡均衡生长的需要。随着鸡龄的增大，采食次数明显减少，但是每次的采食时间延长。

（二）生态养鸡常用饲料原料

1. 原粮类　在生态养鸡生产中，有许多人直接使用原粮喂鸡，也有不少人把几种原粮按照一定的比例混合起来作为鸡的饲料。使用原粮喂鸡要注意用前检查粮食颗粒有无发霉现象，不要使用发霉的原粮以免引起鸡的健康问题；检查含水量，可以用牙咬粮食，如果含水量高则颗粒显得比较软；还要看原粮中的杂质，杂质越多质量越差。

（1）玉米：玉米是主要的能量饲料，生产中利用最多。玉米主要成分为淀粉，能量高，适口性好，容易消化吸收。代谢能为14.06兆焦/千克，粗蛋白质为8%~9%。黄玉米中含有丰富的叶黄素，可以沉积于鸡的蛋黄、胫爪和皮肤，提高其商品价值。玉米中缺乏赖氨酸、蛋氨酸等限制性氨基酸，和豆粕配合效果好，可以达到氨基酸互补。目前，中原地区生产的玉米容易被黄曲霉菌污染，使用前需要进行检测。

（2）小麦：小麦是重要的粮食作物，价格低时是养鸡的理想饲料。小麦的能量和蛋白质均较高，而且蛋白质品质比玉米好（各种限制性氨基酸含量较玉米高）。小麦中 B 族维生素特别丰富，和玉米配合使用效果更好。优质肉鸡日粮中小麦最高可用到30%。喂饲小麦过多会造成鸡只出现黏粪，肛门周围的羽毛沾有粪便，容易污染鸡蛋，这是由小麦中含有较多的非淀粉多糖引起的。

（3）稻谷：稻谷含壳约 20%，影响消化，使用时需磨碎，以 10%的比例加入混合料中，南方产稻地区可以应用。适于饲喂15 日龄以上的鸡，随着日龄的增长可以适量地增加喂量。

（4）高粱：能量含量同玉米相似，粗蛋白质含量较高，但品质较差，含单宁酸，味涩，适口性差。价格低于玉米时考虑应用，但喂量不宜过多，以不超过 10%为宜。

（5）小米：是粟脱壳制成的粮食，因其粒小，直径 1.5 毫米左右，故名。原产于中国北方黄河流域。粟生长耐旱，品种繁多。每 100 克小米含蛋白质 9.7 克，比大米高；脂肪 1.7 克，碳水化合物 76.1 克，都不低于稻、麦；含胡萝卜素达 0.12 毫克，维生素 B_1 的含量位居所有粮食之首。

（6）大豆：是我国主要的豆类作物，具有很高的营养价值。干大豆中粗蛋白质的含量约为 36%，油脂的含量约为 17%。大豆蛋白质的品质优良，人体必需的氨基酸的含量比较高。但是，生大豆中含有抗胰蛋白酶因子，必须加热（100 ℃，3 分钟以上）煮熟或炒熟后才能喂饲鸡。

（7）绿豆：绿豆性味甘凉，有清热之功。绿豆还有解毒作用，如遇有机磷农药中毒、铅中毒或吃错药等情况，在医院抢救前都可以先灌下一碗绿豆汤进行紧急处理。绿豆所含的众多生物活性物质，如香豆素、生物碱、植物甾醇、皂苷等可以增强机体免疫机能，增加吞噬细胞的数量或吞噬功能。绿豆中粗蛋白质的含量约为 22%，油脂的含量约为 0.8%。但是，绿豆的价格较高，只能定期喂饲一些。

2. 农副产品 农副产品是粮食加工的副产物，部分作为食品使用，多数不作为食品。但是，绝大多数的农副产品都可以作为鸡的饲料组成成分。使用这些原料要注意有无发霉现象和杂质的含量。

（1）麸皮：麸皮是小麦加工面粉的副产品，粗蛋白质含量在 12.5%~17%，B 族维生素含量较丰富。麸皮的粗纤维含量为 8%~18%，质地疏松，具有轻泻性，在育成鸡饲粮中可以加大用量，雏鸡和产蛋期尽量少用。

（2）碎米：碎米是稻谷加工大米的副产品，淀粉含量高，纤维素含量低，易于消化，是小鸡的良好饲料。蛋白质含量低，用量占日粮的 30%~50%。缺乏叶黄素，上市前 10 天停止使用，否则会降低皮肤黄色。

（3）油脂类：常温下呈液态的脂肪称油，呈固态的叫作脂。油脂的能量浓度很高，而且很容易被鸡体所利用。在配合日粮时，可以适当加入一定量的油脂，不仅可以提高日粮代谢能，而且可以大大降低饲料粉尘对工人的危害。主要用于商品优质肉鸡育肥期，但要注意在上市前 1 周不能添加有异味的动物性油脂，否则会影响鸡肉风味。

（4）糟渣类：酒糟、糖浆、甜菜渣、苹果渣、豆腐渣、红薯渣等均可作为鸡的饲料。酒糟和甜菜渣因纤维含量高，不可多用。果渣经过发酵处理后的使用效果更好。糖浆含糖量高，并含大约 7%的可消化蛋白质，成鸡可日喂 15 克左右，喂时用水稀释，但应注意品质新鲜，幼鸡可少喂。上市前 1 周不喂酒糟。

（5）米糠类：含有丰富的 B 族维生素，但能量较低，粗纤维含量较高，体积也大，鸡不宜多吃。通常雏鸡和育肥期日粮中，用量不宜超过 8%，育成鸡不超过 15%，产蛋鸡不超过

10%，必须指出，各类糠的营养差别很大，故配合日粮时要特别注意。米糠榨油后所得糠饼，虽然总营养量不会增多，但含蛋白质比例反而提高，故提高了饲用价值。饲喂糠饼时，搭配40%~50%的玉米效果较好。用前要检查有无结块现象。

（6）花椒籽：花椒籽是花椒加工脱籽的产品，为圆形黑色颗粒。粉碎后加入饲料中可以替代部分糠麸类饲料，而且由于其中含有油脂，使用后对于提高蛋品质量和羽毛的光洁度均有用。

（7）枸杞加工副产品：为枸杞果筛选后的产物，包括小果、烂果、碎叶等，经过干燥粉碎后可以在配合饲料中添加3%左右，有利于改善蛋黄颜色。

3. 动物性饲料 该类饲料的主要营养特点是蛋白质含量高（40%~85%），氨基酸组成比较平衡，适于与植物性蛋白质饲料搭配，并含有促进动物生长的动物性蛋白因子；钙、磷含量丰富，比例适宜，磷全部为可利用磷，同时富含多种微量元素；维生素含量丰富（特别是维生素 B_2 和维生素 B_{12}）；脂肪含量较高，虽然能值含量高，但脂肪易氧化酸败，不宜长时间贮藏。

（1）鱼粉：鱼粉中不仅蛋白质含量高（45%~65%），而且氨基酸含量丰富且种类完善，其蛋白质生物学价值居动物性蛋白质饲料之首。鱼粉中维生素 A、维生素 D、维生素 E 及 B 族维生素含量高，矿物质种类也较全面，不仅钙、磷含量高，而且比例适当；锰、铁、锌、碘、硒的含量也是其他任何饲料所不及的。进口鱼粉颜色棕黄，粗蛋白质含量在60%以上，含盐量少，一般可占饲粮的2%~6%；国产鱼粉呈灰褐色，含粗蛋白质35%~55%，盐含量高，一般可占饲粮的2%~5%，过高易造成食盐中毒。

目前，某些国产鱼粉含盐量高、杂质多，甚至有些生产单位还用鸡不能吸收的尿素掺和质量差的鱼粉，用来冒充蛋白质含量高的鱼粉，购买时应特别注意。优质鱼粉价格高也限制了它在养殖中的使用。

（2）肉骨粉：肉骨粉是由肉联厂的下脚料（如内脏、骨骼等）及不适宜食用的畜禽废弃肉经高温脱脂和粉碎而制成的，其营养物质含量随原料中骨、肉、血、内脏的比例不同而异，一般蛋白质含量为40%~60%，脂肪含量为5%~12%，几乎不含粗纤维，含钙6%~10%，含磷3.5%~5.5%，水分含量一般不超过6%。肉骨粉中赖氨酸含量为2.7%~5.8%，蛋氨酸含量为0.36%~1.09%，色氨酸含量为0.31%~0.42%。B族维生素含量较多，但维生素A、维生素D和维生素B_{12}的含量都低于鱼粉。使用时，最好与植物性蛋白质饲料配合，用量可占饲粮的2%~5%。

（3）血粉：血粉中粗蛋白质含量高达80%左右，蛋白质中赖氨酸含量高达7%~8%，比常用的优质鱼粉含量还高，但蛋氨酸和胱氨酸含量较少，血粉的适口性不佳，蛋白质的消化吸收率又低，目前有些经过发酵处理的血粉消化吸收率有所提高。生产中最好与其他动物性蛋白质饲料配合使用，用量不宜超过饲粮的3%。

（4）蚕蛹粉：蚕蛹粉中粗蛋白质含量为50%~60%，各种氨基酸含量比较全面，特别是赖氨酸、蛋氨酸含量比较高，是鸡良好的动物性蛋白质饲料。由于蚕蛹粉中含脂量高，贮藏不好极易腐败变质发臭，而且还容易把臭味转移到鸡蛋中，因而蚕蛹粉要注意贮藏，使用时最好与其他动物性蛋白质饲料搭配，用量可占饲粮的3%左右。目前，蚕蛹主要被人食用，蚕蛹粉的产量很低。

（5）水解羽毛粉：水解羽毛粉含粗蛋白质近80%，但蛋氨酸、赖氨酸、色氨酸和组氨酸含量低，使用时要注意氨基酸平衡问题，应与其他动物性饲料配合使用，一般在饲粮中用量可占2%~3%。羽毛必须水解后才能作为鸡饲料。

（6）昆虫类：常用的昆虫有皮虫（又名大蓑蛾、大袋蛾），各种蝗虫类昆虫（如飞蝗、稻蝗、竹蝗、蔗蝗和棉蝗），体形似蝗虫的蠡斯（蚱蜢）、孟蟹、螟蛾幼虫、玉米螟、蟋蟀、油葫芦、蝉、蝼蛄、金龟子等营养丰富的鲜活饲料。另外，蚯蚓、蝇蛆也是一种营养丰富的饲料。昆虫类饲料既可以在夏秋季节用灯光诱捕，也可以人工养殖。

4. 饼粕类　这类饲料是指含油多的籽实经过脱油脂以后的加工副产品。主要包括大豆饼（粕）、棉籽饼（粕）、花生仁饼、菜籽饼（粕）、亚麻饼（粕）等。

（1）大豆饼（粕）：豆粕和豆饼是制油工业不同加工方式的副产品。豆粕大豆是浸提法或预压浸提法取油后的副产物，粗蛋白质含量在43%~46%；豆饼是大豆经机械压榨浸油后的副产物，粗蛋白质含量一般在38%以上。豆粕（饼）是最优质的植物性蛋白质饲料，富含赖氨酸和胆碱，消化水平高，适口性好，易消化等，但蛋氨酸不足，含胡萝卜素、硫胺素和核黄素较少。品质良好的豆粕颜色应为淡黄色至淡褐色，颜色太深表示加热过度，蛋白质品质变差；颜色太浅可能是加热不足，大豆中的抗胰蛋白酶灭活不足，影响消化，使用时易导致消化不良。

未经榨油的大豆经过适当处理（如炒熟、膨化或110℃高温处理数分钟）后，由于富含油脂（18%）和蛋白质（38%），香味浓，可作为鸡饲料的原料。大豆饼（粕）适口性好，不同生理阶段的鸡均可食用，配合饲料中添加量在13%~26%。

（2）菜籽饼（粕）：我国菜籽饼（粕）年产量近700万吨。菜籽饼（粕）含有较高的蛋白质，达34%~38%。氨基酸组成较平衡，含硫氨基酸含量高是其突出的特点，且精氨酸与赖氨酸之间较平衡。菜籽饼（粕）的粗纤维含量较高，影响其有效能值。菜籽饼（粕）含磷量较高，高于钙，且大部分是植酸磷。微量元素中含铁量丰富，而其他元素则含量较少。菜籽饼（粕）含有芥酸等毒素和抗营养因子，未经脱毒处理的要限量饲喂，一般在配合饲料中不超过6%。菜籽饼（粕）的蛋白质组成中，赖氨酸、蛋氨酸含量较高，精氨酸含量较低，若与棉籽饼（粕）配合使用，可改善饲料营养价值。

（3）棉籽饼（粕）：棉籽饼（粕）在我国年产量约400万吨。棉籽饼（粕）粗蛋白质含量为36%~41%，氨基酸组成中赖氨酸较少；粗纤维含量为10%~14%，能量价值为含消化能12.13兆焦/千克左右；矿物质种类很不平衡，钙低（0.16%）、磷高（1.2%）。棉籽饼（粕）含有游离棉酚等毒素，必须限量饲喂，未经脱毒处理的用量控制在5%以内，脱毒的方法是在使用前于棉籽饼（粕）中加入2%的硫酸亚铁混匀，或在榨油过程中向原料中添加1.5%的硫酸亚铁。

（4）花生仁饼（粕）：我国花生仁饼（粕）年产量约125万吨。花生仁饼（粕）粗纤维含量低，蛋白质含量高，富含精氨酸、组氨酸，但赖氨酸、蛋氨酸较缺。因其脂肪含量高，且饱和性低，喂量不宜过多。花生仁饼（粕）宜贮藏在低温干燥处，高温高湿条件下易感染黄曲霉而产生黄曲霉素，导致鸡中毒，干热和蒸煮均无法去毒。因此，切忌饲喂霉变的花生仁饼（粕）。

（5）向日葵籽饼（粕）：脱壳向日葵籽饼（粕）蛋白质含量为36%~40%，粗纤维为11%左右，但带壳者分别为20%以下和22%左右。成分与棉籽饼（粕）相似。在蛋白质组成上以蛋氨酸高、赖氨酸低为主要特点（与豆粕相比，蛋氨酸高53%，赖氨酸低47%）。与豆粕配合使用时（取代豆粕50%左右），能使氨基酸互补而得到很好的饲养效果，但不宜作为饲粮中蛋白质的唯一来源。带壳饼（粕）的用量不超过5%。

（6）芝麻饼（粕）：芝麻饼（粕）的蛋氨酸是所有饼粕中含量最高的，比豆粕、棉籽粕高2倍，比菜籽粕、向日葵籽粕高1/3，色氨酸含量也很丰富，粗蛋白质含量高达40%，粗纤维8%，矿物质含量丰富。但因种壳中含草酸和植酸，影响矿物质的利用，一般不能作为蛋白质的唯一来源，鸡饲粮中的用量不宜超过3%。

（7）亚麻籽粕：主要产于华北及西北地区的黑龙江、甘肃、内蒙古、新疆、山西、河北、宁夏等地。亚麻机榨粕含 5% 左右的粗脂肪，浸提法约含 1% 的粗脂肪；蛋白质含量为 30%~40%。亚麻籽粕脂肪含量最高的是不饱和脂肪酸，其中亚麻酸所占比例较大，为其他常用植物油所不及。亚麻酸是动物机体不能合成又是生命活动必需的 ω-3 高不饱和脂肪酸的前体物，动物采食亚麻籽日粮后，肉、蛋、奶也会含有大量的 ω-3 高不饱和脂肪酸。随着人们对 ω-3 高不饱和脂肪酸关注日益增加，亚麻籽作为饲料原料直接使用受到重视。亚麻籽粕中含有许多有毒物质和抗营养因子，如亚麻籽胶、植酸、变应原、生氰糖苷、胰蛋白酶抑制因子、抗维生素 B$_6$ 因子等，因此其在配合饲料中添加量不宜超过 5%。

5. 矿物质饲料

（1）氯化钠：也称食盐，用来补充氯和钠的不足。一般在鸡日粮中食盐含量稳定在 0.3% 左右，不要经常变动。食盐供应不足时，会出现啄羽、啄肛等异食癖，同时采食量下降而影响到生长和产蛋。

（2）石粉和贝壳粉：二者的主要成分为碳酸钙，用来补充鸡对钙的需求。石粉含钙量 35%~38%。贝壳粉有淡水贝壳粉和海水贝壳粉两种，含钙量在 30% 以上，其中海水贝壳粉产量高、品质好。肉用鸡用量为 1.0%~1.5%，产蛋鸡用量 7% 左右。

（3）骨粉：骨粉由各种家畜骨骼经蒸煮、干燥、粉碎而成。骨粉是配合饲料中最常用的磷源饲料，同时也补充钙，含磷量 12%~13%。未经过加工的畜骨，容易受到病原微生物污染，不能利用。骨粉一般用量为 1.0%~1.5%。

（4）磷酸氢钙：磷酸氢钙为补充磷的常用原料，含磷量 18% 以上，含钙量 21% 以上。磷酸氢钙因加工设备和工艺不同，品质差异很大，购买时应选择大厂生产、质量稳定的产品。另外，含氟量应在 0.18%以下，才能安全使用。

6. 饲料添加剂　鸡饲料中除了蛋白质饲料、能量饲料、矿物质饲料等主要原料外，还需要各种微量营养元素。这些需要量很少的物质都是以添加剂的形式供给的，在加入大料前，一般要经过稀释剂的稀释，才能混合均匀，防止中毒。目前，抗生素添加剂已经禁止使用。常用饲料添加剂有以下几种。

（1）维生素添加剂：在生产中常用的是禽用复合维生素制剂。但是鸡对胆碱的需求量大，而且胆碱有吸湿性，一般不加入复合制剂中，使用时另外添加。维生素 C 的酸性很强，会对其他维生素造成威胁，所以也不加入复合制剂中。复合维生素添加剂的用量一般为 200~300 克/吨饲料。复合维生素添加剂有一种特殊的味道，这种味道的浓淡可以作为鉴别其质量的一个感官指标。购买复合维生素添加剂时要注意当时各种单项维生素的价格，并粗略计算出复合维生素添加剂的价格，不要单纯追求价格低廉，以免所购买的添加剂质量不好。

除复合维生素添加剂外，单项的维生素添加剂有胆碱、维生素 C、维生素 B_1、维生素 B_2、维生素 K、维生素 E、维生素 A、维生素 D_3 等，用来预防和治疗相应的维生素缺乏症。

（2）微量元素添加剂：主要为铁、铜、锌、锰、碘和硒的化合物，如硫酸亚铁、硫酸铜、硫酸锌、硫酸锰、碘化钾和亚硒酸钠等。目前市售的产品多是复合微量元素添加剂（有 0.5%和1%两种），载体多为轻质石粉。那些在饲料中添加量超过 2%的复合微量元素添加剂主要是添加了较多的载体，虽然每千克价格低，但是由于添加量大，实际成本高。

（3）氨基酸添加剂：目前使用较多的是人工合成蛋氨酸和赖氨酸，纯度为 98%以上，以单项形式出售。蛋氨酸多用于产蛋鸡，赖氨酸多用于雏鸡和育肥鸡。

（4）抗生素替代品：饲料中添加适量抗生素的目的是防病

和促生长，提高产蛋鸡的产蛋量。由于抗生素添加剂已经限制使用，目前常常使用一些抗生素替代品。目前有代表性的抗生素替代品诸如益生素、寡糖、酶制剂、中草药、糖萜素等。

（5）增色剂：优质肉鸡皮肤颜色是影响屠体品质的重要因素，特别在南方市场，消费者对三黄鸡皮肤颜色有严格要求。对于鸡蛋生产来说，蛋黄的颜色也是影响其质量的重要因素，可以通过添加天然的色素来增色。天然的叶黄素主要存在于植物和微生物中，动物体内不能自己合成，必须从饲料中获得。有许多植物可以使鸡皮肤或蛋黄产生橙黄色，苜蓿粉、黄玉米、红辣椒、金盏花、橘皮粉、松针叶粉、栀子、海带或其他海藻是非常有效的叶黄素来源。

生态养鸡饲料中可以适量使用人工合成的食用级色素添加剂，如柠檬黄、斑蝥黄、加丽素红（黄）、番茄红素、辣椒红素等；绝对不能使用工业颜料作为增色剂，如苏丹红4号等。

（三）青绿饲料

青绿饲料是指鲜嫩青绿，柔软多汁，富含叶绿素，自然含水量大于60%的植物性饲料。青绿饲料种类很多，主要包括天然牧草、栽培牧草、青饲作物、青饲叶菜、水生饲料、树叶、野草野菜、蔬菜等。采用生态养鸡技术很重要的一点就是让鸡群充分采食天然的饲料资源，包括人工栽培的牧草与野生的杂草。在生态养鸡的场地内或场地周围利用空闲地大量种植牧草可以为鸡群提供充足的青绿饲料，降低饲养成本，提高鸡肉和鸡蛋的品质（彩图5~彩图7）。

1. 青绿饲料的营养特性

（1）水分含量高：陆生植物的自然含水量一般在75%~90%，水生饲料高达90%~95%。干物质含水量低，一般青草干物质10%，营养浓度较低，有效能值不高。

（2）具有中等的粗蛋白质含量：按鲜重计算不高，若按干物质计算则高于能量饲料所含的粗蛋白质。一般禾本科青牧草和叶菜类饲料的粗蛋白质含量为 1.5%~3%，豆科牧草为 3.2%~4.4%。禾本科青饲料干物质中粗蛋白质含量为 13%~15%，高于禾本科籽实类饲料所含的粗蛋白质，豆科青饲料可达 18%~24%，相当于蛋白质饲料。青饲料粗蛋白质中纯蛋白质含量高，所以蛋白质的营养价值高，但是，青饲料中粗蛋白质所含必需氨基酸并不全面，一般禾本科青饲料中赖氨酸不足，豆科青饲料中胱氨酸和蛋氨酸缺乏。

（3）粗纤维含量较高：适时刈割的青饲料含粗纤维 0.4%~10.1%，干物质中粗纤维低于 30%，粗纤维的含量随着青饲料的延长而增加，木质素含量也显著增加。一般植物在开花或抽穗前，粗纤维含量较低，此后，明显增加。

（4）脂肪含量较少：脂肪占鲜重的 0.5%~1%，占干物质重的 3%~6%，必需脂肪酸高于同类植物种子脂肪中的含量。

（5）矿物质含量较全，钙、磷比例适当：矿物质占鲜重的 1.5%~2.5%，占干物质的 12%~20%。部分青饲料中钙多磷少，尤其以豆科青饲料明显。

（6）维生素含量丰富：尤其是胡萝卜素含量高，一般为 50~80 毫克/千克，大大超过动物对胡萝卜素的需要量。一般豆科牧草高于禾本科牧草。

2. 豆科牧草

（1）紫花苜蓿：紫花苜蓿又名苜蓿或紫苜蓿，因开紫花故习惯称紫花苜蓿。紫花苜蓿为豆科多年生草本植物，一般寿命 5~7 年，长者可达 25 年。生长 2~4 年最盛，第五年以后产量逐年下降。紫花苜蓿喜温暖半干燥气候，生长条件适合时寿命最长可达 60 年以上，但生产上一般利用 3~5 年，多者 10 年左右。

夜间高温对苜蓿生长不利，在华北地区 4~6 月是其生长的最好季节。紫花苜蓿抗寒性强，可耐-20℃的低温，在有雪覆盖时，可耐-44℃的低温。对土壤要求不严，喜中性或微碱性土壤，pH值6~8为宜。据河南省饲料资源调查，每亩每年可收鲜草2 500~4 000千克，折干率25.94%，每亩收干草约777千克，最高可收鲜草5 000千克以上。紫花苜蓿的营养价值很高，粗蛋白质、维生素和矿物质含量很丰富。一般含粗蛋白质15%~20%，相当于豆饼的一半，比玉米高1~1.5倍；赖氨酸含量1.05%~1.38%，比玉米高4~5倍。

（2）白三叶草：白三叶草是多年生草本植物，喜温，不耐寒，不耐旱，耐阴湿，是果园、林间隙地、沟坡地段的适选品种，匍匐生长，草质好，可连续利用7~8年，耐践踏，是一种理想的放牧型牧草，也可作为观赏性草坪。亩产鲜草3 000~5 000千克，适喂各种畜禽。与禾本科牧草1∶2混播效果很好。

（3）沙打旺：沙打旺又名直立黄芪、麻豆秧、苦草，在河南省俗称薄地撺、地丁等。沙打旺适应性强、产草量高，是饲用、绿肥、固沙、水土保持的优良牧草。

沙打旺属豆科黄芪属多年生草本植物，喜温暖气候，在20~25℃下生长最快，适宜在年平均温度8~15℃的地区生长，在0℃以上，积温低于3 600℃的地区不能正常开花结实。沙打旺对气候适应性很强，根系发达，抗旱力极强，耐盐碱，耐瘠薄，能生长在瘠薄的退化碱性草地上。在连续70天无雨，其他植物大部分被旱死的情况下，仍茎叶青绿。沙打旺顾名思义，具有很强的抗风沙的能力。

沙打旺长势强，第二年后，每年可刈割2~3次。播种1次可连续生长4~5年或更长时间。据河南省饲料资源调查，播种当年每亩可收鲜草1 000~1 500千克，第二年可收鲜草2 990千克，折干率19.8%，每亩可晒制青干草约582千克，高产者可收鲜草5 000千克左右。沙打旺营养丰富，粗蛋白质含量高，与苜蓿相似，是一种营养价值较高的牧草。

（4）紫云英：又称红花草、翘摇，为豆科黄芪属一年生或越年生草本。紫云英维生素含量较高，每100克鲜草中含胡萝卜素6 250国际单位，维生素C 1 386毫克。可以看出紫云英的营养价值是很高的。紫云英一般亩产鲜草1 500~2 500千克，高的达3 500~4 000千克或更多。

（5）红豆草：是豆科红豆草属多年生草本植物，为深根型牧草。红豆草性喜温凉、干燥气候，适应环境的可塑性大，耐干旱、寒冷、早霜、深秋降水、缺肥贫瘠土壤等不利因素。与苜蓿比，抗旱性强，抗寒性稍弱。在水肥条件差的干旱地区，2~3龄平均亩产干草250~500千克；在水热条件较好的地区，每亩产鲜草约1 400千克，在沟坡地每亩产鲜草约950千克；在水肥热条件都好的灌区，播种当年亩产鲜草即达1 500千克，2龄亩产约2 500千克，2~4龄最高可达3 500千克；红豆草花色粉红艳丽，饲用价值可与紫花苜蓿媲美，故有"牧草皇后"之称。红豆草与紫花苜蓿比，春季萌生早，秋季再生草枯黄晚，青草利用时期长。饲用中，用途广泛，营养丰富全面，蛋白质、矿物质、维生素含量高，收籽后的秸秆鲜绿柔软，仍是家畜良好的饲草。调制青干草时，容易晒干，叶片不易脱落。1千克草粉，含饲料单位0.75个，含可消化蛋白质160~180克，胡萝卜素180毫克。

（6）红三叶：是豆科三叶草属短期多年生丛生性草本植物。茎圆、中空，直立或斜上，长90~150厘米，分枝力强，一般有10~15个，多者可达30个，开花前形成强大的株丛。掌状三出复叶。聚生于叶柄顶端；叶柄长3~10厘米，小叶卵形或长椭圆形，长3~6厘米，宽2~3.5厘米，基部稍宽，先端较狭，叶面有灰白色倒"V"形斑纹、全缘；托叶膜质，较大，长约2厘米，有紫色脉纹，大部连于叶柄，先端尖锐分出；茎叶各部均具茸毛。红三叶属长日照植物，但在营养生长期却能耐阴。晚熟型，根系发达，根颈入土深，茎高大，分枝多，株丛密，植株多毛，生长发育较慢，开花比早熟型晚 10~20 天，花期长，再生性较差，年收割 1~2 次，产量高、质量差，需日照长，抗寒性强，为冬性发育类型。

3. 禾本科牧草

（1）冬牧-70 黑麦：冬牧-70 黑麦又名冬长草、冬牧草，是禾本科黑麦属冬黑麦的一个亚种。冬牧-70 黑麦比较耐寒。晚秋播种，10 日内出苗。生长期可耐受-5~-10 ℃的低温。耐旱性也较强，并能耐盐碱，在瘠薄的土地上也能生长。另外抗病虫害能力也较好，特别是抗蚜虫能力，在相邻的大麦、草芦遭到蚜虫严重危害时，冬牧-70 黑麦的茎叶却从未发现有蚜虫。

冬牧-70 黑麦，茎叶繁茂柔软，营养丰富，各种家畜都喜采食。最大优点是青绿，是解决家畜冬饲的好牧草。刈割、放牧、鲜草、干草都很优良，一般可刈割 3~4 次，亩产鲜草 4 000~5 000 千克，再生能力强。

（2）多花黑麦草：短期多年生牧草，丛生型。喜温湿、不耐寒、不耐热、不耐旱，适宜生长温度为 20 ℃，寒冷地区可作为一年生牧草。适合黏土或壤土地种植。可利用 3~4 年或更短，年刈割 2~4 次，亩产鲜草 3 500~4 000 千克，注意刈割后施足氮肥，适喂各种家禽。

（3）苏丹草：苏丹草属于喜温植物，温度条件是决定它的分布地域与产量高低的主要因素。种子发芽最适温度为 20~30 ℃，最低温度为 10~12 ℃，在适宜条件下，播种后 4~5 天即可出苗，7~8 天达到全苗。气温低、墒情差时，出苗较慢，一般要半个月左右才能全苗。苏丹草苗期生长缓慢，对低温非常敏感，当气温下降至 2~3 ℃时即受冻害，但已成长的植株，具有一定抗寒能力。苏丹草柔软的茎叶可制作青贮饲料和晒制干草，直接青饲效果也较好。但幼苗含有氰氢酸，饲喂时要防止氰氢酸中毒。苏丹草一年可刈割3~4次，一般亩产2 500~3 000千克，高产可达5 000千克。

（4）麦类作物：包括小麦、大麦、燕麦等，属一年生禾本植物，叶鞘松弛抱茎，多无毛或基部具柔毛；两侧有两披针形叶耳；叶舌膜质。秋末播种大麦可以供冬季和早春放养鸡群食用。

4. 其他牧草

（1）串叶松香草：串叶松香草耐寒性强，耐旱、耐湿，适应性广。串叶松香草为菊科多年生草本植物，根颈肥大、粗壮，由水平状多节的根颈和纤细的营养根两部分组成。适宜在肥沃、湿润、土层较厚的砂壤土上种植，不耐瘠薄。串叶松香草主要以种子繁殖，因其越冬能力较强，无论春播还是秋播，当年只形成莲座状的叶簇，第二年才开始抽茎、开花、结实。在北京地区春播，当年只形成8~10片基生叶，第二年4月上旬返青，6月中旬开花，7月中旬种子成熟。在南京秋播，越冬前植株形成2~5片叶，第二年返青后生长迅速。

串叶松香草鲜嫩多汁，营养价值高，含有丰富的蛋白质和家畜所需要的全部氨基酸，尤以赖氨酸含量最高。串叶松香草是畜禽的优良饲料，其适口性随着家禽逐步采食而增强，经饲喂几天后即可适应。青饲、青贮和调制干草均可。鲜草产量从第二年开始一般每亩可产5 000千克左右。刈割以1~2次为宜，过多会降低第二年的产量。

（2）聚合草：又名俄罗斯饲料菜，多年生草本植物。喜温湿、耐寒，喜高水肥条件，抗逆性强，适应性广，利用期长。其营养丰富，质地柔软，切碎后柔嫩多汁，微甜清香，适合各种畜禽及草食鱼类采食。该品种根系发达，再生能力强，多采用切根分株，扦插茎进行无性繁殖。年刈割3~5次，亩产鲜草10 000千克以上。因该草被有刚毛，可切碎，打浆拌精料喂鸡。

（3）籽粒苋：是苋科苋属一年生草本植物。为短日照，适应湿润气候，最适宜的生长温度为 20~30℃，耐热、耐旱能力较强，耐寒能力较差，对土壤要求不严，除低湿地外，各种土壤均可生长。发育较快，再生力强。

籽粒苋作为饲料用有间割、全割和割头三种收割方式。当株高 60~80 厘米时开始刈割利用，留茬高度为 20 厘米，每隔 20~30 天刈割一次，一年可刈割 4~5 次，年鲜草产量可达 5 600~10 000 千克/亩。籽粒苋的营养价值很高，粗蛋白质、维生素和矿物质含量很丰富，其籽粒蛋白质含量 18% 左右，现蕾期干草蛋白质含量 20.4%，赖氨酸 0.79%。特别是适时收割的籽粒苋，柔嫩多汁，适口性强，粗纤维含量低，容易消化，为各类畜禽所喜食，也可用籽粒苋晒制干草，加工粉碎成草粉，作为配制全价配合饲料的原料。如进行青贮，饲喂效果则更好。

（4）菊苣：是菊科菊苣属中的多年生草本植物。根据菊苣的叶片和根系生长形态，菊苣可分为大叶直立型、小叶匍匐型和中间型三个品种，而用作饲草栽培的一般为大叶直立型菊苣品种。该品种每株有叶片 30~50 片，最多达 100 片左右。叶片肥厚，呈长椭圆形，一般长 30~40 厘米，宽 8~12 厘米，叶片的边缘有波浪状微缺，叶背有稀疏的绒毛，叶质脆嫩，折断和刈割后有白色乳汁流出。该品种一次播种可连续利用 10 年以上，年亩产鲜草 10 000 千克左右。在我国长江流域及以南地区，菊苣从 3 月中下旬至 11 月中下旬，甚至 12 月上旬均可刈割，每次刈割间隔时间 30 天左右。只要及时浇水施肥，其生长高度可达 50~60 厘米，一般年利用期达 7~8 个月。每次刈割的留茬高度为 5 厘米，不能过高也不能太低。刈割的时间应在傍晚前后进行。抽薹前刈割的鲜菊苣干物质含量为 15% 左右，其中粗蛋白质含量为 20%~23%，粗纤维为 12.5%，无氮浸出物为 35%~42%，粗脂肪为 4.6%，粗灰分为 12.3%，钙为 1.3%，磷为 0.5%。

（5）苦荬菜：又名苦菜、鹅菜、山莴苣等。为菊科山莴苣属一年生或越年生草本植物。耐热性强，在夏季35~40℃高温条件下，只要保持水肥供应，生长仍十分旺盛，产量极高。耐寒性较强，成株可抵抗-7~-5℃的冬季低温。苦荬菜对水分要求较多，但不耐积水。对土壤要求不严，各种土壤均可种植，但在排水良好的肥沃土壤上生长良好。苦荬菜产量高，每亩鲜草产量高达5 000~7 500千克，高者可达10 000千克，营养丰富，干物质中粗蛋白质含量为30.5%，粗脂肪15.5%，粗纤维9.7%。富含各种维生素及矿物质。苦荬菜叶量大，鲜嫩多汁，茎叶中的白色乳浆虽略带苦味，但适口性特别好。

（6）杂草：杂草是指生长在有害于人类生存和活动场地的植物，一般是非栽培的野生植物。但是，绝大多数的杂草可以作为养鸡的饲料使用。

5. 果蔬类 凡是可以食用的瓜果蔬菜都可以用于养鸡。南瓜、胡萝卜、白菜、包菜等果蔬类适口性好，产量高，易贮藏，是鸡的优良饲料，喂饲时注意矿物质的平衡。这类饲料含水多，营养物质的浓度较低，体积大，影响营养物质的摄入，喂量不能过大，最多占到日粮的40%。

在蔬菜采集过程中常常丢弃的部分如萝卜缨、大蒜秧、包菜散叶等也可以作为青绿饲料使用，但是要注意不能使用腐烂变质的部分。

6. 鲜树叶 一些鲜嫩的树叶如槐树叶、榆树叶、桑树叶等也是鸡群喜欢采食的。这类树木修剪时可以把一些嫩枝收集起来，让鸡群采食上面的树叶。

（四）粗饲料

粗饲料包括干草类、农副产品类（包括荚、壳、藤、蔓、秸、秧）及干物质中粗纤维含量≥18%的糟渣类、树叶类等。粗饲料的特点是体积大，木质素、纤维素、半纤维素、果胶、硅酸盐等细胞壁物质含量高，可利用能量低。蛋白质、矿物质和维生素含量变异很大。

鸡对粗纤维的消化能力很低，因此，粗饲料在生态养鸡过程中的使用量必须严格控制，否则会影响鸡的营养摄入量而降低生产性能。

（五）配合饲料

生态养鸡业离不开配合饲料，否则其市场性能无法得到保证，甚至还可能影响健康。但是，在生态养鸡过程中，饲料的配制要避免使用化学合成添加剂和国家禁用的药物。

1. 饲料配合的原则

（1）饲料种类要求多样化：配合饲料时选择的饲料种类尽量多一些，以便相互补充其不足，使营养完善，满足饲养标准。

（2）尽量采用当地饲料：尽量发掘和采用当地饲料资源，减少外购的数量，减少运输费用，降低生产成本。

（3）降低饲料成本：要选择价格低廉，营养较好的饲料进行配合，购买饲料原料时应根据市场行情，尽量降低其价格。减少运输贮藏费用。减少加工过程中的浪费，应完善加工工艺，配合营养全面平衡的日粮。

（4）稳定性：饲料配方一经实施后则应相对稳定，不应随意变动，改变饲料时应逐渐改变。频繁改变饲料配方，易引起应激，影响鸡的生长、产蛋，降低生产力和饲料的利用率。

（5）注意原料质量：不能用发霉、酸败、低劣质量的原料（假豆饼、假鱼粉、假添加剂等）来配制日粮，在选用代用品时必须保证质量。每次进回来的原料必须进行营养分析，防止假冒饲料。每次更换饲料配方时，要提前做饲喂试验（提前 2 周），防止大群饲喂时蒙受重大损失。

（6）改善饲料的保存条件：防止在保存过程中的损失和变

质。注意仓库的温湿度、通风等环境条件。防鼠害、防火、防水、缩短贮存时间，减少饲料的氧化损耗。每次配料够2~4周使用为宜，最好是随配随喂。当天运当天饲喂，或一周之内也可。药物、多维、氨基酸等添加剂要在饲喂前混合进去，且应混合均匀。

2. 常用饲料原料应占的比例

（1）能量饲料：玉米 40%~60%，小麦 5%~10%，碎米 5%~10%，糠麸类 5%~15%，油脂 1%~2%。

（2）蛋白质饲料：豆粕 15%~20%，菜籽粕 2%~5%，棉籽粕 2%~4%（种鸡不用），花生粕 5%~10%，鱼粉 1%~2%（雏鸡阶段）。

（3）矿物质饲料：石粉（生长期）1%~1.5%，石粉（产蛋期）7%~8%，骨粉或磷酸氢钙 1%~1.5%，食盐 0.3%~0.4%。

（4）添加剂类：微量元素添加剂 0.2%~0.5%（或按说明书），维生素添加剂每吨料 200~400 克（或按说明书），蛋氨酸 0.1%~0.2%，赖氨酸 0.1%~0.3%。

3. 蛋鸡饲料配方 表1列举的是蛋鸡产蛋期的饲料日粮，只能作为配合饲粮时的参考。

表1 蛋鸡饲料配方示例（%）

成分组成	雏鸡		育成前期		育成后期		产蛋前中期		产蛋后期	
	1	2	1	2	1	2	1	2	1	2
玉米	65	46	66	47	65.94	48	63	46	66	48
小麦	0	23	0	21	0	22	0	18	0	19
麸皮	2.7	0	5.54	3	8.5	5.44	1	0	2	0
豆粕	20	19	14.6	15	12	12	16	17	14	14
菜籽粕	5	4	5	5.14	6	5	4	4	4	3

续表

成分组成	雏鸡		育成前期		育成后期		产蛋前中期		产蛋后期	
	1	2	1	2	1	2	1	2	1	2
棉仁粕	3	3	4	5	5	5	3	3.1	4	3
花生饼	–	–	2	0	–	–	2	0	0	2
油脂	1	1.5	0	0	–	–	1.8	2.0	0	1
石粉	1.54	1.8	1.5	1.5	1.2	1.2	7.6	8	8.4	8.4
磷酸氢钙	1	1	1	1	1	1	1	1	1	1
蛋氨酸	0	–	0	0	0	0	0.24	0.2	0.24	0.24
赖氨酸	0.4	0.34	0	0	0	0	0	0.34	0	0
食盐	0.36	0.36	0.36	0.36	0.36	0.36	0.36	0.36	0.36	0.36
合计	100	100	100	100	100	100	100	100	100	100

　　按表1中配方进行饲料配制后，复合维生素和微量元素添加剂按照使用说明书另外添加。使用小麦的配方另外添加复合酶制剂。

　　在这里需要注意的是，上述配方是以有关饲料营养成分表中各种养分数据为基础调整的，原料的实际营养成分含量存在比较大的差异范围，需要根据实际情况和应用效果适时调整。

4. 肉鸡饲料配方　见表2、表3。

表2　优质肉鸡育雏期饲料配方（%）

原料	配方1	配方2	配方3
玉米	65	63	65
豆粕	23.5	22	24
菜籽粕	2	2	2
棉籽粕	2	2	2
花生粕	2	5.5	3.2

续表

原料	配方1	配方2	配方3
鱼粉	2	2	—
石粉	1.2	1.2	1.2
骨粉	1.5	1.5	1.8
食盐	0.3	0.3	0.3
预混料	0.5	0.5	0.5
合计	100	100	100

表3　优质肉鸡育肥期饲料配方（%）

原料	笼养、圈养育肥			放牧育肥		
	配方1	配方2	配方3	配方1	配方2	配方3
玉米	65.5	66	68	60	61	67
麸皮	—	—	—	7	5	2.5
细糠	—	—	—	5	4	—
豆粕	20	21	19	18	18	20
菜籽粕	4	2.5	2	—	—	—
棉籽粕	2	—	—	—	—	—
花生粕	4	6	7	6	6	7
油脂	1	1	0.5	1	3	0.5
石粉	1.2	1.2	1.2	1.2	1.2	1.2
骨粉	1	1	1	1	1	1
食盐	0.3	0.3	0.3	0.3	0.3	0.3
预混料	1	1	1	0.5	0.5	0.5
合计	100	100	100	100	100	100

5. 柴鸡常用配方举例　见表 4。

表 4　放养柴鸡饲料配方（%）

原料	育雏期（0~6 周龄）			生长期（7~20 周龄）			产蛋期		
	配方 1	配方 2	配方 3	配方 1	配方 2	配方 3	配方 1	配方 2	配方 3
玉米	65	63	65	60	61	60	64	64.1	64
豆粕	25	22	24	18	18	20	19	19	21.5
麸皮				7	5	11.4			
细糠				4.4	5.4				
油脂				1	1	1			
菜籽粕	2	2	2	—	3		2	2	4
棉籽粕		2	2	—	3				
花生粕	2	5	3	6	—	4		4.1	4
鱼粉	2								
石粉	1.2	1.2	1.2	1.2	1.2	1.2	8	8	7.6
骨粉	1.9	1.9	1.9	1.5	1.5	1.5	2.0	2.0	2.0
食盐	0.37	0.37	0.37	0.38	0.38	0.38	0.36	0.36	0.36
微量元素添加剂	0.5	0.5	0.5	0.5	0.5	0.5	0.5	0.5	0.5
维生素添加剂	0.03	0.03	0.03	0.02	0.02	0.02	0.04	0.04	0.04
合计	100	100	100	100	100	100	100	100	100

（六）饲料加工

绝大多数饲料在使用前需要经过加工处理以提高其消化利用效率和易采食性。

1. 粉碎　是使用粉碎机将大块或大颗粒的饲料破碎成小颗粒的饲料，方便鸡群的采食，如各种油饼类需要破碎成为碎块，喂饲小鸡的玉米需要破碎成小颗粒。粉碎的过程本身有助于鸡只的消化，因为鸡没有牙齿，无法咀嚼，对大颗粒饲料的消化主要靠肌胃的研磨。

2. 切碎　青草、青菜和瓜类，切碎后有利于采食。

3. 浸泡或发芽　麦类和豆类籽实经过浸泡或发芽处理更有利于消化和去除抗营养因子。冬季喂饲发芽的籽实可以起到补充青饲料的作用。

4. 煮或炒　一些豆类不能喂饲生的，需要经过高温处理后使用，这样能够提高消化率。煮或炒就是常用的方法。

5. 发酵　许多加工副产品都可以通过发酵处理提高其营养价值，并且发酵产物中有许多能够提高机体免疫力的成分。常见的发酵产物如各种糟渣类。

（七）人工育虫

昆虫营养丰富，含有大量蛋白质、脂肪和碳水化合物等，还有大量游离氨基酸和维生素，丰富的钙、磷等矿物质和钾、钠、铁等微量元素。昆虫饲料可代替鱼粉，饲料中加10%的昆虫饲料，肉鸡体重、蛋鸡产蛋率均可获得提高。采用人工育虫喂鸡成本低，可就地取材，充分利用废料，是解决当前农村缺少动物性蛋白质饲料的有效方法。现介绍几种人工简易育虫法。

1. 秸秆育虫法　在鸡舍后侧较少接触阳光的湿润地方，挖一个深0.6米、长1.5~2米、宽1~1.5米的地坑。装料时，先在底部铺上一层约30厘米厚的植物秸秆或杂草，随即浇上一层人粪尿（以湿润为宜），然后盖上一层约30厘米厚的植物秸秆或杂草，浇上一些人粪尿，最后再堆放上植物秸秆，直到高于地坑表面20厘米，用泥土把它封闭，时常浇上一些淘米水（不要过湿），两周后开坑，里面就会长出许多虫子。

2. 畜粪育虫法　将牛粪、猪粪等晒干、捣碎后混入3%的米糠或麦麸，再与稀泥拌匀并堆成堆，用稻草或杂草盖平。堆顶做成凹形，每日浇刷锅水1~2次，半个月左右便可出现大量的小虫，然后驱鸡觅食。虫被吃完后，将堆堆好，几天后又能生虫喂鸡。如此循环，每堆能生虫多次。

3. 豆腐渣育虫法 将豆腐渣 1~1.5 千克，直接置于水缸中，加入淘米水或米饭水 1 桶，1~2 天再盖缸盖，经 5~7 天，便可育出虫蛆，把虫捞出洗净喂鸡。虫蛆吃完后，再添些豆腐渣，继续育虫喂鸡。另外，可将酒糟 10 千克加豆腐渣 50 千克混匀，堆成馒头形或长方形，2~3 天后即生虫子。

4. 麦糠育虫法 将麦糠堆成堆后，用草泥（碎草与稀泥混合而成）糊起来。数天后即生虫子。

5. 黄粉虫培养法 将卵箔（黄粉虫产卵的纸）放在一个长 60 厘米、宽 40 厘米、高 10 厘米、底为三合板或硬纸板做成的盒子里，置温度 25~30℃、相对湿度 65% 左右的环境下，待 3~5 天卵孵化为幼虫后，将幼虫从卵箔上取下，移到另一个盒子里喂养。经 10 天左右，幼虫开始蜕皮，经 6 次蜕皮长成老龄幼虫，即可利用。约 1.25 千克麸皮可生产 0.5 千克鲜活黄粉虫。1 个养虫盒可养幼虫 1~2 千克（彩图 8）。

人工育虫可以作为鸡生态养殖的补充饲料，不能大量使用，而且也不能使用虫子作为鸡群唯一的饲料。

6. 人工诱虫 在夏秋季节，田野、树林中有许多飞虫，如金龟子、飞蛾等，傍晚和夜间在鸡舍前面的运动场或放牧场地的木柱上距地面约 5 米高处安装一个或多个亮度高的灯泡（如高压汞灯）。许多昆虫具有趋光性，见到灯光就会飞来，撞在灯泡上就会跌落在地面，鸡群在灯下可以自主采食。采用这种方法一是简单易行，不需要大的投资，低成本就能够换来高收益；二是消灭农业害虫，不需要喷施农药就达到以鸡治虫的目的，符合生态种养要求；三是提高鸡肉和鸡蛋的质量，昆虫是新鲜的高蛋白质饲料，鸡采食后只需要适量补充一些谷物就能够满足其生长和产蛋的营养需要。

五、生态养鸡的场地与设施

（一）生态养鸡场地的选择

1. 总体要求　生态养鸡场地的选择首先是要考虑当地的自然条件，并符合以下几方面的要求。

（1）地理位置：场地要远离居民区，有利于疫病隔离，同时避免造成居民生活环境的污染。如果把场建在村庄附近，村庄内人员、车辆、动物的频繁来往常常会把一些病原体带到场内，容易造成疫病流行；另外，在养鸡过程中产生的鸡粪会造成空气、水源的污染，在夏天苍蝇、蚊子滋生，影响到居民正常生活。但是也不要选择太偏僻的地方，还要兼顾到交通运输方便和用电方便。一般要求放养场地应距城镇公路不少于1千米，也不超过5千米，有便道通往主要公路。

（2）地势地形：鸡舍应建在地势高燥的地方，有利于排水，防止舍内和舍外场地潮湿。地形要求有一定的坡度，而且坡面向阳，有利于冬季防寒保暖。选择放牧场地时，尽量选择较平坦的地方，防止鸡腿部受伤。例如可以在果园、林地边较高处建造鸡舍，在草原、草场建简易棚舍，放养商品鸡。

（3）水电条件：生态养鸡需要丰富的水源和良好的水质。使用的地面水或浅层地下水要求没有受到污染，附近不宜有化工厂、屠宰场、大型养殖场等排污企业，条件允许最好使用自来水或深井水。鸡场对电的依赖性较强，孵化、育雏加温照明、成年鸡舍照明、生活都离不开电。选择场址时，应靠近输电线路，减少供电投资。

2. 不同类型场地的选择

（1）树林：中原地区许多地方栽植有大片的速生杨树林，在黄河故道的沙地还有大面积的林场，许多地方还有园林苗木基地，南方还有茶园。这些林地都是生态养鸡的良好场地。林地要有合适的排水系统，雨天在场地内大部分区域不积水，便于鸡群的活动。林地外围要有围护设施，如围墙、围网等。

（2）果园：包括农区常见的苹果园、梨园、桃园、葡萄园、李子园、石榴园等，也包括山地常见的核桃园、栗子树园、柿子树园、山杏园等。

（3）山沟：在有一定数量开阔地的山沟，只要有树木、杂草生长就可以作为生态养鸡的场地利用。

（4）闲置场院：如破产小企业的院子、禁止继续使用的黏土砖窑、搬迁后的学校等。最好是与村庄保持一定的距离，对厂房和排水系统进行维修后即可利用。

（二）生态养鸡所需的栏舍建造

生态养鸡对房舍要求不高，除了育雏室要注意隔热性能外，其他阶段搭建简易棚舍即可。育雏结束后的鸡均可以放养，在放养场地四周要设置围网，防止鸡只丢失。

1. 育雏舍设计 育雏舍是任何形式的养鸡生产所必不可少的房舍，供从出壳到6周龄雏鸡养殖使用，有些情况下，小鸡可以在育雏室内饲养至10周龄。舍内应有供暖设备，尤其是在低温季节育雏更是如此。建造要求是防寒保暖、通风向阳、干燥、密闭性好、坚固、防鼠害、墙壁和地面光滑易消毒。育雏舍要低，墙壁要厚，屋顶设天花板，房顶铺保温材料，门窗要严密。一般朝向南方，高2.3~2.5米，跨度6~9米，南北设窗，南窗台高1.5米，宽1.6米，北窗台高1.5米，宽1米左右，水泥地面。目前，育雏主要采用叠层式笼养，鸡只养在分列摆放的育雏笼中，列间距70~100厘米，可依跨度摆为两列三走道或三列四走道。

2. 育雏加温设备　鸡育雏期对温度的要求较高，即便是在夏季高温季节，中午前后可以不加热，但是在夜晚和早晨同样需要加热，其他季节每天需要加热的时间更长。根据育雏规模、饲养方式和当地燃料资源的不同，需要选择合适的加温设备。

（1）火炉：火炉是最常见的加温设备，燃料为煤或废木料，运行成本低。火炉加温适合笼养鸡舍。根据育雏室的大小确定火炉的使用数量。火炉加温需铁皮烟道将废气排出，防止煤气中毒（彩图9）。

（2）热风机：有燃油热风机（彩图10）和电热风机两种，可以通过控制系统自动调节温度。根据育雏室大小、使用区域等确定热风机数量和放置位置。热风机安装有轮子，使用很方便。

（3）热风炉：一般用于较大容量的育雏室加热，包含有微型锅炉、热水管、散热器等，设定温度后可以自动控制。目前，热风炉使用的燃料主要是天然气（彩图11）。

（4）电热育雏伞：伞面用铁皮或防火纤维板制成，内侧加装电热丝和控温设备，电热育雏伞适合平面育雏使用，伞四周用20厘米高护板或围栏圈起，随日龄增加可扩大面积。伞下及四周温度不同，雏鸡可选择适温区活动。每个育雏伞可育雏250~300只（彩图12）。

3. 放养场围网　在果园、林地放养鸡，周边要有隔离围网，目的在于防止鸡只跑到场地外面而发生丢失问题，也可以阻挡外来人员和动物进入放养区域。果园、林地四周可以建造围墙或设置篱笆，也可以选择尼龙渔网，网目为2厘米×2厘米，高度2米。在放养期间应时常巡视，发现网破处应及时修补，防止鸡走失（彩图 13、彩图 14）。

4. 放养简易棚舍　在果树林中或林地边，选择地势高燥的地方搭建鸡舍，要求坐北朝南，和饲养人员的住室相邻搭设，便于夜间观察鸡群。鸡舍建设应尽量降低成本，北方地区要注意保温性能。鸡舍高度 2.5~3.0 米，一般建成塑料大棚式，投资较小，也可以用砖墙石棉瓦建造。舍内四周设置栖架，方便鸡只夜间栖高休息。鸡舍大小根据饲养量多少而定，一般按每平方米饲养 10~15 只搭建，每个鸡舍可以饲养 500~3 000 只鸡（彩图15~彩图 18）。

滩区放养鸡，需要用编织布或帆布搭设一个或若干个帐篷，作为饲养人员和鸡群休息的场所，也是夜间鸡群归拢的地方。在遇到大风或下雨的时候也可以作为鸡群采食、饮水和活动的场所。帐篷搭设要牢固，防止被风吹倒、吹坏。配置一个太阳能蓄电池，晚上利用其中的电力照明。挖一个简易的压井为鸡群提供饮水，在鸡群活动区域放置几个水盆。

5. 网床式鸡舍　在一些放养鸡场，每 1~2 亩地建造一个板式网床鸡舍，每个鸡舍可以饲养 30~70 只鸡，外围护结构用保温板，舍内为网床，鸡粪能够落到网床下的地面。网床上放置有产蛋箱、料槽和饮水器。一侧留有一扇门供鸡群进出鸡舍。白天鸡群到场地运动和觅食，晚上或下雨天在鸡舍内栖息。

6. 喂料和饮水设备　包括料桶、料槽、真空饮水器、水盆等。喂料用具放置在鸡舍内及鸡舍附近，饮水用具不仅放在鸡舍及附近，在果园内也需要分散放置，以便于鸡只随时饮水。为了节约饲料，需要科学选择料槽或料桶，合理控制饲喂量。由于鸡吃料时容易拥挤，应把料槽或料桶固定好，避免将料槽或料桶打翻，造成饲料浪费。料桶、料槽数量要充足，每次加料量不要过多，加到容量的 1/3 即可，以鸡 40 分钟吃完为宜。每日分 4 次加料，冬季应在晚上添加 1 次（彩图 19、彩图 20）。

在相对固定而且饲养密度较高的放养场所也可以使用乳头式饮水系统。但是应尽量安装在场地的周边。

7. 栖架　鸡有栖高的习性，喜欢卧在较高的地方。为了满足鸡的习性，通常在鸡舍内放置栖架（彩图 21）。这样还可以降低地面上鸡群的密度，也有利于栖架上的鸡保持体表的卫生。

8. 产蛋箱　一般为两层，可以用木板制作，也可以用砖和石棉瓦砌设，也有金属产蛋箱。箱内铺垫软塑料垫或干草并定期清洗或更新，以保证能够吸引鸡只进箱产蛋和保持蛋壳表面清洁。产蛋箱既要在鸡舍内安放，也要在放养场地内安放。

9. 消毒、防疫用具　育雏舍在进鸡前需进行彻底的冲洗和消毒，要用到高压清洗机或高压水枪，一般小型鸡舍用自来水软管直接冲洗即可。火焰消毒器对金属笼具消毒效果好。熏蒸消毒的用具为陶瓷盆及密封门窗用的胶带。日常消毒用具有喷雾器（彩图 22）、消毒池、紫外线灯等。防疫用具有连续注射器（彩图 23）、玻璃注射器、刺种针、胶头滴管、冰箱等。孵化厅还要用到液氮罐存放马立克病液氮苗。

10. 蛋筐或蛋托　蛋筐或蛋托用于收捡和存放鸡蛋。蛋托材质有塑料和纸浆两种（彩图 24），每个蛋托可以放置 30 枚鸡蛋。蛋筐为塑料筐（彩图 25），每筐可以装 16.5 千克鸡蛋。

六、生态养鸡的育雏技术

无论是哪种类型的鸡，在室外放养前都需要有一个室内的育雏阶段。而且，室内育雏阶段的饲养效果对后期室外放养阶段的生产性能有很大的影响。

育雏时间与鸡的类型和放养时期有关，优质肉鸡的育雏时间可以为6~10周，蛋用鸡可以在育雏室饲养至8~12周龄。低温季节育雏时间比其他季节延长2~3周。

（一）育雏阶段的饲养管理目标

1. 提高雏鸡成活率 成活率是衡量育雏效果最主要的指标。一般要求6周龄雏鸡的成活率不低于97%，在实际生产中还有不少养殖场（户）的育雏成活率要高于这个标准。

2. 提高免疫接种效果 育雏阶段是免疫接种次数最频繁的时期，6周龄内至少要接种疫苗5次，多的达到7~8次。雏鸡疫苗的接种效果不仅影响育雏阶段雏鸡的健康，对以后（育成期、成年期）的鸡群健康影响也非常深远。

3. 提高雏鸡的早期增重 雏鸡的早期增重效果会影响以后的生产性能。据有关资料报道，5周龄蛋用雏鸡的体重与成年蛋鸡的开产日龄、平均蛋重、产蛋率、产蛋期成活率等技术指标呈明显的正相关。

（二）雏鸡的生理特点

育雏期是养鸡生产中比较难养的阶段，了解和掌握雏鸡的生理特点，对于采用科学的育雏方法、提高育雏效果极其重要。雏鸡的生理特点主要表现如下：

1. 体温调节能力差　雏鸡个体小，自身产热少，皮肤薄、绒毛短，保温性能差；由于神经和内分泌系统发育尚不健全，对体热平衡的调节能力低。刚出壳的雏鸡体温比成鸡低 2～3 ℃，直到 10 日龄时才接近成鸡体温。体温调节能力到 3 周龄末才趋于完善。因此，大多数情况下育雏室内需要加温，以保证雏鸡正常生长发育所需的温度。如果环境温度不适宜，会直接影响雏鸡的体温。当育雏室温度偏低时，雏鸡的体温也会下降，而当室温过高时则会造成体温升高，而体温偏离正常的范围对于雏鸡的健康和生长都是不利的。

2. 代谢旺盛，生长迅速　雏鸡代谢旺盛，心跳和呼吸频率很快，单位体重需要消耗的氧气和产生的二氧化碳都比较高，需要鸡舍通风良好，保证新鲜空气的供应。雏鸡生长迅速，以蛋鸡为例，正常条件下 2 周龄、4 周龄和 6 周龄体重分别为初生重的 3 倍、8 倍和 13 倍。白羽肉鸡的初生重约 36 克，3 周龄体重约为 850 克，是初生重的 23 倍多。这就要求必须供给营养完善的配合饲料，创造有利的采食条件，适当增加喂食次数和采食时间。只有保证足够的营养摄入才能保证雏鸡的快速生长。

3. 对饲料的消化和吸收能力弱　雏鸡（尤其是 3 周龄内）的消化道细短，容积小，每次的采食量少，食物在消化道内停留时间短，有些饲料颗粒还没有来得及消化和吸收就被排出体外；雏鸡肌胃的研磨能力差，一些较硬的饲料颗粒无法磨碎；雏鸡的消化腺发育不完善，消化酶的分泌量少、活性低。因此，雏鸡饲喂要少吃多餐，增加饲喂次数。雏鸡饲粮的营养浓度应较高，粗纤维含量不能超过 7%，饲料的颗粒要适宜，饲料要容易消化，必要时在饲料中添加消化酶制剂。只有这样才能促进饲料的消化和吸收。

4. 胆小、易惊 雏鸡胆小，异常的响动、陌生人进入鸡舍、老鼠和飞鸟进入鸡舍、光线的突然改变等都会造成惊群，出现应激反应。有时严重的应激会长时间造成雏鸡生长发育迟缓，甚至死亡。生产中应创造安静的育雏环境，饲养人员不能随意更换。

5. 抗病力和自我保护能力差 雏鸡免疫系统机能低下，对各种传染病的易感性较差，生产中要严格执行隔离和消毒制度、免疫接种程序和预防性投药，增强雏鸡的抗病力，防患于未然。雏鸡多采用密集饲养，在一个相对狭小的空间内饲养大量的雏鸡，一旦雏鸡群内出现个别的病鸡会在较短时间内扩散至全群。

雏鸡缺乏自我保护能力，老鼠、蛇、猫、狗、鹰都会对雏鸡造成伤害。雏鸡的躲避意识低，饲养管理过程中会出现踩死踩伤、压死砸伤、夹挂等意外伤亡情况。

6. 群居性强 雏鸡具有良好的群居性，喜欢大群生活，一块儿进行采食、饮水、活动和休息。因此，雏鸡适合大群高密度饲养，有利于保温。但是，当环境温度低的时候，许多雏鸡就会拥挤在一起，严重时造成伤残甚至死亡。

7. 群体序位 群居性的动物都需要经过争斗建立相应的序位，同样雏鸡大群生活会通过相互争斗而建立稳定的群体序位，群体序位建立后就能够和谐相处。但是，如果有陌生的个体进入这个群体，会再次引起序位之争。因此，在育雏期间不要经常调群，减少混群现象。

8. 有较强的模仿能力 绝大部分的雏鸡有较强的模仿能力，在群体内一旦有个别雏鸡有某种行为表现，其他的雏鸡会随着模仿。这些行为既包括采食行为、饮水行为，也包括啄癖等不良行为。

（三）育雏的环境要求

育雏的关键就是为雏鸡创造良好的环境条件，给予丰富的营养和精心的管理。在育雏阶段的环境条件中，需要满足雏鸡对温度、湿度、通风换气、光照强度和饲养密度等条件的需要。

1. 育雏的温度控制 环境温度直接关系到雏鸡的体温调节、运动、采食和饲料的消化吸收，甚至与机体的抵抗力也有关系。雏鸡体温调节能力差，温度低时很容易引起挤堆而造成伤亡，也会加重鸡白痢的危害。温度计是测定育雏室温度的主要工具，温度计水银球以悬挂在雏鸡活动区域内雏鸡背部的高度为宜，平养距垫料10厘米，笼养距每层笼的底网10厘米。

（1）蛋用雏鸡、中速和慢速型优质肉鸡、种鸡雏鸡的温度控制要求基本相同：3日龄以内育雏温度掌握在33～35℃，4～7日龄为31～33℃，第二周为29～31℃，以后温度控制在30℃以下，第三周温度不低于26℃，第四周不低于23℃，第五周不低于20℃，第六周不低于18℃。

（2）白羽肉鸡和快速型优质肉鸡的育雏温度控制要求：3日龄以内育雏温度掌握在33～35℃，4～7日龄为30～32℃，第二周为28～30℃，第三周为23～27℃，4周龄后低温不低于20℃，高温不超过28℃。

温度计的读数只是一个参考值，实际生产中要看雏鸡的采食、饮水行为是否正常，即看雏施温技术。如果雏鸡伸腿、伸翅、伸头、奔跑、跳跃、打斗，卧地舒展全身休息，呼吸均匀，羽毛丰满、干净、有光泽，证明温度适宜；雏鸡挤堆，发出轻声鸣叫，呆立不动，缩头，采食饮水减少，羽毛湿，站立不稳，说明温度偏低，温度过低会引起瘫痪或神经症状；雏鸡伸翅、张口喘气，饮水量增加，寻找低温处休息，往笼边缘跑，说明温度偏高，应立即进行降温，降温时注意温度下降幅度不宜太大。如果雏鸡往一侧拥挤，说明有贼风袭击，应立即检查通风口处的挡风板是否错位，检查门窗是否未关闭或被风刮开，并采取相应措施保持舍内温度均衡（图1）。如果雏鸡的羽毛被水淋湿，有条件的厂家应立即送回出雏器以 36 ℃ 的温度烘干，可减少死亡。

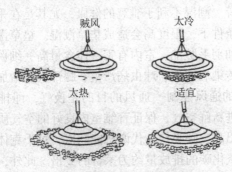

图 1　不同温度时雏鸡在育雏伞下的分布

育雏温度对 1～21 日龄的雏鸡至关重要，温度偏低会严重影响雏鸡的生长发育和健康，甚至导致死亡。尤其是在低温季节，如果加热设备出问题，很快就会导致育雏室温度迅速下降，因此冬季育雏温度的控制要比温度高的季节费心很多。夜间育雏温度的控制比白天更容易发生问题，这主要与夜间值班人员打瞌睡有关系，使用具有自动控制功能的加热器效果更稳定。育雏室内温度应保持相对稳定，如果出现忽高忽低的情况则容易造成雏鸡感冒，抵抗力下降，导致其他疾病的继发。育雏温度随季节、鸡种、饲养方式不同有所差异。高温育雏能较好地控制鸡白痢的发生，冬季能防止呼吸道疾病的发生。

2. 育雏的湿度控制　雏鸡对相对湿度的适应范围相对比较宽，第一周要求相对湿度为 67%，第二周为 62%～65%，以后保持在 60% 即可。育雏前期较高湿度有助于剩余卵黄的吸收，维持正常的羽毛生长和脱换，减少呼吸系统疾病。如果育雏室过分干燥时，可以在育雏室内喷洒消毒液，既能够对环境消毒，又可以适当提高湿度。环境干燥易造成雏鸡脱水，饮水量增加而引起消化不良；干燥的环境中尘埃飞扬，可诱发呼吸道疾病。育雏后期需要采取防潮措施，如增加通风量，及时更换潮湿垫料，防止供水系统漏水等。潮湿不利于雏鸡的健康，尤其是在采用地面垫料饲养方式的条件下，湿度高会造成垫草潮湿。垫草潮湿所带来的危害更大，如羽毛脏乱、室内有害气体含量高、细菌和霉菌大量繁殖，引起传染病增多、球虫病严重、腿部疾病增加等。

3. 育雏的通风控制　通风的目的是换气，即排出舍内污浊的空气，换进新鲜空气，保证育雏室内良好的空气质量。

雏鸡体温高，呼吸快，代谢机能旺盛，每千克体重每小时的耗氧量与二氧化碳的排放量约为家畜的 2 倍。此外，雏鸡排出的粪便还有 20%~25% 尚未被利用的有机物质，其中包括蛋白质，会分解产生大量的有害气体（氨和硫化氢）。雏鸡一般都采用密集的饲养方式，一定空间内饲养的雏鸡数量多，消耗的氧气多，产生的二氧化碳也多。若雏鸡长时间生活在有害气体含量高的环境中，会抑制雏鸡的生长发育，造成衰弱多病，以至死亡。

育雏前期，应选择晴朗无风的中午进行开窗换气。第二周以后靠机械通风和自然通风相结合来实现空气交换，但应避免冷空气直接吹入。若气流的流向正对着鸡群则应该设置挡板，使其改变风向，以避免鸡群直接受凉风袭击。也可向育雏室吹暖风。

室内气流速度的大小取决于雏鸡的日龄和外界温度。育雏前期注意室内气流速度要慢，后期可以适当提高气流速度；外界温度高可增大气流速度，外界温度低则应降低气流速度。育雏室内有害气体的控制标准为氨气不超过 20 毫克/米^3，硫化氢不超过 10 毫克/米^3。实际工作中通风控制是否合适应该以工作人员进入育雏室后不感觉刺鼻、刺眼为度。

4. 育雏的光照控制　光照关系到雏鸡的采食、饮水、运动、休息。一般的育雏室，白天利用自然光照，早晚可以使用灯泡进行人工补充光照。

（1）光照时间控制：育雏期前 3 天，采用 24 小时光照制度，便于雏鸡熟悉环境，找到采食、饮水位置，减少鼠害。4~7 日龄，每天光照 22 小时，8~21 日龄为 18 小时，22 日龄后每天光照 14 小时。育雏前期较长的照明时间有助于增加雏鸡的采食时间。

（2）光线强度控制：第一周光照强度要适当大些，光照的强度约为 40 勒克斯，相当于每平方米 7 瓦白炽灯光线，便于雏鸡熟悉环境；第二周以后强度逐渐减弱，每平方米 5 瓦白炽灯光线即可。第二周后如果光线太强容易诱发雏鸡的啄癖。

（3）光线分布要均匀：尤其是采用育雏笼的情况下，需要在四周墙壁靠 1 米高度的位置安装适量的灯泡，以保证下面 2 层笼内雏鸡能够接受合适的光照。

光的颜色以红色或弱的白炽光为好，能有效防止啄癖发生。

5. 饲养密度控制　饲养密度影响雏鸡的活动空间、采食和饮水位置、环境中有害气体含量和空气中粉尘的含量，对雏鸡的精神状态也有影响。在合理的饲养密度下，雏鸡采食正常，生长均匀一致。密度过大，生长发育不整齐，易感染疫病和发生啄癖，死亡率较高，对羽毛的生长也有不良影响。育雏期不同育雏方式雏鸡饲养密度可参照表 5。

表 5　不同育雏方式蛋用和优质肉鸡雏鸡饲养密度（只/米^2）

地面平养		立体笼养		网上平养	
周龄	密度	周龄	密度	周龄	密度
0~2	30~35	0~1	60	0~2	40~50
2~4	20~25	1~3	40	2~4	30~35
4~6	15~20	3~6	34	4~6	20~24
6~12	5~10	6~11	24	6~8	14~20

饲养密度的控制要根据鸡群在室内的分布情况进行调控，一般要求当所有鸡只都在鸡舍内的时候，地面至少有 1/3 的空闲是比较恰当的。

（四）育雏时间的确定

育雏时间主要是考虑鸡群的主要生产期与室外活动适宜时期的一致性。中原地区鸡群在室外放养的理想时间在每年的 3 月中旬至 10 月底，此期间放养场地内野生的饲料资源（野草、草籽、昆虫等）比较丰富，环境温度适合鸡群在野外活动。11 月至翌年 3 月初外界温度低，野生饲料资源匮乏，不适宜鸡群在室外放养。但是，如果能够提早贮备青干草、堆积秸秆进行发酵育虫、种植牧草、贮存蔬菜瓜果等，也能够在一定程度上满足生态养殖的要求。

1. 蛋用鸡育雏时间的确定 蛋用鸡（包括蛋用种鸡、肉用种鸡）的性成熟期为 20 周龄前后，一般要求开始到野外放牧饲养的时间为 8~15 周龄。把育雏时间安排在 12 月到翌年 2 月之间比较合适。这个时期育雏，当到 3 月中旬的时候鸡群为 70~100 日龄，比较适宜到野外放牧。而且，4 月份后外界温度较高、野生饲料丰富，鸡群在产蛋期间可以充分运动，大量采食野生饲料，生活环境条件适宜，所生产的鸡蛋质量较好。

育雏时间早于 11 月，鸡群在 3 月或更早时间就达到开产日龄，而在这个时间由于外界气温低、野生饲料资源稀少，放牧饲养的效果不理想。如果育雏时间推迟到 3 月份或以后，那么在 4 月初外界条件适宜放牧的时候，鸡群的日龄仅有 30 天左右，当鸡群开产的时候已经到了 7 月底以后了，能够利用外界有利条件进行生态放养的有利时期比较短。

2. 优质肉鸡育雏时间的确定 优质肉鸡的饲养时间一般为 90~150 天。为了保证其肉具有良好的风味和机体的健康，在室外放养的时间不应少于 45 天。为了使雏鸡能够较好地适应外界的放养条件，需要在室内育雏的时间为 30 天以上。

一般 3 月之前的雏鸡在室内育雏的时间较长，进入 4 月以后的雏鸡在室内的育雏时间较短。室内育雏时间不宜少于 30 天，因为在这 30 天内雏鸡的适应性比较差，体质比较弱，各种疫苗的接种也主要在此期间完成。到室外放养时间过早，鸡的觅食范围小，对野生饲料的消化利用效率低，容易感染疾病。

例如，在 2 月初开始育雏的优质肉鸡，需要在鸡舍内饲养 45 天或更长的时间，到 3 月下旬开始到舍外放养时，鸡群日龄已达到 45 天以上，这个时候鸡的第一次换羽完成，体温调节能力明显提高，对外界环境的适应能力也明显增强。同时，绝大部分疫苗的接种工作已经完成，有利于安全生产。而在 3 月底以后开始育雏的鸡群，在室内育雏的时间有 30 天（即进入 4 月初之后）就可以适应外界的放养条件了。

3. 白羽肉鸡育雏时间的确定　白羽肉鸡的生长期很短，一般饲养 6 周即可出栏。目前，欧洲一些国家采用的白羽肉鸡生态养殖模式主要是在鸡舍内饲养 3~4 周，然后在室外草地或果园内放养 2~3 周。目的是让肉鸡在室外良好的环境中自由自在地生活，为其健康和生长提供基本保证，生产出符合绿色或无公害标准的鸡肉。

4. 室外放养的时间　室外放养的时间长短对肉鸡肉的品质和风味影响很大，通常要求作为优质肉鸡上市前在室外放养的时间不少于 45 天，这样才有利于鸡体内风味物质的积累。放养时间短，风味物质积累少，影响肉的口感。白羽快大型肉鸡出栏前在舍外放养的目的主要是让其生活在一个空气质量良好、阳光充足、不拥挤的环境中，让鸡群保持良好的健康水平，减少或停止药物的使用以保证肉中没有药物残留；同时肉鸡能获得一定数量可以利用的野生饲料，能够有较大的活动范围和运动量，也有助于提高肉的品质。

蛋用鸡在产蛋期内都应该在室外放养，除非是在雨雪、大风、冰雹、严寒等恶劣天气条件下才让鸡群到室内活动。在放养区域内，室外的空气质量好、鸡只运动多、接触阳光多、活动范围内有害微生物浓度低、鸡只之间相互拥挤少，其生物学习性能够最大限度得到满足，其生理状态和健康状况都会表现良好。蛋用鸡在室外活动范围大、时间长、运动量大，觅食的天然饲料多、与土壤接触多，产下的鸡蛋才更符合绿色或无公害鸡蛋的要求，才能有更好的口感。

（五）育雏数量和品种的确定

1. 蛋用鸡育雏数量的确定　育雏数量要根据鸡舍容量和放养区的面积而定，考虑从育雏到开产期间鸡群的成活率和淘汰率，雏鸡的饲养数量要比预期饲养的产蛋鸡群的数量多10%左右。如某个场地可以放养 1 000 只产蛋鸡，为这个鸡群育雏时的育雏数量应为 1 100 只左右（主要是考虑到育雏和育成期间鸡群的成活率、鸡只的合格率等）。育雏数量还要结合放养场地的规模，通常每亩放养区可以放养蛋用鸡 30~60 只，放养数量的多少主要看放养区内的植被情况和配合饲料的补饲情况。放养密度过大，则野生的饲料资源远远不能满足放养鸡群的采食需要，还会严重破坏放养区的植被。另外，放养初始的时候鸡只的数量可以略多些，尤其是在 4~10 月，野生饲料丰富的时候放养密度可以稍大些，进入 10 月下旬、天气转凉后把低产的、健康状况较差的、伤残的个体淘汰掉，留下健康高产的个体继续饲养，使饲养密度略低。

2. 蛋用鸡育雏品种的确定　品种选择要根据市场需求来定，主要考虑蛋壳颜色、蛋重、适应性和种鸡场的管理水平。通常作为蛋用柴鸡所产蛋的蛋壳颜色主要是深浅不一的灰色，也可以是绿色（青色），但是很少是白色的或深褐色的。一些地方优良品种可以作为蛋用柴鸡饲养，如河南的固始鸡、卢氏鸡、正阳三黄鸡、浙江的仙居鸡、萧山鸡，江西的白耳鸡等。某些培育品种也可以作为蛋用柴鸡饲养，如农大3号和农大5号粉壳蛋鸡、京粉1号和京粉2号、罗曼粉、海兰灰、江苏三凰绿壳蛋鸡、江西东乡黑羽绿壳蛋鸡等。

作为生态养殖的蛋鸡也可以考虑饲养白壳和褐壳蛋鸡，饲养比较多的如海兰褐、海兰白、罗曼褐、罗曼白等。这些高产蛋鸡配套系在采用生态养殖模式的条件下，仍然能够保持良好的产蛋性能，如在采食野生饲料加补饲配合饲料的情况下，500日龄的产蛋量能够达到230枚左右。尽管其蛋的风味不如真正的柴鸡所产的蛋，但是在营养价值、风味、质量安全状况、耐贮存性等方面要比笼养条件下所产的鸡蛋好。

3. 优质型肉用鸡育雏数量的确定 一般情况下，每亩放牧场地可以饲养优质肉用鸡50~100只。育雏的数量比放牧场地的容纳量多5%左右就可以。

4. 优质型肉用鸡育雏品种的确定 优质肉用鸡品种一般选择有色羽的鸡。真正的柴鸡是没有经过系统选育的土杂鸡，没有一致的体型外貌特征，羽毛颜色混乱。但是，重要的特点是腿（胫部）比较细、头比较小、体重偏小而且不肥胖。生长速度比较慢，一般需要经过4个多月的饲养，体重才能达到1.3~2千克。

目前，在市场上销售的优质肉鸡多数是经过选育的优质肉鸡品种，如江村黄鸡、新兴黄鸡、漯河麻鸡、良凤花鸡、粤黄肉鸡、皖南黄鸡等。

一些优良的地方良种鸡在肉用柴鸡市场上也占有较大的份额。如河南的固始鸡、广东的清远鸡和惠阳的胡须鸡、海南的文昌鸡、湖南的桃源鸡、浙江的萧山鸡、江苏的狼山鸡、北京的油鸡等。

考虑到优质肉鸡今后要逐步落实停止活鸡交易，实行屠宰后销售的情况，要注意选择那些具有典型的包装性状的品种，如黄皮肤、青腿、玫瑰冠等，便于消费者辨认。

（六）育雏室的维修、清洗和消毒

育雏室维修、清洗和消毒的目的是为雏鸡提供适宜的环境条件，防止鸡病循环感染，提高雏鸡的成活率。

1. 育雏室的清洗与维修　每批育雏结束后，首先拆除可移动的设备，清除舍内的灰尘、粪渣、羽毛、垫料、剩余饲料等杂物，然后用高压水龙头或清洗机冲洗。冲洗前先关掉育雏室内的电源以保证操作安全，冲洗的先后顺序是：舍顶→墙壁→笼具设备→地面→下水道。清扫干净后，对排风口、进风口、门窗进行维修，以防止老鼠或其他动物进入鸡舍带入传染病。

2. 育雏设备的清洗与维修　育雏笼的清洗和维修是必不可少的工作内容。首先将笼网上面的灰尘、粪渣、羽毛等清理干净，然后用水和刷子冲刷干净。承粪板清洗干净后要浸泡消毒。垫布也应清洗、浸泡、暴晒消毒后备用。再维修损坏的笼网。还要清洗料盘、料桶、料槽、饮水器、水槽及其他饲养用具。最后在舍内铺入垫料或装入平网、笼具，放置饮水、采食设备。

目前，泡沫消毒剂已经广泛应用，在清洗前先将这种消毒剂喷洒到墙壁、笼具设备的表面，约10分钟后用高压水枪冲洗，既能起到消毒作用，又能够使墙壁和笼具设备表面干净如初。

3. 其他设备的维修　加热设备在进雏前7~10天开始维修，保证加热设备能够正常运行。接雏前5天检查电路、通风系统和供温系统。打开电灯、电热装置和风机等，检查运转是否良好，如果发现异常情况则应认真检查维修，防止雏鸡进舍后发生意外。认真检查供电线路的接头，防止接头漏电和电线缠绕交叉发生短路引起火灾。

检查进风口处的挡风板和排风口处的百叶窗帘，清理灰尘和绒毛等杂物，保证通风设施的正常运转。

4. 灭鼠 老鼠不仅偷吃饲料，传播疾病，还会伤害雏鸡，鸡场也是老鼠较多的地方，育雏开始前 5~7 天要关闭门窗并在育雏室内定点放置灭鼠药，育雏开始前 3 天移出灭鼠药并检查有无被毒死的老鼠。

5. 育雏室和设备的消毒 育雏室和设备经过维修、冲洗后，使用卤素类消毒剂（如次氯酸钠等）、季铵盐类消毒剂（如百毒杀）对室内屋顶、墙壁、地面、设备等进行喷洒消毒，墙壁和地面也可以用2%的氢氧化钠（火碱）水溶液刷洗消毒。于进雏前3天把育雏室密封后用福尔马林和高锰酸钾进行熏蒸消毒。每立方米空间用福尔马林42毫升、高锰酸钾21克，放入陶瓷或搪瓷盆中，密闭鸡舍24小时之后打开门窗和风扇排出药物气体。要求在雏鸡进入育雏室前室内没有刺鼻刺眼的感觉。

6. 育雏舍的试温和预温

（1）试温：育雏前准备工作的关键之一就是试温。升温过程检查火道是否通畅、漏气，了解火力大小的控制规律。如果使用热风炉或其他电加热设备，试温期间还要检查电力系统有无问题。至少在进雏前2天检查加热设备后开始加热升温，使舍内的温度升至33℃。

（2）预温：是试温过程中通过加热使室内空气温度升高，使屋顶、墙壁、地面、设备的温度升高，并使地面、墙壁的水分蒸发出来以减小育雏期间室内的相对湿度。只有通过预温，使地面、墙壁、设备的温度都升高起来，将来才能减小加热设备运行期间出现的温差。

（3）试温时温度计放置的位置：采用笼养时应放在育雏笼中间层，采用平面育雏应放置在与雏鸡背部相平的位置，使用带保温箱的育雏笼在保温箱内和运动场上都应放置温度计测试。

（七）育雏用品的准备

1. 饲料和垫料的准备

（1）饲料：准备雏鸡用全价配合饲料，蛋用雏鸡和优质肉种鸡的雏鸡0~6周龄累计饲料消耗为每只900克左右。速生型优质肉鸡6周内的饲料消耗量约为2 000克。自己配合饲料要注意原料无污染、不霉变。饲料形状以小颗粒破碎料（鸡花料）最好。注意要在进雏前2天把饲料进好。一次准备的饲料可以供2~3周使用。

（2）垫料：是指育雏舍内各种地面铺垫物的总称，用于地面平养的雏鸡。垫料要求干燥、清洁、柔软、吸水性强、灰尘少、无异味，切忌霉烂。可选的垫料有切碎的稻草、麦秸、碎玉米芯、锯木屑、稻壳等。使用前要对垫料进行检查，把发霉的部分扔掉，然后在太阳下暴晒以进行干燥和消毒。

2. 药品及添加剂　药品准备常用消毒药（百毒杀、威力碘、次氯酸钠、高锰酸钾、新洁尔灭等）、抗菌药物（预防鸡白痢、禽副伤寒、大肠杆菌病、禽霍乱等的药物，包括中药类）、抗球虫药等。添加剂有速溶多维、电解多维、口服补液盐、维生素C、葡萄糖、益生素等。

3. 疫苗　育雏期间需要接种的疫苗主要有鸡新城疫疫苗、鸡传染性法氏囊炎疫苗、鸡传染性支气管炎疫苗、鸡痘疫苗、禽流感疫苗等。有些疫苗属于二联苗（如新城疫-传染性支气管炎疫苗，传染性喉气管炎-禽痘疫苗等），有些为单苗（如传染性法氏囊炎疫苗等）。提前准备的疫苗要按照说明书中的要求在合适条件下贮存。

4. 其他用品　包括各种记录表格、干湿球温度计、连续注射器、普通注射器、滴管、生理盐水、刺种针、台秤、喷雾器、手电筒、卫生用品等。

（八）育雏方式

目前，在雏鸡饲养中使用的育雏方式主要是笼养，其他方式应用较少。

1. 笼养 是目前采用最普遍的育雏方式。育雏笼多为叠层式，一般为 3~4 层，每层高度约 30 厘米。两层笼之间设置承粪板，与底网之间的间隙 10 厘米左右。笼养的初始投资较高，但饲养密度大，占用的育雏室面积较小，便于管理，育雏效率高。笼养有专用电热育雏笼，也可以用火炉或暖风机、水暖系统供温。

笼养育雏（彩图 26）要注意 2 周龄以后的通风管理，如果通风不良会造成育雏室内空气中有害气体和粉尘浓度升高，危及雏鸡的健康。但是，如果通风系统设置不合理则会造成进风口附近温度明显降低，冷风直接吹到雏鸡身上容易引发疾病，室内会出现通风死角。

2. 网上平养 这种饲养方式是在舍内高出地面 60~70 厘米的地方架设网床，网床上铺设金属网，金属网孔直径为 20 毫米×80 毫米，也可用木板条或竹板条做成栅状代替金属网。然后，在上面铺一层塑料网并固定牢，目的在于保持垫网的良好弹性，减小网孔以防雏鸡的腿脚被夹住。料桶和饮水器放置在网床上，雏鸡的采食、饮水均在网上完成（彩图 27）。

网上平养室内布置有两种形式：一是在育雏室内全部地面都架设网床，雏鸡在网床上生活，工作人员的操作也在网床上，这需要设置人员行走的专门网上走道，走道处下面的柱子比较多，能够承受人员的重量；二是采用中间留走道，两边架设网床的方式，中间走道的宽度约 1.2 米，网床靠走道一侧需要用金属网、竹网或塑料网挡起来，以防雏鸡从网床上跳到下面的走道，喂料和饮水设备放置在靠近走道的床面上，便于饲养人员操作。网上平养的供温设施有火炉、育雏伞和红外线灯。

网床一般需要进行适当地分隔以便于分群饲养，每个小圈10~20平方米，可饲养雏鸡200只左右。雏鸡小的时候每个圈的面积小些，雏鸡大了就要注意扩大圈的面积。

网上平养的优点是：粪便、洒落的饲料和饮水落于网下，不与雏鸡接触，减少疫病发生，成活率高。粪便在育雏结束后一次性清理，节约平时清粪的劳力并减少对环境的污染。缺点是：网床建造需要一定的投资，如果床面固定不牢固会造成雏鸡的腿脚被夹住或落到床下。在育雏3周后要注意通风以降低空气中有害气体含量和空气湿度。

3. 垫料地面平养　育雏室地面平整并使用水泥混凝土硬化和抹光，待地面充分干燥后铺设5~10厘米厚的垫料，料桶和饮水器放置在垫料上，整个育雏期雏鸡都生活在垫料上。平时注意用铁耙疏松垫料，更换潮湿的垫料，加铺新的垫料，育雏期结束后集中清理垫料并堆积发酵处理（彩图28）。

这种饲养方式的优点是：平时不清除粪便，不用经常更换垫料；冬季可以利用垫料发酵产热而提高舍温；雏鸡在垫料上活动量增加，啄癖发生率降低；对于快大型白羽肉鸡和速生型优质肉鸡采用这种方式可以减少胸囊肿和腿部疾病。缺点是：雏鸡与粪便直接接触，容易感染球虫病，其他细菌性传染病如白痢、大肠杆菌病也较多；如果通风不良、垫料潮湿还容易造成雏鸡感染曲霉菌病。因此，采用这种饲养方式尤其应注意防止垫料潮湿，否则会造成严重的不良后果。第一周还要防止垫料过于干燥，以免粉尘过多。

（九）雏鸡的饲料

无论是蛋用鸡还是优质肉用鸡，在育雏期间均可以使用雏鸡配合饲料；如果饲养的是白羽肉鸡或速生型优质肉鸡，育雏期间所使用的饲料应该是肉鸡前期饲料。

1. 雏鸡饲料的基本要求

（1）营养含量要高：因为雏鸡的消化道短、容积小，每天采食的饲料量有限，如果提高饲料的营养浓度则有助于增加其每天的营养摄入量。这要求在配制雏鸡饲料的时候，适当增加易消化原料（如鱼粉、豆粕等）的用量，减少消化效率低的原料（如血粉、羽毛粉、菜籽粕、棉仁粕、糠麸等）的用量。

（2）饲料颗粒大小要适中：雏鸡的胃对饲料的研磨能力差，一些饲料颗粒还没有被消化就被排出体外。因此，使用较小颗粒的饲料有利于消化。饲料颗粒过大雏鸡无法采食，饲料颗粒过小如粉状则不利于采食（采食过程中粉状饲料容易飞扬到空气中，也容易黏附在雏鸡的鼻孔处）。

（3）饲料要新鲜：雏鸡的饲料要新鲜，加工后的产品存放时间不宜超过1个月。不能使用发霉变质的饲料和饲料原料。

2. 使用雏鸡浓缩饲料　目前，绝大多数饲料生产企业都生产有雏鸡浓缩饲料，一般的使用方法是按照40%的浓缩饲料，再添加60%的碎玉米混合均匀后使用。这种方法比较简便，大多数使用的效果也比较理想。对于小规模的养鸡场（户），使用浓缩饲料是比较理想的。

3. 自配雏鸡饲料　如果养殖场（户）打算自己配制饲料，可以考虑采用相关资料上介绍的饲料配方。但是，并非资料上介绍的配方使用效果都好。下面是建议的蛋用鸡或优质肉（种）鸡雏鸡的饲料配方示例。

配方1：玉米62%，麦麸3.2%，豆粕31%，磷酸氢钙1.3%，石粉1.2%，食盐0.3%，复合维生素和微量元素添加剂1%。

配方2：玉米61.7%，麦麸4.5%，豆粕24%，鱼粉2%，菜籽粕4%，磷酸氢钙1.3%，石粉1.2%，食盐0.3%，复合维生素和微量元素添加剂1%。

配方3：玉米62.7%，麦麸4%，豆粕25%，鱼粉1.5%，菜籽粕3%，磷酸氢钙1.3%，石粉1.2%，食盐0.3%，复合维生素和微量元素添加剂1%。

4. 全价饲料的使用　大多数饲料厂都生产雏鸡全价饲料，养鸡场（户）可以直接购买使用。

5. 青绿饲料的使用　在放养期间，鸡群要大量采食青绿饲料，为了锻炼雏鸡的肠胃，适应以后采食青绿饲料，蛋用鸡和优质肉（种）鸡可以在育雏后期（21日龄后）喂饲一些鲜嫩的青绿饲料。常用的青绿饲料包括青菜、牧草、野草等。

使用青绿饲料要注意保证新鲜，腐烂的坚决不用，以免发生雏鸡中毒。育雏期间使用的青绿饲料必须是鲜嫩的，粗纤维含量不能高，并要切碎，以免青绿饲料在嗉囊中缠结而影响消化系统功能。

（十）雏鸡的饮水管理

1. 初饮　雏鸡接入育雏室后，第一次饮水称为初饮，也称开水。初饮应安排在雏鸡于育雏室内安置之后立即进行。

初饮的用具是小型真空饮水器，笼养育雏时每个单笼内放置1~2个饮水器，平养时每50只鸡配备一个饮水器。初饮最好用凉开水（水温约25℃），为了刺激饮欲，可在水中加入葡萄糖或蔗糖（浓度为5%~8%）。对于长途运输后的雏鸡，在饮水中要加入口服补液盐，有助于调节体液平衡。将饮水器放在鸡群中间后用手指轻轻敲击水球，多数雏鸡会到饮水器旁饮水，对于无饮水行为的雏鸡应将其喙部浸入饮水器内以诱导其饮水。

2. 日常饮水管理

（1）饮水用具：第一周使用真空饮水器，第二周使用真空饮水器和乳头式饮水器（目的是让雏鸡逐渐适应使用乳头式饮水器），第三周以后使用乳头式饮水器（彩图29）。使用乳头式饮水器要注意随着雏鸡日龄的增大及时调整饮水乳头的高度（与雏鸡头部高度一致），保证雏鸡能够喝到水。如果饮水乳头高度偏低，雏鸡在活动中常常碰到饮水乳头，会造成漏水。

（2）保证良好的饮水质量：饮水要干净，应符合人饮用水质量标准，饮水要经过过滤处理。饮水中定期加入百毒杀或次氯酸钠等消毒剂以消毒饮水，对饮水进行消毒还能够防止藻类在饮水系统内繁殖。

为了保证良好的饮水质量，还要定时清洗和消毒饮水用具。使用真空饮水器时一般每天更换饮水器中的水2~3次，每次换水都要清洗和消毒。乳头式饮水器每周要冲洗水线2次，要保证水箱的盖子盖严。

（3）保证充足的饮水供应（表6、表7）：饮水器的数量要足够，在每日有光照的时间内要保证饮水器具中有水。一般情况下，雏鸡的饮水量是其采食量的1.5~2倍。雏鸡在各周龄日饮水量见表7。调整饮水器的高度，使饮水乳头或水盘边缘比雏鸡背部的高度高出1厘米左右，保证雏鸡能够饮到水，经常检查饮水器内水的容量、饮水乳头有无堵塞等。

如果饮水器内较长时间缺水，不仅会影响雏鸡的采食，而且在添加饮水后雏鸡由于口渴会大量饮水而造成胃肠道功能失调。同时，缺水后供水还会造成雏鸡在饮水器前拥挤，会把前面的雏鸡压到水盘内，如果时间长会造成雏鸡被淹死，时间短则会使一些雏鸡绒毛被水沾湿，水温低会使雏鸡受凉，当绒毛上的水蒸发后还容易导致雏鸡感冒。

表6　雏鸡的采食、饮水位置要求

雏鸡周龄	采食位置		饮水位置		
	料槽 （厘米/只）	料桶 （只/个）	水槽 （厘米/只）	饮水器 （只/个）	乳头饮水器 （只/个）
0~2	3.5~5	45	1.2~1.5	60	10
3~4	5~6	40	1.5~1.7	50	10
5~6	6.5~7.5	30	1.8~2.2	45	8

注：料槽食盘直径为40厘米，饮水器水盘直径为35厘米。

表7　雏鸡的日饮水量参考标准

[单位：毫升/（只·日）]

周龄	1	2	3	4	5	6
饮水量	12~25	25~40	40~50	45~60	55~70	65~80

（4）饮水温度：水温会影响雏鸡的饮水量和肠道受到的刺激。一般要求第一周水温为22~25℃，以后为18~25℃。如果是冬季育雏，可以把水壶放在火炉或火道上，或放在室内加热，向饮水器内添加前把水温调好。夏天最好用刚从井内取出的凉水。

（5）饮水中的添加物：为了增强雏鸡的体质、促进早期生长、预防细菌性传染病，第一周常常在饮水中添加一些添加剂或药物。除初饮时在饮水中添加消毒剂外，以后的饮水可以添加一些葡萄糖、电解多维、维生素C、口服补液盐、体脱康、硫酸庆大霉素等。使用时注意，这些药物的用量要按照使用说明使用，不能加大用量；每天使用2~3次，每次饮水1小时，其他时间饮用清水即可。一般每周使用2~3天，药物可以与葡萄糖混合使用，不要与维生素C、口服补液盐和消毒药混合使用。

（十一）雏鸡的喂饲技术

1. 雏鸡的开食

（1）开食的时间：雏鸡第一次喂食称为开食。开食一般在出壳后 20~30 小时之间进行，在生产实际中一般是在初饮后半小时左右进行的，也有的是将饮水器安放后紧接着就开食的。开食过晚会使雏鸡体内营养消耗过多，有损体力，影响正常生长发育。当有 60%~70% 雏鸡随意走动，有啄食行为时开食效果较好。在实际生产中有时会出现雏鸡孵化出壳后在孵化室停留时间较长，这样的雏鸡运到育雏室后要马上进行初饮和开食。

（2）开食工具：开食用的喂饲用具主要是红色的料筒底盘、菜盘、塑料布等，也有使用蛋托或其他用品的（彩图 30）。不管使用哪种用具，一是要注意卫生，二是要保证便于雏鸡采食。

（3）开食饲料：开食饲料最好直接使用全价饲料。为了保证雏鸡的健康，可以在开食饲料中按照说明拌入益生素类制剂，使有益微生物能够尽早进雏鸡肠道，减少肠道疾病的发生。

（4）开食方法：把雏鸡配合饲料撒在开食用具上面，用食指轻轻敲击用具，吸引雏鸡到用具上啄食。当群内有个别雏鸡会啄食的时候，其他雏鸡也就跟着模仿啄食。开食时饲料的用量不要多，按照每只雏鸡 1~2 克的量即可。

开食的时候注意观察，采食过多的个体要挑出去，不能吃得过多；没有学会采食的个体要细心引导其采食。在实际生产中，由于开食期间没有学会采食的雏鸡，在以后的饲养过程中容易形成弱雏，死亡率比较高。因此，细心观察这类雏鸡并人工诱导采食是提高育雏成活率的关键措施之一。

2. 喂饲管理

（1）喂饲用具：5 日龄之前的雏鸡用专用开食盘或将料撒在纸张、蛋托上，5 天以后平养的雏鸡逐渐改用料桶，笼养的雏鸡开始尝试性使用料槽，10日龄后完全使用料桶或料槽（彩图31）。

要保持喂饲用具的清洁卫生，每次添加饲料前要把料桶或料槽内的剩余饲料清理到专门的容器中。每天至少要清洗1次喂料用具，必要时要进行消毒处理。饲料被粪便和垫草污染是造成雏鸡群内鸡白痢、大肠杆菌病和球虫病传播的重要原因。

（2）喂饲次数：由于饲料在雏鸡消化道内停留时间短，雏鸡容易饥饿（尤其是10日龄内的雏鸡），在喂饲方法上要注意少给勤添。每次喂饲的间隔时间随雏鸡日龄而调整。前3天，每天喂饲7~8次，4~10日龄每天喂饲6次，11~15日龄每天喂饲5次，16日龄以后每天喂饲4次。

为了促进采食和饮水，育雏的前3天，全天连续光照。这样有利于雏鸡对环境的适应，找到采食和饮水的位置。

（3）喂饲量：控制在每次喂料后雏鸡在30分钟左右吃完为宜，如果30分钟没吃完说明喂料量偏多或饲料适口性不好；如果喂饲后15分钟内就吃完则说明喂料量不足。雏鸡吃完饲料后还可以检查雏鸡的嗉囊，感觉其中饲料的多少以判断喂料量控制是否合适。

不要长时间缺料，如果由于某些原因造成喂料间隔时间长，大部分雏鸡感到饥饿，在这个时候添加饲料后会造成一部分雏鸡采食过量，容易发生硬嗉病或其他消化系统疾病。喂饲量也可以参考一些配套系的标准，如表8所示。

表8　雏鸡喂料量参考标准　　［单位：克/（只·日）］

周龄	1	2	3	4	5	6
海兰褐	14~15	17~21	23~25	27~29	34~36	38~40
农大3号（粉）	8	12	15	18	21	24
农大3号（褐）	8	13	16	19	22	25
罗曼灰	10	17	23	29	35	39

（4）青绿饲料的使用：15 日龄后的雏鸡可以适量喂饲一些青绿饲料。刚开始的时候可以使用一些麦苗、青菜、鲜嫩的野草等容易消化的青绿饲料，洗净后切碎拌到配合饲料中让雏鸡采食，用量（按重量计）为配合饲料的 10%～15%。如果开始用量太大，可能会造成雏鸡拉稀。不要使用枯黄的草，这样的草粗纤维含量很高，雏鸡难以消化，采食后容易在雏鸡嗉囊中缠结而影响健康。

30 日龄后可以把青绿饲料直接放到料槽内或笼的底网上，让雏鸡自己啄食，不必切碎。但是，同样尽量不使用干枯的草。

（十二）断喙

在密集饲养条件下鸡群极易发生啄癖（啄羽、啄肛、啄趾等），严重时会造成较多的鸡只伤残甚至死亡。引起啄癖的因素很多，包括营养因素（如蛋白质缺乏、硫不足、粗纤维不足、食盐不足等）、环境因素（如拥挤、通风不良、光线过强等）、健康因素（如体表寄生虫等各种因素引起的泄殖腔炎症）、管理因素（如喂料量不足、饲养密度高、调群等），在生产中一旦出现啄癖很难确定其诱因，而且啄癖发生后不容易纠正，还会引起其他鸡的模仿。另外，鸡在采食时常常用喙将饲料勾出食槽，造成饲料浪费。断喙是解决上述问题的有效途径，效果明显。

但是，作为生态养鸡的情况，由于鸡群的饲养密度小、活动范围大，发生啄癖的情况较少，而且，在室外放养的时候鸡群觅食野生饲料需要用喙去啄，如果进行断喙处理则可能影响其野外觅食能力。因此，对于室内育雏时间比较短（外界气温较高的季节）、生长速度相对较快、饲养环境条件良好的放养优质肉鸡可以不进行断喙（作为放养柴鸡如果断喙则会使消费者认为其是圈养的鸡而影响销售价格）。优质肉鸡放养如果不断喙则可以采用"戴眼镜"的方法，尤其是公鸡群，可以较好地防止啄癖的发生。

对于饲养期比较长的蛋鸡、种鸡可以断喙，但是，与集约化养殖相比断喙的长度要适当减小。

1. 断喙时间 断喙时间一般在雏鸡出壳后 7～15 天内进行。断喙过早，雏鸡喙太软，不易操作，若断得短则喙易再生，断得长则会使喙出现严重损伤，影响以后的采食和发育，而且对雏鸡造成的损伤大。断喙太晚由于喙比较硬，则断喙速度慢，而且容易造成出血较多，应激太大。

2. 断喙工具 断喙的专用工具是断喙器，包括脚踏式和台式两种类型。台式断喙器由于操作简便、易于放置，目前使用的比较多。其他的断喙方法不建议使用。

3. 断喙方法 断喙器接通电源后，调整刀片下切频率（7～13 天的雏鸡刀片下切间隔约 2 秒，14～20 天的雏鸡刀片下切间隔约 3 秒），当刀片颜色呈现为暗红色时（温度在 750 ℃左右）即可开始操作。

断喙人员一般用右手握住雏鸡，大拇指放在雏鸡头顶端，食指第一关节弯曲并放在雏鸡颌下，两个指头固定雏鸡的头部。食指第一关节轻轻上顶雏鸡的下颌使其舌根上抬，以免断喙时切掉舌尖。将雏鸡的喙部前端伸进断喙孔（刀片前的挡板上有大、中、小 3 个孔，分别适合不同周龄的雏鸡使用），刀片下切，切断喙的前端。要求上喙切去 1/3（喙端至鼻孔），下喙切去 1/4，断喙后雏鸡下喙略长于上喙（彩图 32）。这种状态一般维持 10 周左右，10 周以后绝大部分鸡的喙部会再生，喙尖又长出来，能够适应室外放养过程中觅食野生饲料的要求。

4. 断喙注意事项

（1）断喙器刀片应有足够的热度，切除部位掌握准确，确保一次完成。

（2）断喙前 1 天和后 2 天内应在雏鸡饲粮或饮水中添加维生

素 K（2 毫克/千克）和复合维生素，有利于止血和减轻应激反应。

（3）断喙后立即供饮清水，一周内饲槽中饲料应有足够厚度，避免采食时啄痛创面。

（4）鸡群在非正常情况下（如疫苗接种后 5 天内，处于患病时期）不进行断喙。

（5）断喙时应注意观察鸡群，发现个别喙部出血的雏鸡要及时烧烫止血。

（十三）育雏期的日常管理

1. 检查各项环境条件控制是否得当　环境条件是影响育雏效果的关键因素，许多疾病的发生和雏鸡生长发育不良的问题与育雏的环境条件有关。因此，在育雏期间必须注意及时检查各项环境条件的状况，及时调整。这些工作如查看温度计并根据雏鸡的行为表现了解温度是否适宜，根据干湿温度计读数确定湿度是否合适，根据饲养人员的鼻眼感觉了解室内空气质量是否合适，通过观察室内各处的饲料、粪便、饮水、垫草等了解光照强度和分布是否合理。保证各项环境条件的适宜是提高育雏效果的前提，检查过程中发现的问题要及时解决。

2. 弱雏复壮　在大群饲养条件下，难免会出现个体间生长发育的不平衡现象。出现少量弱雏是正常的，只要适时进行强弱分群，就可以保证雏鸡均匀发育，提高鸡群成活率。

（1）及时发现和隔离弱雏：饲养人员每天定时巡查育雏室，观察各个雏鸡群，发现弱雏及时挑拣出来放到专门的弱雏笼（或圈）内。因为弱雏在大群内容易被踩踏、挤压，采食和饮水也受影响，如果不及时拣出则很容易死亡。

（2）注意保温：弱雏笼（或圈）内的温度要比正常温度标准高出 1~2 ℃，这样有助于减少雏鸡的体温散失和降低体内营养的消耗，有利于康复。

（3）加强营养：对于挑拣出的弱雏不仅要供给足够的饲料，必要时还应该在饮水中添加适量的葡萄糖、复合维生素、口服补液盐等，增加营养的摄入。

（4）对症治疗：对于弱雏有必要通过合适途径给予抗生素进行预防和治疗疾病，以促进康复。对于有外伤的个体还应对伤口进行消毒。

3. 做好记录 记录内容有每日雏鸡死淘数、耗料量、温度、消毒、疫苗接种、称重、测量胫长、饲养管理措施、用药情况等，便于对育雏效果进行总结和分析。

4. 搞好卫生 笼养育雏要及时清理粪便，降低室内有害气体、湿度和粉尘含量；垫料平养要经常观察垫草情况，必要时进行更换、加铺、松动。室外运动场要每天打扫，每周消毒2~3次。

（十四）雏鸡的卫生防疫

1. 制定并严格执行育雏的卫生防疫制度 育雏前要制定卫生防疫制度，这些制度包括隔离要求、消毒要求、药物使用准则、疫苗接种要求、病死雏鸡处理规定等。严格执行卫生防疫制度，落实科学的免疫程序是预防疾病的重要措施。

2. 做好隔离，减少外界病原体进入 育雏室与周围要严格隔离，杜绝无关人员的靠近，尽可能减少育雏人员的外出。凡是进入育雏区的人员和车辆、物品必须经过严格消毒后才可以放行。

3. 定期消毒，杀灭环境中的病原体 育雏室在进雏前要熏蒸消毒，进雏后每周带鸡消毒3次，育雏室的门窗、通风口及附近每周喷洒消毒药2次，室外运动场每周消毒1~2次，饮水和喂料设备每天消毒1次。消毒可以杀灭环境中大部分的病原体，是保证鸡群健康的重要前提。

4. 及时观察雏鸡表现 每天早上要通过观察粪便了解雏鸡健康状况，主要看粪便的稀稠、形状、颜色等。发现鸡群中个别雏鸡有问题就必须及早采取措施，防微杜渐。如果大量的雏鸡表现异常则说明问题比较严重，治疗效果就不会太理想。

5. 合理使用药物预防疾病 对于一些肠道细菌性感染（如鸡白痢、大肠杆菌病、禽霍乱等）要定期进行药物预防，10日龄前主要是预防鸡白痢和大肠杆菌病；20日龄前后要预防球虫病的发生，尤其是地面垫料散养的；28日龄后还要做好大肠杆菌病、副伤寒、禽霍乱的预防工作。要注意不能使用国家禁止在食品动物中使用的药物。

6. 及时做好疫苗的接种工作 育雏期间可以参考下面提供的免疫程序，使用过程中最好与当地的兽医结合并考虑当时当地家禽疫病的发生特点，进行适当的调整。

出壳当天通过皮下接种鸡马立克病疫苗（冷冻保存的细胞结合苗）；3日龄通过滴鼻或点眼方式接种鸡新城疫和传染性支气管炎（H_{120}）疫苗，如果群量太大可以通过饮水免疫方式接种；7日龄通过饮水免疫方式接种传染性法氏囊炎弱毒疫苗；17～18日龄通过饮水方式接种传染性法氏囊炎弱毒疫苗；25～26日龄通过滴鼻或滴口的方式接种新城疫-传染性支气管炎疫苗，并半倍量肌内注射新城疫油乳剂灭活疫苗；32日龄肌内注射禽流感油乳剂灭活疫苗；40日龄接种传染性喉气管炎和禽痘疫苗。

7. 合理处理病死雏鸡与粪便 病死的雏鸡是主要的污染源，在发现后要及时进行诊断，诊断后要把死鸡尸体消毒后深埋（距地表面不少于30厘米），也可以焚烧。

粪便要经常清理，清理出的粪便要在距育雏室和人员来往频繁的道路有较大距离的地方堆积发酵处理。

（十五）减少雏鸡的意外伤亡

1. 防止野生动物伤害 雏鸡缺乏自卫能力，老鼠、鼬、鹰都会对它们造成伤害。因此，育雏室的密闭效果要好，任何缝隙和孔洞都要提前堵塞严实。当雏鸡在运动场活动时要有人照料雏鸡群。猫、狗也不能接近雏鸡群。

育雏人员经常在育雏室内巡视是防止野生动物伤害雏鸡最重要的措施。在育雏的第一周，夜间必须要有值班人员定时在育雏室内走动，而且在灯光布置的时候必须注意不能有照明死角。

2. 减少挤压造成的死伤　育雏室温度过低、雏鸡受到惊吓都会引起雏鸡挤堆，造成下面的雏鸡死伤。

3. 防止踩、压造成的伤亡　饲养员进入雏鸡舍的时候，抬腿落脚要小心以免踩住雏鸡；放料盆或料桶时避免压住雏鸡；工具放置要稳当，操作要小心，以免碰倒工具砸死雏鸡。

4. 其他　笼养时防止雏鸡的腿脚被底网孔夹住、头颈被网片连接缝挂住等。

（十六）笼养雏鸡的管理要点

1. 防止网片的连接处松开　笼网的连接处如果有较大的缝隙则容易造成雏鸡的腿脚被夹挂，甚至会有雏鸡从缝隙处外逃。正常情况下笼网连接处没有缝隙，但是当连接处的固定铁片或铁丝松动、脱落，或是某片笼网变形则会使缝隙变大。

育雏笼的底网上要铺设菱形孔塑料网，目的在于防止雏鸡脚爪踩不稳甚至无法正常站立。铺设的时候要把边角压平并固定。

2. 笼内饮水器的管理　通常在第一周使用小型真空饮水器（容量约为1千克，如果饮水器容量太大则其高度会接近或超过单层笼的高度，影响取放），根据每个单笼面积的大小可在一个单笼内放置1~2个真空饮水器（可以按照每0.6平方米笼底面积放置1个饮水器）。

如果育雏笼内安置有乳头式饮水器，通常在第一周也要使用真空饮水器。第5天开始使用乳头式饮水器，15日龄可以把真空饮水器撤掉，完全使用乳头式饮水器。使用乳头式饮水器要注意调节出水乳头的高度（一般与雏鸡头部高度一致），避免高度偏高导致有的雏鸡无法饮到水。每周要调整一次乳头式饮水器的高度。每 10 只雏鸡有一个饮水乳头。

3. 注意灯泡的安装　笼养育雏环境管理中光线均匀分布是重要的一个环节，因为当出现照明死角后会影响雏鸡的发育，甚至可能出现鼠害。因此，灯泡应该在育雏室内不同的高度安装，使每层笼内都能够获取合适的亮度。

4. 防止雏鸡逃出笼外　笼养育雏如果管理不当会造成部分雏鸡逃到笼外，跑到地下或笼的下面，为饲养管理和卫生防疫带来不便。尤其是免疫接种的时候，逃到笼外的雏鸡有可能会漏防而在以后发生传染病。

及时调整育雏笼前网的栅格宽度，合适的宽度是既不影响采食又不会使雏鸡跑出来。大多数育雏笼的前网是双层网片，雏鸡周龄小的时候把网片错开使栅格变小，防止雏鸡外逃；随着日龄增大逐渐加大栅格间距，方便雏鸡采食。

其他措施还包括将笼网的连接处固定牢固，取放饮水器的时候注意把笼门附近的雏鸡赶到里面以防止雏鸡外逃，免疫接种的时候有人专门负责抓雏鸡和控制笼门，笼门要固定牢固，减少惊群问题的发生。

5. 合理调群　育雏期间一般每周调群一次，或结合个体免疫接种进行调群。调群的目的在于减小笼内鸡群的饲养密度，提高雏鸡发育的均匀度。

在第一周的时候如果是 4 层育雏笼只用中间两层，如果是 3 层育雏笼则使用中层和上层，以后每次调群向空笼内疏散。调群的时候把原来群内体重大的和小的分别取出放在新笼内，组成的新群有体重较大群和较小群，使调整后的老群和新群在每个单笼内的雏鸡体重大小相对一致。

6. 清粪　叠层式育雏笼在每层之间有一个盛粪板用于盛接

上层鸡笼内雏鸡排泄的粪便。第一周每3天清粪1次，第二至第三周每2天清粪1次，第四周以后每天清粪1次。如果使用的是传送带清粪则每天清粪3~5次。

（十七）平养雏鸡的管理要点

1. 网上平养雏鸡的管理要点

（1）保证网床表面连接严密：网床通常是在离地面约60厘米高处用木条或竹板架起来的一个平面，也有使用金属网床的。之后，在竹木或金属网床的上面铺设一层菱形孔塑料网。雏鸡在网上生活，粪便和抛洒的饮水落在网床下的地面。网床要坚实，饲养人员能够走在上面而不晃动或踩坏床面。竹木条之间的间距约为2.5厘米，间距过大容易导致塑料网下陷，造成饮水器和料筒放置不稳。塑料网片连接的地方要重叠10厘米并用铁丝或尼龙绳固定，与墙壁连接处要使其边缘与墙壁有15厘米的高度贴紧以防止形成漏缝而使雏鸡掉落到网床下面。

（2）合理分群：网上育雏需要把床面用塑料网或带有固定架的三合板分隔成若干个小圈，15日龄前每个小圈的面积约3平方米，15日龄后可以扩大到6平方米左右。每个小圈内饲养雏鸡约100只。用于分隔小圈的围网高度约2米，防止鸡只飞蹿到其他圈内。如果不采用小圈饲养，群量过大对于卫生防疫、喂饲管理、调整均匀度、观察鸡群等都不利。

（3）及时调整料槽和饮水器的高度：料槽和饮水器的高度要随着雏鸡日龄的增大而逐渐升高。第一周可以直接放置在网床上，从第二周开始要用吊绳将料槽和饮水器悬挂在房屋的横梁上，料盘和水盘（或饮水乳头）的高度10日龄前要高出雏鸡背部高度1~2厘米，11~20日龄高出背部2~3厘米，21~30日龄高出背部4厘米，31~42日龄高出背部5厘米。料盘和水盘位置低容易使饲料和饮水抛洒到盘外而落到床下，高度太高会造成部分雏鸡吃不到料喝不到水。

（4）合理通风：网上平养育雏过程中雏鸡粪便堆积在床下，育雏结束的时候才进行清理，如果通风不良则会造成育雏室内空气污浊，影响雏鸡的健康。一般要求在7日龄以后，在外界气温较高的情况下打开门窗或风扇进行适当的通风，排除污浊空气，保持室内空气的清新。

2. 地面垫料平养雏鸡的管理要点 地面垫料平养育雏是在育雏室的地面先铺厚度约7厘米的垫料，并适当踩压，把喂饲用具和饮水器放置在垫料上，让雏鸡在垫料上生活的一种育雏方式。垫料管理是这种饲养方式中最重要的管理内容。

（1）合理选择垫料：垫料质量直接影响雏鸡的培育效果。要求垫料干燥、松软、不发霉、无异味、吸水性良好。在生产当中一般可以选用干燥的稻壳、碎麦秸、碎稻草、锯末或刨花等。用前一定要检查，保证没有发霉，如果已经发霉则弃之不用。发霉的垫料容易引起雏鸡发生曲霉菌病，发病后治疗效果不良，对成活率和生长发育影响很大。

使用前垫料最好经过太阳暴晒，既可起到消毒作用，又可使其干燥。挑出其中的尖锐杂质以免伤及雏鸡腿脚。

（2）防止垫料潮湿：育雏第一周保持垫料含水率为35%，以后逐渐降低至30%，15日龄后重点是防止垫料潮湿。潮湿的垫料容易发霉变质，也容易被细菌发酵产生有害气体。防止垫料发霉的主要措施有：育雏室要建在地势高的地方，育雏室内地面比室外高40厘米左右，育雏前育雏室要充分干燥，预温期间适当通风以排出室内湿气，减少饮水器的漏水，饮水器周围潮湿的垫料及时更换，使用地下火道加热方式，适当进行通风换气。

（3）更换与加铺垫料：每周要用铁叉或铁耙将垫料抖松1次，抖松的同时还会使粪便落在下面，使垫料一直覆在表面，结块的垫料和潮湿的垫料及时清理出去。每周要用新的垫料在旧垫料上铺一层，厚度约2厘米。

（4）使用栖架：栖架是用木棍制作的类似梯子形状的木架，宽度1~2米，高度约1.5米，横梁之间距离约50厘米。可以斜靠在育雏室的墙壁上，也可以将两个栖架顶部用铁丝或绳子固定后呈三角形放在育雏室中间。15日龄后的雏鸡可以自己跳上栖架休息，可以减少与粪便、垫料的接触，有利于保持鸡体卫生（彩图33）。

（5）合理分群并及时调整料槽和饮水器的高度：可以参照网上育雏的管理要点。

（6）注意预防球虫病：地面垫料平养方式雏鸡发生球虫病的概率要高于笼养或网上平养方式，需要定期使用药物进行预防。

（7）室外运动：大多数地面垫料平养方式的育雏舍南侧设置有室外运动场，20日龄后的雏鸡可以在晴朗无风、天气温暖的情况下到室外活动，一般可以安排在上午10时以后到下午3时之间。外界温度低、风较大、有雨雪的时候不要让雏鸡到室外活动。

鸡群到室外活动时可以在运动场撒一些青绿饲料让雏鸡自由采食（彩图34）。

七、蛋用鸡生态养殖技术

传统概念上的蛋用鸡包括蛋用柴鸡和蛋用专门配套系。但是，作为生态养殖，蛋用鸡指的是以产蛋为主要生产目的的鸡，也包括地方良种鸡。

由于前面已经介绍了育雏管理技术，本部分主要介绍青年鸡群和成年蛋鸡群生态养殖模式下的饲养管理技术。

（一）放养蛋鸡青年阶段的饲养管理

青年鸡是指育雏结束后（5~6周龄）到开始产蛋（大约为18周龄）前这个阶段。青年鸡阶段通常是在室外放养。

1. 放养的适应过程　从育雏室内的饲养到室外放养，环境条件、饲料、饲养方式发生了很大变化，鸡群需要一个适应过程。

（1）适应期：鸡群从室内饲养转到室外放养有一个适应过程，最初几天鸡只不愿到室外活动，鸡群至少要有1周的适应期才能适应室外放养的方式。育雏室内的饲养方式会影响适应期的长短，如果是笼养育雏，适应期为10天左右，因为在笼养条件下鸡的活动范围和运动量小，没有与地面接触；如果是平养则适应期可缩减到7天左右。育雏结束时鸡的日龄大小也直接影响适应期，总体看日龄大的适应期短，日龄小的适应期长。

（2）适应方式：笼养育雏与平养育雏鸡群从室内转到室外放养有一个适应方式。

1）笼养育雏的适应方式：首先是将育雏结束的鸡群转到平养鸡舍内，在平养鸡舍外面用尼龙网围一定的面积，面积大小主要看放养场地的类型和大小。一般要求围起来的面积要达到每平方米不超过3只鸡的密度。

2）平养育雏的适应方式：如果有其他鸡舍，可以在打扫和消毒后，把鸡群转入，再把育雏室清理和消毒后备用。如果没有其他鸡舍可以使用，在育雏室外用尼龙网围住一定面积的场地，大小与上述要求一样，白天把鸡群放到室外场地活动并对育雏室进行清理和消毒，晚上鸡群继续回原来的育雏室生活。

（3）室外放养活动范围控制：室外活动范围要逐步扩大。最初几天让鸡在鸡舍附近活动，熟悉周边环境，随着对外界条件的逐步适应，逐渐扩大活动范围。这样在活动范围扩大后，鸡群能够熟悉鸡舍，傍晚的时候就会自动回到鸡舍，减少丢失现象。

2. 环境条件控制

（1）关注天气情况：天气变化对青年蛋鸡的影响很大，必须给予密切关注。青年蛋鸡由于大多数在春季从育雏室中移出，开始到室外放养，在刚开始放养的一段时期内青年鸡需要对放养环境有一个适应过程，而且春季（尤其是早春）外界温度波动较大，常常在温度逐渐升高的过程中出现寒潮问题，使得本来比较温暖的天气一下子变得非常寒冷。这样的天气变化非常容易造成青年鸡的感冒，而感冒发生后很容易继发其他传染病（也包括禽流感）。因此，关注天气预报，如果有寒潮来袭必须提早采取措施，如推迟白天鸡群到室外活动的时间、提早回舍时间，必要的时候让鸡群在舍内活动，提前关闭（尤其是夜间）门窗，防止冷风吹进鸡舍等。

关注天气情况还包括当有雨雪、大风的时候减少鸡群在室外活动时间或停止室外活动。

（2）光照管理：青年鸡在12周龄以前要注意早晚补充照明，

早晨 6 时开灯、晚上 8 时关灯，白天采用自然光照，每天光照时长 14 小时；13 周龄后采用自然光照，可以不补充照明。但是，在夏秋季傍晚时间在鸡舍前面悬挂灯泡可以诱虫，让鸡采食。

（3）保持鸡舍内的干燥：青年鸡采食多、饮水多，粪便排泄量大，饮水过程中容易把饮水器内的水弄洒到水盘外，采食青绿饲料多的时候粪便含水量高，如果管理不到位容易造成鸡舍内潮湿，影响鸡群的健康。

保持鸡舍内干燥的措施有：合理放置饮水器并减少其漏水，尽量使用乳头式饮水器，当鸡群到室外运动场活动的时候加强鸡舍的通风换气，垫高鸡舍内地面使其比舍外高出 30 厘米以上，保持鸡群合适的饲养密度等。

（4）保持合适的饲养密度：饲养密度不仅会影响到鸡舍内的各项环境质量，也会对鸡群的精神状态产生影响。密度偏高时会引起鸡舍内空气湿度大、空气污浊（粉尘、有害气体和微生物含量高）、鸡群烦躁（容易出现惊群、啄癖）、生长速度缓慢、健康状况不良等问题。

一般情况下，蛋用青年鸡在平养条件下按室内面积计算，饲养密度控制要求为：6~10 周龄 10 只/米^2，13~15 周龄 8 只/米^2，16~20 周龄 7 只/米^2。

（5）控制噪声：噪声会造成鸡群的惊群，惊群会引起鸡群的采食量、产蛋量或生长速度下降，造成卵黄性腹膜炎。噪声主要由汽车鸣喇叭、工作人员的大声吆喝、大风刮动没有固定好的门窗造成。

3. 饲料与喂饲

（1）饲料：喂饲青年蛋用鸡所使用的饲料类型包括配合饲料、原粮、青绿饲料、昆虫及其他动物性饲料等。野生的饲料资源是放养青年蛋鸡的重要食物，但是由于其营养不全面，容易造成某些营养素的缺乏或不足而影响正常的生长发育和健康，因此必须使用一定量的配合饲料来满足鸡群对这些营养素的需求。

在放养场地面积大、野生饲料资源丰富的条件下鸡群可以大量利用野生饲料资源，如青草、草籽、昆虫等，每天傍晚可以少量补充配合饲料，用量控制在 20～35 克/（只·日）的范围内；如果野生饲料资源不足则需要加大配合饲料的用量，用量控制在 30～50 克/（只·日）的范围内，并使用部分原粮。

为了保证柴鸡在放养阶段有足够的青绿饲料，建议每年秋季在放养场地上播种一些人工牧草，如冬牧-70、小青菜、紫花苜蓿、苦荬菜、三叶草、大麦等牧草和麦类作物，待春天（3月中旬之后）外界气温较高，适合鸡群在室外放养的时候，这些青绿饲料已经生长得比较茂盛，能够使鸡群获得比较充足的青绿饲料（彩图35、彩图36）。

（2）喂饲要求：不同类型的饲料喂饲要求有差异。

1）青绿饲料的喂饲：在场地圈养的情况下，放养场地面积相对较小，场地内的青绿饲料很快就会被鸡群吃净而且再生也很困难。青绿饲料主要从其他地方收割后撒在放养场地内让鸡群采食。当青绿饲料充足的时候，白天可以让鸡群充分采食青绿饲料并搭配少量的原粮；当青绿饲料数量不足的时候，每天上、下午可在场地内撒一些青绿饲料，适当多用些原粮。在大场地放养的时候，青绿饲料是鸡群自主觅食的，不要人工干预（彩图37）。

2）原粮的喂饲：放养鸡群要喂饲部分原粮，减少人工合成添加剂的使用。原粮的使用最好是多种搭配，因为单一的原粮没有一种是营养全面的，可以将不同的原粮放在料盆内喂饲。

3）配合饲料的喂饲：配合饲料一般在傍晚鸡群进入鸡舍后喂饲，这样有助于让鸡群形成傍晚自动归宿的习惯；同时配合饲料在夜间也能够在鸡消化道内停留较长时间，有利于其消化和吸收，使鸡群夜间不出现饥饿现象。

（3）混合饲料搭配建议：青年鸡阶段放养的蛋鸡虽然不追

求生长速度快，但其觅食力强，对饲料的消化力也强，将多种原粮搭配做成混合饲料可以发挥其营养互补作用，对保证鸡群适当的生长速度和健康是有利的。对于青年蛋用鸡，可以把 14 周龄前作为前期，15 周龄后作为后期，分两个阶段调配日粮。

前期各种原粮的搭配：玉米 60%、豆粕 18%、秕麦 10%、花生饼（或菜籽粕）5%、麸皮 5.5%、骨粉 1.5%。玉米需要粉碎成颗粒状，各种原粮混合均匀后放在料盆或料桶中补饲。

后期各种原粮的搭配：玉米 65%、豆粕 14%、秕麦 12%、花生饼（或菜籽粕）3%、麸皮 4.5%、骨粉 1.5%。玉米需要粉碎成颗粒状。

一些从事生态养殖的养鸡户不注意原粮的搭配使用，长期使用单一的原粮，很容易造成鸡的生长发育不良、羽毛不齐、发生啄癖、个别鸡呈现病态等问题。

（4）饲料的过渡性变换：当青年鸡从育雏室转到放养方式的时候，饲养方式发生了重要变化，鸡群需要适应新的饲养方式，在管理上也需要注意饲料的逐渐过渡以利于鸡群的适应。最初 1 周还需要以配合饲料为主，适量搭配一些青绿饲料，以后逐渐减少配合饲料的用量，以青绿饲料为主，结合用混合饲料补饲。如果变换过快，鸡的胃肠道可能无法很快适应，容易出现消化不良现象，甚至出现拉稀、嗉囊堵塞等问题。

4. 放养信号训练　放养信号训练的目的在于方便鸡群的管理，避免鸡只的丢失。信号训练要在鸡群从育雏室转入青年鸡舍开始，经过 2~3 周的训练，鸡群就能够产生条件反射。为了让鸡群形成稳定的条件反射，这种信号必须在相对固定的时间和补饲的时候进行，不能在其他时间使用。

（1）小场地放养的信号训练：在面积较小的果园、林地、山沟或空场院放养鸡群，鸡的活动范围较小，易于管理。放养信号比较简单。

对于经过饲养方式适应性训练的鸡群，从鸡舍放出鸡群很容易，打开鸡舍的地窗或门，鸡群就会主动到舍外场地。鸡群可以在场地内任何地方觅食、活动、休息，而人工补饲（包括青草、青菜、原粮、配合饲料等各种饲料）要集中在鸡舍前方附近的场地。补饲的时候可以通过敲打木板、发出呼唤等方式让鸡群听到喂饲信号，使所有的鸡都从场地各处集中到鸡舍前面。

（2）大场地放养的信号训练：对于面积比较大的树林、滩地、山沟等鸡群放养场地，由于鸡群的活动范围大，使用的信号必须让较远处的鸡群能够听到。

通常早上鸡群到放养场地活动可以自主走动，训练信号主要是用于喂饲和收拢鸡群。这种信号在傍晚时必须使用，让鸡群回鸡舍附近进行补饲，补饲之后回鸡舍内休息。这种方式所需要的信号通常是用哨子，其发出的声音尖，传得比较远。

5. 场地外围护

（1）目的：设置场地外围护的目的在于防止鸡逃出场地外，造成丢失。对于在树林、果园、空场院等较小场地放养鸡群，尤其是离道路、村庄、学校等人员和车辆来往频繁的地方比较近时，更需要有外围护以防止鸡只外逃。同时也是为了防止外来人员和其他较大体型的动物（如狗、牛、羊等）进入放养场地。

（2）材料：通常在不少地方的果园都建有围墙用于防止水果被偷窃，这种围墙也能够起到防止鸡只外逃和被偷窃的作用。没有围墙的地方可以用尼龙网或金属网沿场地的周围将鸡群活动的场所围起来。

（3）高度：外围护设施的高度应该达到2米，如果低于这个高度，鸡只有可能飞跳到外面。外围护设施5米的范围内不要有树木，以免鸡只从树上飞到外面（彩图38）。

对于在山沟养鸡，则可以直接利用沟崖作为屏障，在个别平缓处设置围网即可。饲养人员每天在崖上走动几次，借以观察鸡群和驱赶其他野生动物。

6. 饮水管理

（1）饮水用具：如果在放养场地内有天然的溪水（如在一些山沟），可以间隔一段距离用石头砌成小拦水坝，使水流变得缓慢，方便鸡群自主饮用。如果没有这种条件，多数情况下使用真空饮水器。饮水器的容量为5~10升，每30~50只鸡一个饮水器。饮水器要放置在场地内比较显眼的地方，一般都是在放养场地内来往的小路旁边，便于饲养员检查和换水，也便于鸡群饮水。饮水器之间的距离为30米左右，鸡群活动的地方都要有饮水器。放养场地内比较边远的地方可以少放置几个，在活动集中的地方多放置几个（彩图39）。

（2）注意提供足够的饮水：保证充足的饮水是保证鸡群正常觅食、采食，保持良好体质的重要前提。饲养员每天要在上、下午各检查一次饮水器，观察饮水器内的水量，水不足的要及时添加。尤其是在山地养鸡的时候，由于青绿饲料数量有限，鸡群跑动的范围大，容易感到渴，缺水的时候对鸡的不良影响更严重。条件允许的情况下，可以沿场地内的小路铺设水管，每隔20米安装一个水龙头方便给饮水器加水（彩图40）。

（3）饮水要干净：放养区域内如果是山泉溪水能够不断流动，可以让鸡群饮。如果有池塘则需要检测池水的卫生质量，主要是检测细菌总数和氮的含量，如果不超标则可以使用，如果超标则需要投放消毒剂并用围栏围起来，不让鸡群饮用，或经过消毒过滤后使用。如果使用真空饮水器，则要定期更换其中的饮水，水球内的水存放时间不宜超过2天；定时检查饮水器的水盘，如果其中有泥土、粪便及其他杂质则需要及时清理。

近年来，一些研究结果发现，使用磁化水能够有效改善鸡群的健康状况和生产性能。

7. 防止野生动物危害　如果是在较大的场地（如林地、果园、滩区、山地等）放养鸡群则要注意采取措施防止野生动物危害。常见的能够危害鸡群的野生动物有鹰、黄鼠狼、野狗、毒蛇等。在育雏刚结束进入育成阶段的时候，由于鸡的个体较小、体质弱、跑动能力差，容易受到野生动物的危害。

提前了解放养区域及附近常见的野生动物类型和数量是采取针对性措施的关键；饲养1~2条温驯的狗，每天围绕放养场地走动几次，能够有效防止野生动物的靠近；在高的树上悬挂一些彩布条或把彩旗挂在竖立起来的竹竿上，能够减少飞禽的靠近。很多放养鸡场会在鸡舍旁修建一个简易鹅舍，饲养几只鹅，白天鹅在场地内自由活动，夜间在鹅舍内休息，可以减少动物危害。

8. 卫生防疫管理　青年鸡放养阶段的卫生防疫管理主要包括以下几个方面。

（1）放养场地的消毒：如果是场院圈养，鸡群放养前，对场院内地面进行清扫后喷洒消毒药物；如果采用林地或果园、山地放养，则主要是对鸡舍前面50米内的场地（鸡群活动较多的场地）定期进行消毒，以有效减少环境中的病原微生物。

（2）保持鸡舍内良好的空气质量：白天当鸡群到舍外放养场地活动时，要把鸡舍的窗户、门或风机打开进行充分的通风换气，使鸡舍内的有害气体、空气中的粉尘、微生物、水汽等尽可能被排出。这样能够保证鸡群夜间在鸡舍休息期间，舍内空气质量良好。即便是鸡群在鸡舍内活动，也要把背风一侧的窗户打开通风。生产实践证明，空气质量是影响鸡群健康的关键因素，生活在空气质量好的环境中，即便是温度、湿度不太适宜，鸡也能保持良好的健康状况，像农户少量散养的鸡就是很好的例证。鸡舍内的湿度对空气中的粉尘浓度影响很大，在早春季节由于干旱，鸡舍内常常出现湿度偏低的现象，鸡群活动时鸡舍内尘土飞扬，这时就需要通过喷雾消毒进行增湿压尘。

（3）及时接种疫苗：按照免疫程序和当地鸡病流行情况，

及时对鸡群进行免疫接种。如果是进行个体免疫接种（注射、滴鼻、点眼、滴口等），应该安排在晚上鸡群回鸡舍后进行，接种时仅留下一盏低功率的灯泡，使鸡舍内处于昏暗状态以利于保持鸡群的安静，方便接种操作；喷雾接种也在夜间进行。如果是采用饮水免疫，则要在早晨放鸡前把疫苗水配好，把添加疫苗的饮水放在鸡舍内和舍外附近的地方让鸡群饮用。

（4）驱虫：放养鸡群容易感染肠道寄生虫，要经常在鸡群活动较多的地方观察鸡的粪便，发现有寄生虫的存在就及早使用驱虫药。定期在鸡舍前场地上撒一些生石灰水，及时将粪便清理后堆积发酵也是重要措施。

（5）预防性使用抗菌药物：许多细菌性疾病的发生具有季节性和年龄特点，要注意预防性地使用药物。如果条件许可尽量使用一些中草药，以减少药物残留和细菌耐药性的产生。

（6）做好粪便和病死鸡的管理：粪便和病死鸡是重要的疾病传播源。粪便必须及时清理后堆积发酵，病死鸡需要消毒后深埋（鸡尸体距地表不少于50厘米）。有的鸡场将病死鸡直接喂给狗，这是不可取的。

（二）生态养殖蛋用鸡产蛋阶段的饲养管理

1. 鸡舍整理 放养鸡群产蛋期一般采用垫料平养或网上平养的饲养方式。一般情况下青年鸡和产蛋鸡共用同一个鸡舍，在鸡群见蛋前3周（至少从16周开始）需要对鸡舍进行整理。

鸡舍整理首先是利用鸡群白天到舍外活动的时候对鸡舍进行清理，把粪便、垫草全部清理出去，运送到指定的地点进行堆积发酵。如果当天清理不完可以分2天或3天完成。清理结束后要在早上鸡群到舍外活动期间进行消毒，当天可以用百毒杀或络合碘、次氯酸钠等进行喷洒消毒，次日上午可以用过氧乙酸溶液喷洒。室内消毒的同时最好对鸡舍前面的活动场地也进行消毒。清理消毒后重新在鸡舍内铺上垫料。

为了满足鸡的栖高特性，减少鸡体与粪便的接触，建议在鸡舍内放置栖架。每个栖架长度约2米，高度约1.2米，呈梯子状，横撑的间距约40厘米。

鸡群17周龄的时候应该在鸡舍内靠墙的位置安置产蛋窝（产蛋箱），训练鸡只在窝内产蛋。同时在运动场也要设置若干产蛋窝。

2. 鸡舍内环境控制　　生态放养鸡大多数情况下白天有较多的时间让鸡群到室外场地活动。主要根据天气情况决定鸡群到室外活动的时间，一般在雨雪、大风或有冰雹的天气不让鸡群出舍，在室内活动；气温低的时候推迟放鸡时间，气温高时可以早些让鸡群外出。

当天气状况不佳鸡群不能到室外活动，或晚上鸡群需要在鸡舍内生活的时候，要考虑鸡舍内的环境条件控制。这种情况下鸡舍内的环境条件就会影响鸡群的产蛋性能和健康状态。

（1）温度控制：对于放养青年鸡群，鸡舍内温度在10～30℃的范围内都是适宜的。主要是做好夏季的防暑和冬季的防寒以减少不适温度对鸡群的影响，同时要防止鸡舍短时间内温度突然下降。要关注天气预报，尤其是当出现降温天气的时候，提前做好防寒措施是减少鸡群减产和健康受损的关键。

对于在室外放养的鸡群，如果放养场地内缺少较为高大的树木，则要考虑在放养场地中搭建一些遮阳棚，高温季节让鸡群有乘凉的地方。利用场地内的原有条件，修建低矮的挡风墙，有助于冬季鸡群在背风朝阳的地方活动。

（2）光照管理：在育成期主要采用自然光照，鸡舍窗户可以覆盖草帘或黑色塑料布以挡光，遮挡的时间为下午6时到次日早上7时，白天可以揭开通风、透光。当鸡群达到120日龄前后，鸡体肥瘦适中，有15%左右的个体鸡冠变大、面部发红的时候可以开始逐渐增加每天的光照时间。光照增加的幅度按照每周递增 20~30 分钟进行，直到每天光照时间达到 16 小时后保持稳定。当光照时间稳定在每天 16 小时的时候，可以把开始光照的时间确定为早晨 5 时 30 分，把夜间停止光照的时间确定在晚上 9 时 30 分。

增加光照主要是在早晚补充人工照明。鸡舍内补充照明主要是用普通的白炽灯，灯泡的功率为 40 瓦，每 10 平方米安装 1 个灯泡。开灯后饲养员能够比较清楚地看到垫草、饲料、饮水的情况和鸡的精神状态即可。

（3）通风换气：可以采用自然通风方式，也可以采用机械通风方式，或者将自然通风和机械通风结合使用。一般的放养鸡舍需要安装风机，用于增加通风时的换气量和气流速度。早春温度低而且鸡群在舍内的时候采用自然通风，外界温度较高或鸡群在室外活动的时候可以采用机械通风或联合通风。在温度较高的季节，如果鸡群在舍内活动要视具体情况决定采用哪种通风方式。

雨雪天气鸡群不适宜到室外活动，或晚上鸡群在鸡舍内的时候也需要打开几个窗户，保持舍内空气的流动。冬季和早春气温低的月份要注意合理安排通风，如果不是雨雪和大风天气，可以让鸡群在上午 10 时以后到舍外活动，通风也安排在鸡群在舍外活动的时间内进行。

风速对鸡群的健康有明显的影响，当鸡群在室外活动期间遇到大风，羽毛会被吹乱，皮肤直接受到风吹，容易造成受凉而降低抵抗力，尤其是在低温季节。故低温季节如果遇到大风天气，不要让鸡群到室外活动。

（4）控制湿度：鸡舍内的相对湿度在 55%~65% 之间是比较适宜的。一般情况下，鸡舍内容易出现湿度偏高的现象。湿度高会使垫草潮湿、发霉，使鸡舍内有害气体含量升高，容易使鸡群发生寄生虫病和细菌性疾病，也容易造成鸡的羽毛和蛋壳表面脏污。防止鸡舍内潮湿的措施主要是将鸡舍建在地势较高、排水便利的地方；舍内地面要垫高（比室外高出35厘米左右）；鸡舍内经常通风；把一部分饮水器放在鸡舍外面，一部分摆放于室内；定期更换垫料。

3. 饲料与补饲

（1）饲料：饲料能够为鸡的生存和生产提供相应的营养物质，如果提供的营养素全面而且充足，鸡的生产性能和健康状况乃至产品质量表现就良好。放养的蛋用鸡虽然能够采食野生的青草、草籽、虫子，但是在大多数情况下这些食物无法完全满足鸡的营养要求，需要补饲一些饲料以满足各种营养的互补需要。为了保证鸡群所产蛋符合无公害或绿色食品的要求，这些补饲饲料在配制的时候要注意不要使用非营养性添加剂。使用搭配的补饲饲料有助于使鸡群每天摄取的营养更完善，能够为产蛋提供全面而足够的营养物质。

有的放养鸡场常常使用单一的原粮喂饲鸡群，造成鸡产蛋率低、健康状况不好，这是因为单独使用某一种原粮容易造成营养不平衡。因此，建议不要用某一种单一的原粮作为补饲用的饲料。

（2）喂饲量的控制：喂饲量应该依据放养场地内野生饲料资源的情况（包括人工收集的青草等）、鸡的品种类型、饲养季节和鸡群的产蛋率而定。

在野生饲料资源丰富的情况下，每只鸡每天的补饲量控制在50~90克（专门化蛋用配套系蛋鸡体重较大、产蛋率高、蛋重大，补饲量应该多一些；体型小的柴鸡，产蛋量也低，补饲量可以少些）；在缺乏野生饲料的情况下，每只鸡每天的补饲量控制在70~100克。鸡群产蛋率超过50%的时候，每天补饲量不低于70克，产蛋率低于50%则补饲量不超过70克。

（3）补饲的时间：一般情况下每天补饲2~3次，如果补饲2次，则第一次喂饲在早上鸡群放出鸡舍的时候进行，第二次补饲安排在下午 5 时前后，即太阳快要落山、外界光线变暗，需要鸡群回鸡舍的时候进行。这样做一是能够诱导鸡群按时返回鸡舍过夜，二是补充白天的觅食不足，防止营养缺乏和夜间鸡群饥饿。如果补饲 3 次，则在中午再补饲一些（把傍晚的补饲量调整到中午一部分）。

（4）补饲方法：不同饲养方式的补饲方法有差异，围圈放养的蛋鸡采用每天 3 次补饲，早晨喂饲当天补饲量的 30%，中午补饲 20%，傍晚喂饲当天补饲量的 50%。大场地放养鸡群每天补饲 2 次，早晨补饲量占当天喂饲量的 25%，傍晚占 75%，如果早晨补饲量太多会影响鸡群野外觅食的积极性。在补饲前需要把当天补饲的饲料量确定下来，称量好放在料盆中。料盆的数量按照 20 只鸡一个料盆来确定，放在鸡舍前面的场地上。如果料盆数量少会造成鸡群采食不均匀。如果补饲的是原粮，为了让鸡群均匀采食，可以把原粮撒在补饲场地上。傍晚补饲应在加料后使用吹哨子或敲打盆子的方法，给鸡群发出补饲信号，让鸡群向鸡舍归拢（彩图 41）。

（5）扩大觅食范围的训练：一些蛋用专门化配套系鸡种最初不喜欢在大范围内活动，习惯在固定的地方采食，在放养条件下必须要训练其在更开阔的空间内觅食。可以在每天上午把鸡群放到放养场地后，饲养员用篮子或袋子等容器装一些玉米粒分散撒在鸡群活动的外围，刺激鸡群到更远的地方觅食。柴鸡的觅食能力比较强，不需要这种措施。

4. 饮水管理　良好的饮水管理要求是符合水质清洁、水量充足的条件。

（1）饮水质量：饮水质量直接关系鸡群的健康和生产。要求饮水应该符合人饮用水卫生标准。饮水中的细菌总数和大肠杆菌数量对肠道感染影响很大，饮水中的矿物质含量高容易引起鸡的拉稀现象，饮水中一些有害元素（如铅、汞、砷等）有可能在肉或蛋内蓄积。

使用井水要注意水井周围的保护，不要让雨水、污水流进井内，必要时水井要加盖。

使用山泉水要注意上游 500 米内没有任何污染，山溪内间隔一定的距离要修建小的拦水坝用于蓄积溪水、水中杂物的沉淀，方便取水或鸡只直接饮用。

使用蓄水池供水，要定期对水池进行消毒处理。

饮水器内的水每天至少更换 1 次，以保证水的新鲜，每次换水都应清洗饮水器，每周至少对饮水器消毒 1 次。

如果使用的是自来水，要求水管要埋在地下至少 30 厘米深处，以减少夏季高温和冬季低温对水温的影响。

（2）饮水用具：大场地放养鸡群一般的饮水用具是真空饮水器，成年蛋用柴鸡使用 7~10 升容量的大型号饮水器。饮水器的数量按照每 60~80 只鸡一个进行布置。在鸡群活动较多的地方适当多放置几个饮水器，在鸡群活动较少的地方可以少放置几个饮水器。饮水器最好使用红色的，这样有利于饲养人员观察，也有利于鸡发现饮水器的位置。饮水器底部要垫高 10 厘米左右，这样可以减少水被污染。饮水器要放置平稳，防止翻倒后水抛洒；要放置在小道附近，便于观察和换水，也有助于减少其他野生动物饮用饮水器内的水。

围圈放养的鸡群由于放养场地较小，可以在场地周边安装乳头式饮水器，也可以使用真空饮水器。

（3）饮水管理的其他要求：在山沟放养鸡群的时候，如果让鸡饮用溪水，必须使溪水的流动速度缓慢；在雨季要注意上游发生洪水的可能，以免鸡只被冲走；雨后溪水混浊，要用井水供鸡饮用。饮水器要放在树荫下，不要让太阳直晒，尤其是在夏季。冬季在傍晚将鸡群收拢回鸡舍后应将放养场地内饮水器中的水倒掉，防止夜间温度低造成结冰而损坏饮水器；在温度低的日子里，白天要定期向饮水器中加注温水以保证鸡群的饮用，防止因为水结冰而无法饮用。

5. 蛋的收集

（1）产蛋箱：在鸡舍内、放养场地内设置和安放产蛋箱，让鸡群在产蛋箱内产蛋，减少蛋的丢失和保持蛋壳表面的干净。

产蛋箱的制作方法很多，一般用木条和木板制作，也有以金属板材为主，结合木条制作的。每个产蛋箱分两层，每层设置5个产蛋窝。每个产蛋窝的参考规格：宽30厘米、深50厘米、高40厘米。窝内铺一些干燥柔软的树叶、麦秸或锯末等垫料，也可以使用塑料或橡胶垫片（彩图42）。

鸡舍内的产蛋箱应该贴墙放置，减少阳光的直接照射。放养场地内产蛋箱应该放置在光线不太强的地方，因为鸡喜欢在光线弱、安静的环境内产蛋。而且，放养场地内的产蛋箱还要采取防雨雪和大风的措施。

在山沟内放养蛋鸡的时候，也可以在崖壁上距沟底0.5~1.7米之间的地方挖一些深度约50厘米、宽度30厘米、高度40厘米的窝，窝内铺些干净的细沙或干燥的稻壳、刨花，让鸡在这些窝内产蛋。高度超过1.7米会影响人员收蛋，也影响鸡只到那么高的地方产蛋（彩图43）。

在林地或果园内放养柴蛋鸡的时候也可以在场地内用砖和混凝土砌设产蛋窝，产蛋窝的朝向最好为东向或西向，用石棉瓦做窝顶，檐部伸出约30厘米用于遮光和挡雨。

（2）蛋的收集：放养鸡群的产蛋主要集中在上午，上午9~12时之间的产蛋量大约占当天产蛋总数的85%以上，中午12时以后产蛋数量很少，在下午3时前产蛋基本结束。收集鸡蛋可以在10时、12时和16时分3次进行，减少鸡蛋在产蛋窝内的停留时间。冬季和夏季可以增加1次收蛋，以减少高温或低温对鸡蛋的影响。

捡蛋的时候注意观察产蛋窝内的垫料是否干净干燥，是否需要更换；是否足够，是否需要添加。注意观察蛋壳质量是否合适，有无软壳、薄壳蛋。观察蛋的表面是否脏污，如果蛋壳脏则需要分析是什么原因引起的。

捡蛋的时候要注意观察产蛋窝内是否有抱窝的母鸡，如果有则要把它放到专门设置的笼内，进行醒抱处理。

（3）减少蛋的丢失：放养的蛋用柴鸡在比较大的范围内活动，丢蛋的现象很难避免。但是，如果能够采取合理的措施，则能够有效减少丢蛋现象的发生。

吸引鸡到产蛋窝内产蛋，减少窝外蛋是防止丢蛋的重要措施之一。这方面的技术和管理措施主要有：要有足够数量的产蛋窝，至少保证5只鸡有1个产蛋窝，以减少因为争窝而造成一些鸡不在窝内产蛋的情况；产蛋窝设置的位置要合理，在鸡群活动的范围内都要设置产蛋窝，活动集中的地方多设置几个，活动较少的地方少设置几个，产蛋窝的位置要设置在安静、光线较弱、相对较偏僻的地方；产蛋窝内的垫草要保持柔软、干燥、干净，脏、湿、发霉结块的垫草要及时更换。如果使用塑料垫，每周要清洗消毒一次，并晾干后再用。

在产蛋窝的地方设立标示，在产蛋窝旁要竖一个竹竿，上面绑一条彩布，如果产蛋窝旁有树木的话也可以把彩布条绑在树上，饲养员能够认准产蛋窝的位置，不至于漏收鸡蛋；产蛋窝附近的一些角落、草丛或灌木丛内也需要注意观察，看是否有鸡在那里产蛋。

（4）保持蛋壳的干净：蛋壳是否干净直接关系到鸡蛋的存放时间及存放期间蛋内容物被污染的情况，也影响鸡蛋的外观，影响消费者的购买欲。蛋壳表面脏污的鸡蛋容易被细菌污染，在存放过程中细菌进入鸡蛋内部后会在蛋内繁殖，造成蛋的腐败变质，而且如果蛋壳脏污，用水清洗后的蛋也不耐存放，存放一定时间后会出现蛋黄粘壳现象。保持蛋壳干净的主要措施一是减少窝外蛋，二是保持窝内垫草的干净和干燥，三是防止鸡的拉稀并保持鸡体的干净，四是减少雨后鸡只脚带泥泞进入产蛋窝。在很多放养鸡场，下雨天或雨过之后几天内，放养场地内的地面泥泞，鸡群在活动的过程中鸡爪上沾有泥巴、粪便等，进入产蛋窝后会弄脏垫料、踩脏其他蛋壳，如果在产蛋窝前放一片塑料网或金属网，或树枝条编成的网，鸡只进入产蛋窝之前能够在网上蹭掉鸡爪上的泥巴，有助于减少蛋壳污染。把产蛋窝设置在稍高的地方，雨后其附近干燥快，也有助于保持蛋壳干净。

6. 减少鸡的抱窝 一般蛋用鸡专门化配套系通过选育已经失去了抱窝习性，在饲养过程中基本不会出现抱窝现象。但是，大多地方品种鸡由于选育程度低，还保留有不同程度的抱窝性，鸡在出现抱窝行为后就停止产蛋，即便是经过醒抱处理也需要10天左右的时间才能恢复产蛋。正是抱窝性的存在才使这类鸡的产蛋性能显得比较差。

（1）诱发抱窝的外界因素：从机制上看，鸡的抱窝是由于体内促乳素的含量升高造成的。春季当母鸡产十多枚蛋后其体内的促乳素分泌量就会增加，使鸡出现抱窝表现，这是鸡自然繁衍后代所形成的生殖现象。

一些外界因素会诱导鸡出现抱窝，如当没有及时收蛋而使鸡蛋在产蛋窝内积存时，或天气持续温暖而且产蛋窝内的垫草厚且柔软，消除这些诱因是减少鸡发生抱窝行为的重要措施。抱窝具有明显的季节性，大多数的鸡抱窝发生在春季，故在春季和初夏要防止鸡的抱窝。抱窝鸡采食和饮水减少，长时间俯卧在产蛋窝内，将其从窝内抓出来放在地上后，它又会很快回到窝内。大多数的抱窝鸡鸡冠呈鲜红温润状态（彩图44）。

（2）抱窝鸡的处理方法（醒抱）：醒抱的方法很多，但是无论哪一种方法都是在发现鸡有抱窝表现后处理得越早效果越好

（即醒抱越快，恢复产蛋越早），如果鸡的抱窝行为已经出现4天以上才发现并进行处理，则需要较长的恢复期。因此，处理抱窝鸡的关键是要早发现、早处理。观察抱窝鸡可以在下午4时收集鸡蛋后进行，这个时间鸡群的产蛋基本结束，产蛋窝内基本没有鸡蛋。如果发现此时有鸡只卧在产蛋窝内，可以先触摸其后腹部是否有硬壳蛋，如果没有则可以初步认为这是抱窝鸡。一些鸡只可能卧在位置偏僻的草丛或灌木丛中，如果是抱窝鸡，在工作人员走近后也不会离开窝。

1）处理方法一：发现抱窝鸡后将其抓住，放在专门设置的笼内（可以使用一般鸡场内的产蛋鸡笼），然后给每只鸡填服1片氯丙嗪，如果是抱窝行为表现很强的鸡，在第二天再填服1片，通常填服1或2次即可。也可以填服安乃近或去痛片1片，一般2~3天即可醒抱。如一次不行，可同等剂量再服一次。有人试验认为每只鸡每日喂1片雷米封（异烟肼），隔日1次，一般用2次后即可醒抱。

2）处理方法二：把抱窝鸡关在笼内，在胸肌或腿肌内注射丙酸睾酮（按每千克体重12.5毫克）或三合激素（每只鸡注射0.5~0.7毫克），即可使抱窝鸡1~2天内醒抱。

3）处理方法三：把抱窝鸡在凉水中浸洗一会儿，使其胸腹部羽毛湿透并放到笼子内而不能卧下，可起到催醒作用。放抱窝鸡的笼子附近拴一只猫，使鸡感到紧张而不能卧下，也有助于促进醒抱。

（三）不同季节放养蛋鸡的管理要点

放养条件下，蛋鸡白天大多数是在室外度过的，外界的气候条件（如温度、湿度、光照、风、雨、雷电、霜雪、冰雹等）对鸡群的生活和健康影响很大，外界的野生饲料资源也直接影响鸡群的食物（食物的数量、类型、质量等）摄入情况。不同季节气候条件、野生饲料类型和丰度差异较大，管理方面需要采取相应的措施。

1. 温度适宜季节放养蛋鸡的管理要点 每年的 4~6 月和 9~10 月，中原地区气温比较适宜蛋鸡生产要求，是鸡群产蛋性能最高的季节，尤其是在春季，鸡群的产蛋性能表现最好。但是这两个时期是外界温度不稳定的阶段，环境温度的变化容易导致某些疾病的发生。这个季节在柴蛋鸡放养过程中的生产管理要点主要有以下几点。

（1）合理补饲：在这个季节要充分利用野生的青绿饲料、草籽、各种虫子等以降低生产成本和提高蛋品质量，放养场地内青绿饲料不足的要设法从其他地方收集（或购买）。根据青绿饲料的类型、数量确定精饲料的补饲。一般在这个时期，每只鸡每天精饲料的补饲量为 50~90 克（根据鸡的类型、体重、产蛋量而定），以保证鸡群较高产蛋率所需要的营养素；每天早晚可以补饲两次，以傍晚时的补饲为主。

（2）防止传染病：气候温暖有利于微生物的繁殖，放养的鸡群每天在放养场地活动，接触病原体的机会大，感染的概率高。这个时期是许多传染性疾病如新城疫、禽霍乱、大肠杆菌病等的高发时期。生产中除保持放养场地良好的卫生、定期消毒外，根据鸡群的精神表现、粪便颜色和形态变化使用相应的中药进行预防性投药，提高鸡群的抗病力以保证鸡群的健康。

（3）注意天气变化：温暖季节也会出现异常天气，如气温突然下降（春季气温变化快而且频繁，秋季每一场风和雨都会引起降温）、风雨雷电等，生产中要密切关注天气预报，如果有异常天气（尤其是温度突然下降）出现，则需要提前采取预防或缓解措施。

（4）抱窝鸡的醒抱处理：温暖季节母鸡抱窝发生率最高，尤其是春季。在日常管理过程中发现母鸡抱窝必须及时进行醒抱处理（方法参照前面内容）。

2. 低温季节放养蛋鸡的管理要点　当年的 11 月至翌年的 3 月底，大约有 5 个月的时间是中原地区气温较低的季节。这个时期内的主要特点是外界气温低、风比较大、时有雨雪，野生饲料资源匮乏，而且呼吸系统疾病发生较多。这个季节在柴蛋鸡放养过程中的生产管理要点主要有以下几点

（1）注意补饲：进入 11 月后大多数青草已经枯萎，草籽已经被鸡群吃净或落到地下；各种虫子进入地下开始冬眠，地表很少有虫子活动；各种野生的饲料资源极少。除非采用低密度放养（每亩地放养鸡数量不超过 40 只），在饲养密度较大的情况下鸡群在放养场地内基本没有可采食的食物，这也是低温季节放养鸡群产蛋率较低的主要原因。因此，补饲是保证鸡群获得营养，保持一定水平产蛋率的主要途径。这个时期补饲的饲料主要由各种原粮、饼粕、石粉、骨粉和营养性添加剂组成，每只鸡的补饲量基本以自由采食为依据。每天喂饲 3 次，早晨 7 时、中午 12 时、下午 5 时喂饲。如果条件许可，每天可以给鸡群喂饲一些青菜或牧草（在一些放牧场地可以辟出一些空闲地，在入秋后提早播种一些麦类作物、黑麦草、越冬性小青菜等），以提高蛋的品质。

（2）注意保温：外界气温低于 12 ℃就会影响鸡群的产蛋，温度越低影响越大，如果环境温度低于 5 ℃会使鸡群产蛋量比正常下降 30%左右，如果温度持续低于 0 ℃则产蛋率的下降幅度可达 50%。冬季放养蛋鸡产蛋率偏低的主要原因之一就是环境温度过低。因此，保持鸡舍内适宜的温度是维持冬季蛋鸡产蛋率的重要措施。可以采用的保温措施如室内安放火炉（注意排除烟气）、用草苫遮挡北侧窗户、通风的时候不要让冷风直吹鸡体（或在温暖的天气鸡群到室外活动期间加强鸡舍的通风）等。冬季也是鸡蛋需求量大、价格很高的时候，通过保温和补饲维持鸡群的产蛋性能是值得的（彩图45）。

（3）合理放鸡：在无风、场地无积雪、天气晴朗温暖的日子，上午 10 时以后可以让鸡群到室外放养场活动，中午的饲料也可以在放养场地喂饲，下午 4 时左右把鸡群收回舍内。冬季让鸡群增加运动、晒太阳、刨土是增强其体质很好的方法。通常来说，在低温季节中有大部分的时间是可以让鸡群到室外活动的。选择在背风向阳的山坡地放养蛋鸡能够有效降低生产成本。

（4）合理通风：冬季鸡舍的通风与保温常常是一对矛盾。但是，在生态养鸡过程中容易得到解决。在鸡群到室外活动的时候，可以把鸡舍的门窗打开或把风机打开，增加通风量，更换舍内空气，鸡群回舍之前再关闭风机或窗户。鸡群在鸡舍内时，通风的时候不要让冷风直接吹到鸡身上。冬季和早春只要是晴朗无风的天气都可以让鸡群到室外活动，这些日子都可以对鸡舍进行充分的通风。

（5）预防呼吸系统疾病：低温季节是呼吸系统疾病的高发时期，其原因是为了保暖而常常将门窗和风扇关闭，造成鸡舍内空气中氨气、硫化氢、粉尘含量升高，刺激鸡的呼吸道黏膜，使黏膜对病毒的屏障作用降低而引起感染；如果通风方法不当，使冷空气直接吹到鸡身上则会造成鸡体受凉而导致感冒，降低抗病力而造成继发感染。预防呼吸系统疾病的措施：对于易感的病毒性疾病（如禽流感、鸡新城疫、传染性喉气管炎、传染性支气管炎）需要在入冬前接种疫苗；对于易感的细菌性疾病（如传染性鼻炎、慢性呼吸道病、大肠杆菌病等）需要使用中药类药物进行预防性控制；平时注意防止冷风直接吹到鸡身上，避免鸡受凉。

（6）及时清理鸡舍附近的积雪：下雪后要及时清扫鸡舍附近场地的积雪，减少积雪融化后场地的泥泞和潮湿，为鸡群到舍外场地活动提供条件。及时清扫积雪也有助于避免鸡群饮用雪水或直接吃雪。

（7）保证饮水供应：冬季在室外温度低于 0 ℃时，放置在室外的饮水设备（饮水器、水盆等）中的水会出现结冰现象，一旦饮水结冰将使鸡群无水可饮，缺少饮水对鸡群的健康和生产都不利。因此，在寒冷的天气必须要注意向饮水器中定时添加温水，以保证鸡群能够正常饮水。

（8）及时整理垫草：合适的垫草有利于冬季鸡舍的保温。冬季到来前要把鸡舍内的垫草清理干净，并加强通风以排出鸡舍内的湿气，然后再铺设约 10 厘米厚的新的干燥垫草。以后定期在旧垫草上加铺新垫草，保持表面垫草的干净干燥。加强对饮水器的管理，减少因漏水造成的垫料潮湿问题，潮湿的垫草要及时清理。

3. 高温季节放养蛋鸡的管理要点　　每年的 6~8 月是中原地区的炎热季节，这个时期外界温度高，降水较多，甚至会出现冰雹和暴雨等恶劣天气。这个时期野生的饲料资源比较丰富，可以充分利用。这个季节在蛋鸡放养过程中的生产管理要点主要有以下几方面。

（1）注意中午防暑：夏季中午时间裸露场地的表面温度能够达到 40 ℃左右，沙石地面的较高温度会烫伤鸡的脚底。当气温超过 31 ℃，成年蛋鸡就会表现出应激反应，如张口喘气、活动减少、采食量下降、饮水增多、产蛋率降低等，严重时出现中暑表现，甚至死亡。不过，放养的鸡群在高温的时候会自己寻找凉荫乘凉，如果放养场地有高大的阔叶乔木（杨树、泡桐、法桐、槐树等）或搭设有凉棚，都能够为鸡群提供阴凉。在很多放养鸡场会发现夏天中午的时候，鸡群集中到树荫下休息或在灌木丛中乘凉（彩图 46）。

（2）夜间管理：夏季白天高温，夜间如果能够让鸡群感到凉爽则能够较好地缓解白天热应激造成的不良影响。在天气晴好的夜间可以把鸡舍前面活动场地的灯打开，这样一方面可以让鸡群在场地上活动（减少在闷热的鸡舍内停留的时间）乘凉，另一方面可以用灯光吸引飞虫，这些虫子落地后能够被鸡群采食而补充蛋白质，提高鸡群的产蛋量和蛋品质量。夜间打开室外灯光也有助于减少其他动物的靠近。夜间供鸡群进出鸡舍的地窗或门不要关闭，让鸡自主选择在舍内或舍外场地上过夜。但是，夜间要注意防止野生动物对鸡群的危害。夜间鸡舍的风扇要开几个以保持鸡舍内空气的流动。也可以在晚上10时以后把鸡群收拢到鸡舍中。

（3）保证饮水的清凉和干净：清凉的饮水对于缓解热应激是非常重要的条件，它能够吸收体内较多的热量，促进体热的散发。保证饮水清凉的主要措施：一是保证所添加的水温度不高，可以在向饮水器添加水的时候临时抽取井水，减少贮水设备因为太阳暴晒导致的水温升高，如果是自来水则要把水管埋在地下30～50厘米深处；二是把饮水器放置在凉荫下，避免阳光照射；三是及时更换饮水，因为水在饮水器内存放时间长难免会造成水温的升高。夏季温度高，加上放养鸡容易把饲料、泥土、草屑等弄入饮水器中，这些有机质在细菌作用下容易导致水的变质，鸡饮用了变质的水容易被细菌感染，因此夏季保证饮水的干净是非常重要的。保证饮水干净的措施主要有：及时更换饮水，每天至少更换两次；把饮水器垫高以减少泥土等杂物进入水盘，放养产蛋鸡水盆边缘或真空饮水器水盆边缘距地面的高度可达到15厘米左右；对饮水进行消毒处理，定期对饮水器进行清洗和消毒等。

（4）及时出售鸡蛋：夏季鸡群产的鸡蛋容易受污染，高温也不利于鸡蛋的存放。因此，高温季节鸡蛋收集后尽量及早出售，在鸡场内的存放时间不要超过5天。

（5）饲料中添加抗热应激添加剂：夏季给鸡补饲的饲料中可以添加0.1%的小苏打和0.03%的维生素C，有助于改善高温季节蛋鸡的生产性能。也可以将这些能够缓解热应激的添加剂加入饮水中。

八、肉鸡生态养殖技术

（一）肉用柴鸡放养管理技术

作为肉用柴鸡饲养的鸡品种包括来自农村的柴鸡、地方良种鸡、优质肉鸡配套系、蛋用小公鸡等。在有的地方也把放养鸡称为"走地鸡"，其销售价格一直比较高。这种类型的鸡需要较长的饲养期，根据鸡的品种类型和性别不同，一般饲养 90~120 天才能出售。如果饲养期短，这些类型的鸡因生长速度慢，体重偏小，屠宰后产肉量少，同时其体内的一些风味物质沉积少，肉的结实度不够，会影响鸡肉的风味和口感。

肉用柴鸡放养同样分为两个阶段：室内保温阶段和室外放养阶段。

1. 室内保温阶段（育雏）的饲养管理　这个阶段的重点是促进雏鸡增重，增强雏鸡的适应力；加强保温，保证雏鸡的健康生长需要；加强卫生防疫（尤其是疫苗的接种）工作，为后期的放养打好基础。

（1）育雏所需时间：放养肉用柴鸡所处季节不同，育雏所需的时间也有差异。在育雏室内饲养时间的长短主要受外界温度的影响，即看外界温度是否能够达到脱温的要求。如果室内育雏时间为 35 天则通常脱温时外界温度白天不低于 18 ℃；如果室内育雏时间为 50 天则通常脱温时外界温度白天不低于 14 ℃。在鸡只日龄较小的时候由于其羽毛没有长齐，保温性能较差，皮下脂肪较少不利于保温，外界温度对鸡只的影响较大，温度不适宜就会造成较为明显的应激。因此，在1~2月开始育雏的鸡只需要在室内保温50天以上，3月中旬以后可以将鸡群放养到室外；3~7月育雏在室内保温时间为35天，8~9月室内育雏时间约45天就可以放养到室外。

10~12月一般不育雏，因为这个时期育雏，当鸡群达到50日龄后放养到室外时，外界没有足够的野生饲料资源供鸡群觅食，而且外界温度低，必须大量使用补充饲料才能够满足鸡群的生长需要，不仅会使生产成本大幅度提高，而且用补充饲料养出的鸡质量也受影响。同时，鸡群的上市时间也到了春节后，会遇到不理想的市场行情，影响生产经营效益。

（2）育雏阶段的环境条件控制：室内温度、湿度、通风换气和光照可以参照蛋用鸡育雏期间的环境条件控制要求。

（3）饲养方式：可以参考蛋用柴鸡育雏期饲养方式。如果是采用笼养育雏方式，为了能够让鸡更好地适应放养的生活方式，建议在鸡群到室外放养前2周采用地面散养或网上平养方式。

为了能够较好地适应放养模式，鸡场大多数设计的育雏室带有室外运动场，育雏前期采用地面散养或网上平养方式，育雏后期可以在每天中午前后将鸡群放到鸡舍南侧的运动场，让雏鸡在室外活动、采食，同时可以在运动场补饲青绿饲料。

（4）肉用柴鸡育雏阶段的饲养技术：主要包括以下几点。

1）饲料：这个阶段的饲料可以使用饲料公司生产的雏鸡浓缩饲料（40%的浓缩饲料加60%的碎玉米）或全价配合饲料，也可以根据前面所提供的雏鸡参考饲料配方自己配制饲料。总体要求和各阶段的饲料营养浓度相同，容易消化，颗粒大小适中。这个阶段的饲料主要是为雏鸡的较快生长提供足够的营养，而且这个阶段饲料的成分对上市时鸡肉的质量影响不大。

2）喂饲原则：这个阶段主要是让雏鸡多采食，以刺激雏鸡消化系统的发育和体重的较快增长。前2周采用少给勤添的喂饲原则，一般是在有光照的时间内每3~4小时喂料1次，每次喂料量应是在喂饲后20分钟左右雏鸡能够吃完。3周龄后采用自由采食的方法进行喂饲，每天向喂料设备中添加2~3次饲料，每次喂料量能够在添加后1小时左右吃完。不要限制保温阶段肉用柴鸡的采食量，但要求每天让鸡把料槽（料桶）内的饲料吃净1次。

3）笼养方式的喂饲：前5天在笼内放置料盘，把饲料撒在料盘内供雏鸡采食；5~10天，在笼内放置料盘的同时，笼外悬挂的料槽当中也添加饲料（注意根据雏鸡的日龄实施调整育雏笼前网栅格的宽度），让雏鸡可以通过两种喂饲方式采食；11日龄后去掉笼内料盘，只使用料槽喂料。使用料槽喂料要注意每次添加饲料的量不要超过料槽深度的1/3，以减少饲料的浪费。

4）平养方式的喂饲：无论是网上平养还是地面垫料平养，一开始都可以使用小料桶进行喂饲，3周龄后换为中号料桶。使用料桶要注意随着雏鸡日龄和体格的增大及时升高料桶的高度（可以用绳子悬挂到横梁上，也可以在料桶底部加垫片），使料盘的边缘与雏鸡的背部高度相同，以利于雏鸡采食和减少饲料的抛洒。

（5）肉用柴鸡育雏期的饮水管理：可以参考蛋鸡育雏要求，符合清洁、充足的基本要求。如果采用平养方式，尤其是地面垫料平养方式，要注意将真空饮水器用砖块垫高，防止垫料进入饮水盘；每天要更换饮水以保持饮水的卫生。使用乳头式饮水器要注意及时调整水线高度，出水乳头的高度与雏鸡站立时的头部高度相近；水线低常常会因为雏鸡碰到出水乳头而造成漏水，导致垫料潮湿。

（6）分群与饲养密度管理：主要做好平养条件下与笼养条件下的分群与饲养密度管理工作。

1）平养条件下的分群与饲养密度管理：采用平养（地面垫料、网上）方式，要在舍内用网片把育雏室分隔成多个小间，每个小间内的鸡只为一个小群，每个小群鸡的数量在 350~500 只之间。分群时按照体重大小、体质强弱、公母进行，每个小群内的个体大小、强弱、性别要基本相似。群内个体特点相似，有利于群体的均匀发育，有助于提高雏鸡的成活率。在饲养过程中要注意将体质弱小的个体及时从小群内挑出来集中放置在一个小间内，并加强管护以促进其增强体质，增加体重，减少鸡群的死淘率（彩图 47）。

饲养密度对雏鸡的健康和生长影响很大，密度高的负面影响显得极为突出，如群体发育整齐度差、平均体重小、羽毛生长不良、鸡舍环境质量差、健康状况不佳等。因此，在室内保温阶段，要创造条件避免高密度饲养。对于肉用柴鸡，当鸡卧下休息的时候，地面或网床床面有 1/3 的空闲就说明饲养密度控制是比较合适的。平养鸡舍可以在 20 日龄前后将部分栖架放在育雏室内供雏鸡离地栖息，这样可以减少密度偏高造成的不良影响，也有助于促进羽毛的生长和预防疾病。

2）笼养条件下的分群与饲养密度管理：采用育雏笼方式育雏，同样要注意把每个单笼内的雏鸡挑选好，让每个单笼内的雏鸡大小和强弱相对一致。饲养密度主要根据体重和体格发育控制每个单笼内饲养鸡只的数量。通常也按照当鸡卧下休息的时候，底网有 1/4 的空闲来控制。

饲养密度受鸡的品种类型、饲养方式、性别、生长速度、周龄等因素的影响（表 9）。

表9　不同育雏方式雏鸡饲养密度

（单位：只/米²）

地面平养		立体笼养		网上平养	
周龄	密度	周龄	密度	周龄	密度
0~2	30~35	0~1	50~60	0~2	40~50
2~4	20~22	1~3	35~40	2~4	23~30
4~6	13~17	3~6	25~30	4~6	17~24
6~12	8~11	6~11	12~20	6~10	9~16

为了保持笼内合适的饲养密度，通常每周调整一次鸡群，即在周龄末将装有鸡只的笼中体重偏小和偏大的个体挑出，分别放在新的笼内。这样做既疏减了密度，又调整了鸡群。

（7）卫生防疫管理：卫生防疫管理主要做好以下几方面的工作。

1）保持环境卫生：保持鸡舍内良好的卫生状况，每天清扫地面，及时清理粪便和整理或更换垫草，合理组织通风换气。

2）严格消毒管理：定期对鸡舍内外进行消毒，对喂饲和饮水用具进行消毒。要将几种化学性质不同的消毒液交替使用，保证每平方米表面都能够喷洒到足量的消毒药。

3）预防性使用药物：雏鸡1~4日龄和8~10日龄分两次使用同样的抗生素（如阿米卡星或硫酸庆大霉素、头孢塞弗等，按照说明书使用）用于预防大肠杆菌病和白痢；13~15日龄和22~24日龄分两次使用相同的抗球虫药物用于预防球虫病。

4）疫苗接种：雏鸡在孵化室出壳后要接种马立克疫苗，3~5日龄接种新城疫和传染性支气管炎（H_{120}）二联疫苗，10~12日龄和18~20日龄接种传染性法氏囊炎疫苗，28~30日龄接种新城疫和传染性支气管炎（H_{52}）二联疫苗（同时半倍量注射新城疫油乳剂灭活苗），38~40日龄肌内注射接种禽流感疫苗。

5）病死鸡无害化处理：育雏期间发现病死鸡后要及时从育雏室或笼内捡出，并由专业人员进行诊断及早发现和处理疫病问题。病死鸡无论剖检与否，都要投入火炉中焚烧或消毒后深埋，防止病原体的扩散。

2. 室外放养阶段的饲养管理

（1）放养的过渡过程：室内保温阶段结束后，鸡群就可以到室外放养，在放养的最初几天要把鸡群控制在离鸡舍比较近的地方（一般在鸡舍周围50米以内的范围），可以用尼龙网进行围挡以限定初始阶段雏鸡的活动范围。不要让鸡远离鸡舍，而且要注意看护，以免丢失和被其他动物伤害。过渡期一般有10~15天的时间。过渡期要训练鸡群养成傍晚回鸡舍过夜的习惯，这是减少鸡只丢失的关键。

随着鸡群在室外放养时间的延长，鸡群的活动区域可以逐渐扩大，如10周龄的鸡群活动范围可以扩大到鸡舍周围200米的范围，13周龄后的鸡群活动范围可以扩大到鸡舍周围350米的范围。根据野生饲料资源数量的多少决定配合饲料的使用量，并注意把配合饲料的补饲重点放在傍晚鸡群要回鸡舍休息的时候，使鸡群逐渐养成习惯，傍晚时补饲并舍休息。

具体开始过渡的时间要根据天气情况决定，如果在未来几天内天气晴好、温暖，可以作为鸡群放养的起始期。如果放养时天气不好（如低温、大风等）则可能会影响到鸡群的健康。

放养第一周要在鸡舍前面或周围的放养场地内放置若干个料盆或料桶，让鸡既可以觅食野生的饲料资源，也可以吃到配合饲料，使其消化系统有一个逐渐适应的过程。开始要以配合饲料为主，辅助喂饲一些青草、青菜，之后逐渐减少配合饲料用量，增加青绿饲料用量。

（2）注意天气变化：鸡群在室外放养过程中受天气的影响比较大，平时要注意天气预报和留心天气变化，如果出现恶劣天

135

气条件要提前把鸡群赶回鸡舍，如果是大风和下雨的天气就暂停室外放牧，让鸡群在鸡舍内活动。防止雷电、暴风雨对鸡群的影响是放养阶段重要的管理内容。遇到突然降温的天气可以不放养，或仅在中午前后在场地内放养。

（3）青绿饲料的合理利用：放养期间，鸡群适量采食青绿饲料能够有效改善肉的质量。鸡群可以利用放养场地内的青绿饲料，如果放养场地内青绿饲料不足还必须考虑在当地收集青绿饲料以满足鸡群的采食需要。对于相对固定的放养场所，有必要通过种植牧草来满足青绿饲料的供应。

为了合理利用放养场地内的青绿饲料，可以把放养场地划分为5~7个小区，每个小区之间用尼龙网围起来，采用轮牧的方法。让鸡群在一个小区内放养2~3天，然后再换到相邻的另一个小区内放牧，使得已经放养过鸡群的小区内的青草有2周以上的恢复期。

也可以在一批鸡出售或转出后在放养场地播种一些牧草或麦类作物、青菜等，待这些青绿饲料生长到一定高度后就可以把新鸡群放养到这块场地中。

（4）补饲：对于放养的优质肉用鸡，补饲是必不可少的，野生的饲料资源很难满足其生长所需。放养期间每天在傍晚时进行补饲，补饲安排在鸡舍内或鸡舍门口，让鸡群补饲后很快进入鸡舍内休息。每次的补饲量依据野生饲料资源的数量进行调整。

（5）饮水管理：鸡舍内要有饮水器，室内大多数安装乳头式饮水器，供鸡群在鸡舍内使用。室外放牧场地要放置一定数量的饮水器，饮水器的容量可以使用较大的，如容量为10~15升的真空饮水器。每个饮水器可以满足50只鸡的使用。饮水器要放在比较醒目的地方，不仅便于鸡的寻找，也有利于工作人员更换饮水。需要注意的是要尽量减少太阳对饮水器的直晒。

较小场地放牧的鸡群由于活动范围小，也可以在场地中或周边安装乳头式饮水器。

（6）卫生防疫管理：根据免疫接种程序的要求，结合当时当地鸡病的流行情况，在室外放养阶段要考虑新城疫、传染性法氏囊炎、禽痘、禽流感等疫苗的接种。在肉用柴鸡出栏前的 6 周内不要使用油乳剂灭活疫苗接种，以免在肉鸡屠宰时接种部位仍然有溃疡。前期使用油乳剂疫苗接种也要注意，疫苗接种前放在水盆内，盆内加入 30 ℃的温水，等待疫苗的温度升高到 25 ~ 28 ℃再使用。如果疫苗温度低，在接种后会在接种部位长时间存在硬结或溃疡而影响屠体质量。

放养期间主要预防的细菌性疾病有大肠杆菌病、沙门杆菌病、禽霍乱等。使用的药物必须符合有关规定，坚决不使用违禁药物。在肉鸡出栏前 3 周内不要使用任何化学合成药物，以避免屠体内的药物残留。使用中草药防治疾病能够有效避免药物残留问题。

放养鸡容易感染体内寄生虫，如球虫、蛔虫、绦虫等。要注意观察鸡群的活动场所内鸡的粪便中有无寄生虫感染的特征，如果发现粪便中有寄生虫病的症状，就需要及早采取防治措施，在使用驱虫药物的同时要对鸡群活动频繁的场地进行清理和消毒。

3. 放养肉用柴鸡的出栏管理

（1）出栏时间：一般要根据放养肉鸡的类型确定出栏时间，对于生长速度比较快的品种，如快大型黄鸡或麻鸡、817 肉杂鸡、蛋用公鸡等，出栏时间一般在 80 ~ 90 日龄，体重在 1.8 ~ 2.5 千克；对于生长速度较慢的品种（如大多数地方良种鸡、土鸡、仿土鸡等），出栏时间在 120 日龄前后，体重在 1.5 ~ 2.0 千克。

各种鸡只要生长到一定周龄，体重达到一定标准之后，其生长速度和饲料效率就会显著下降，继续饲养会因为体重增长缓慢而使生产成本明显增加，同时饲养期越长，其面临的疾病风险也越大。另外，出栏时间还要考虑当时的市场行情，如果市场行情好可以及时出栏，如果预计到未来几周市场价格会明显上升则可以推迟几周出栏。

要保证放养的优质肉鸡肌肉紧实、风味良好，必须要保证饲养较长的时间，而且在出栏前的放养时间不少于7周，同时还要喂饲一定量的野生饲料。

（2）分批出栏：当鸡群达到上市日龄和体重后可以根据销售情况分批出售。许多地方良种鸡的生长整齐性有差异，如在100日龄时公鸡的体重大的能够达到2千克以上，小的可能不足1.5千克；另外，饲养柴鸡型肉鸡通常是公母混群饲养，公鸡和母鸡不仅在生长速度上有差异，在销售价格上差别也很大。因此，把公鸡和母鸡分别销售到不同的地方，能够最大限度地获得养殖利润。

（3）抓鸡：出栏前需要抓鸡，而抓鸡对于鸡群来说是个强烈应激，尤其是柴鸡，体型轻巧、飞蹿能力强，不容易被抓住，反而受到惊吓。尤其是采用分批出栏的时候，每抓鸡一次就会造成其他鸡在3~5天内体重几乎不增加。为了减小抓鸡所带来的应激，建议出栏当天早晨不要放鸡，让鸡群待在鸡舍内，同时在当晚先把窗户用深色窗帘遮挡起来，使鸡舍内的光线显得昏暗。在昏暗的光线下，鸡比较安静，抓鸡的时候所造成的应激相对会比较小一些，鸡也好抓些。抓鸡时要用专门的抓鸡钩或罩网，抓到鸡后往笼子或筐中放时最好抓住鸡的双腿，不要抓单腿、翅膀和脖子，以免造成鸡的损伤而影响外观质量，降低销售价格。

（4）装箱（筐）：肉鸡出栏都要装在专门的周转筐内，便于称重和运输。将鸡从鸡舍内抓出后直接放进筐内。放鸡时要逐只塞入周转筐内，让头颈部先进，不要硬塞以免鸡只受伤。每个筐内放的鸡数量要合适，避免拥挤。

（二）白羽肉鸡的生态养殖技术

在我国，白羽肉鸡都是采用室内密集饲养的方式，片面追求单位时间内和单位空间内肉鸡的产量。在一些经济发达国家（如法国）目前已经采用生态养殖模式饲养快大型白羽肉鸡。

快大型白羽肉鸡的生长期比较短，与优质肉鸡的生态养殖模式存在很大差异。其要点是整个饲养过程符合"动物福利"的基本要求，即保持合适的饲养密度，提供适宜的环境条件，自由采食，充足饮水，有足够的生活和运动空间，能够满足其生物学习性，不受各种应激；在 30 日龄后根据天气情况可以安排鸡群到室外活动，并要求饲料中不能添加除维生素、微量元素、氨基酸和益生素之外的其他各种添加剂。

与传统的舍内密集饲养相比，生态饲养白羽肉鸡可能会使饲养期略有延长，肉鸡的生长速度略有降低，但是鸡肉的质量能够得到有效提高。在未来，我国的鸡肉市场也会增加对生态养殖的白羽肉鸡的需求量。

1. 30 日龄内的饲养管理要求　生态养殖的白羽肉鸡都是采用平养方式养殖的。

（1）环境条件要求：各种环境条件控制要能够符合肉鸡的生长需要。

1）温度：在肉鸡活动范围内鸡群背部高度处的温度在 1~3 日龄为 34 ℃左右，4~7 日龄为 33~31 ℃，第二周为 31~29 ℃，第三周为 29~26 ℃，第四周为 26~23 ℃，此后到出栏室内温度保持不低于 18 ℃。温度控制还要根据肉鸡的行为表现进行"看鸡施温"，避免温度的大幅度波动。

2）相对湿度：第一周控制为 63%~68%，湿度低容易造成垫料含水率低，易出现粉尘飞扬而影响雏鸡的呼吸系统健康；第二周以后控制在 60%~65%，要注意防止潮湿。

3）光照：前3天连续照明，4天后到出栏每天照明21小时、关灯3小时；第一周光照强度按照每平方米5瓦的白炽灯照度执行，第二周以后按照每平方米3瓦的白炽灯照度执行。

4）通风换气：每天都要进行通风换气，第一周的换气量较小，随着肉鸡日龄增大，换气量也要加大。一般情况下第一周室内气流速度控制在0.1~0.15米/秒，第二周0.2米/秒，第三周0.25米/秒，第四周0.25~0.3米/秒，除了夏季高温期间可以适当提高风速，其他季节要严格控制。在鸡舍的进风口处要安装导流板，让进入鸡舍的空气先被导向鸡舍的上部，与温暖空气混合后再流动到鸡只的身边。当外界气温低的情况下，切记要注意避免冷风直接吹到肉鸡的身上。一些肉鸡场为了避免冬季通风造成的舍内局部降温问题，常常在进风处使用暖风机向舍内送暖风。在外界温度较高的情况下应经常打开门窗或风机进行通风，要求工作人员进入鸡舍后没有明显的刺鼻刺眼感觉。

（2）饲养要求：主要注意以下几点。

1）饲料：按照肉鸡的饲养标准配制饲料，建议使用颗粒饲料。

2）喂饲：使用料桶，让鸡自由采食。也可以在10~20日龄期间控制喂饲，喂饲量为自由采食量的90%，虽然肉鸡的增重稍有减少，但是可以减少肉鸡猝死综合征的发生。为了让肉鸡适当活动以减少腿弱和胸囊肿的发生，也可以分次定时喂饲，每4小时喂饲1次。

3）喂料量：受日龄、体重、饲料营养水平、环境温度等因素的影响。可以参考表10。

表 10　爱拔益加肉鸡商品代增重与饲料消耗

公母混养

| 周龄 | 体重（克） | 每周增重（克） | 耗料量（克） | | 料肉比 |
			每周	累积	累积
1	175	135	150	150	0.857
2	450	315	340	490	1.09
3	860	410	830	1 120	1.30
4	1 400	540	1 000	2 120	1.52
5	2 010	590	1 135	3 255	1.62
6	2 580	570	1 130	4 385	1.70

4）饮水：满足清洁、充足的原则要求。

（3）管理要求：按照地面垫料或网上平养的饲养方式落实。

1）严格控制饲养密度：饲养密度偏高是当前我国白羽肉鸡饲养过程中最常见的问题，而生产过程中的其他问题也多与饲养密度偏高有关。饲养密度高会使鸡经常处于紧张状态，会诱发啄羽毛，造成垫草潮湿、板结、厚薄不匀，鸡舍内湿度、有害气体、空气中粉尘和微生物含量偏高，鸡的抗病力下降、发病增多等问题。

白羽肉鸡的饲养密度控制可参考表 11 中的推荐标准。但是，由于不同品种、饲养季节等方面的差异，在实际生产中可以适当调整。

表 11　快大型白羽肉仔鸡各周龄饲养密度

周龄 体重及饲养密度	1	2	3	4	5	6
周末平均体重（克）	175	450	860	1 406	2 010	2 600
垫料地面（只/米²）	30	25	21	17	13	10
网上平养（只/米²）	35	29	23	20	16	12

2）合理分群：肉鸡饲养需要合理分群，3周龄前每个小群鸡只的数量在350~500只，4周龄后每个小群300只左右。每个小群内肉鸡的大小、性别、强弱要相对一致。分群有利于管理，有助于提高发育整齐度和成活率。在后期需要室外放养的时候，每个小群的肉鸡依然要用塑料网隔开。

3）采用全进全出的饲养制度：同一栋鸡舍只能饲养同一日龄肉仔鸡，而且同时进舍，饲养结束后同时出舍，便于鸡群转出或出栏后对房舍设备及用具进行彻底清扫、消毒，一般饲养下一批前需要空舍28天，切断传染病的传播途径。

4）加强垫料的管理：选择比较松软、干燥、吸水性和释水性良好，既能容纳水分，又容易随通风换气释放鸡粪中的大量水分的垫料。垫料应灰尘少、无病原微生物污染、无霉变，生产上常用稻壳或锯末、碎稻草等。垫料在鸡舍熏蒸消毒前铺好，厚度约10厘米，进雏前先在垫料上铺上报纸，以便雏鸡活动和防止雏鸡误食垫料。此外，还要采取措施防止垫料燃烧，注意用火安全。每天下午翻动垫料，及时清除潮湿、结块和污染严重的垫料，控制好垫料的水分，减少舍内尘埃。

5）注意观察鸡群状况：早晨进入鸡舍先用鼻子和眼睛感受一下鸡舍内的空气质量，再观察鸡群的活动、叫声、休息是否正常，对刺激的反应是否敏捷，分布是否均匀，有无扎堆、呆立、闭目无神、羽毛蓬乱、翅膀下垂、采食不积极的雏鸡。夜间倾听鸡群内有无异常呼吸声，早晨喂料时在垫料上铺几张报纸，就可以清楚地检查粪便状况。发现问题及时分析并采取控制措施。

6）卫生防疫管理：按照有关卫生防疫制度要求坚持定期消毒，及时接种疫苗和使用防病（细菌性疾病和寄生虫病）药物，出栏前2~3周禁止使用各种化学药物。定期更新垫草并将换出的垫草在远离鸡舍的地方堆积发酵处理。

2. 30 日龄后鸡群的饲养管理

（1）室外活动：30 日龄后的鸡群新羽毛已经基本覆盖全身，对外界的适应性增强，体质也能够满足室外活动的要求，在外界天气条件适宜的情况下（无风、无雨雪、温暖）要让鸡群到鸡舍外活动，让鸡群能够呼吸到更新鲜的空气，在更大的空间内满足其自身活动的需求。

1）室外场地：有条件的情况下把鸡舍建在林地、果园或草地的旁边，鸡群从鸡舍出来后就可以到这些场地中活动和觅食；如果没有这种条件，一般要求在鸡舍的南侧留出面积约为鸡舍面积 3 倍的空场地作为室外运动场，供肉鸡到场地上活动。场地周围要用围网隔挡，以防外来动物骚扰鸡群。

2）适应过程：肉鸡比较懒，不爱运动，开始的时候，打开靠鸡舍南面通向运动场的门或地窗后肉鸡可能不愿意出去，这时可以由两个人慢慢地把鸡群分小群赶到运动场，当鸡只出来后就会逐渐到运动场中走动，其他的鸡群慢慢也会来到室外。经过 7 天左右的适应，当打开通往运动场的门窗后，鸡群就会自主来到运动场活动。

3）室外活动时间：根据天气和外界气温的情况，每天可以让鸡群在室外活动 3~5 小时，可以是连续的，也可以是分次进行的。如果是连续在室外活动则需要在室外放置喂料和饮水设备。

（2）鸡舍环境控制：尽管 30 日龄后的鸡群可以到鸡舍外活动，但是很多的时间还是在鸡舍内，因此，鸡舍内环境的控制对于鸡群的健康和生产都是很重要的。

1）温度控制：30 日龄后鸡舍内的温度控制在 18~25 ℃之间是最理想的。在低温季节舍内温度不要低于 15 ℃，高温季节不要超过 30 ℃。

2）通风控制：鸡舍内的空气质量对肉鸡的健康生产至关重

要，良好的空气质量是保证鸡群健康的重要前提。平时鸡群在鸡舍内的时候通风量不宜太大，当鸡群到运动场活动的时候要尽量加大通风量，对鸡舍进行彻底的通风换气。1小时的大流量通风能够保证其后12小时内鸡舍空气质量的良好。

3）光照控制：白天当鸡群到鸡舍外活动的时候可以任由其接受自然光照，如果鸡群在鸡舍内则需要适当进行遮光处理，避免舍内（尤其是靠南面窗户附近）光线过强。晚上使用灯光照明，夜间可以有3小时的黑暗时间。光照强度以能够看清鸡群状态、饲料和饮水情况即可。

4）湿度控制：鸡舍内垫料的相对湿度控制在60%左右，主要是防止垫料潮湿。

5）饲养密度：30日龄后室内每平方米可以饲养肉鸡10只。

（3）饲料与喂饲：使用符合无公害或绿色标准的配合饲料（不得含抗生素类、激素类及国家禁止使用的添加物）。白天每4小时喂饲1次，晚上每5小时喂饲1次，每次喂饲后，鸡群能够在20~40分钟把饲料基本吃完。当鸡群在鸡舍外活动时，喂饲就在舍外进行。使用料桶，每30只鸡1个料桶，料桶用砖或其他物品垫高10厘米左右并保持稳当。为了让鸡群在室外放养期间能够有较好的体质，在第3、4周龄需要把喂料量适当减少，喂料量约为正常采食量的85%，不要让肉鸡自由采食导致体重过大、腿软，性格懒。

饮水按照清洁、卫生的标准执行。鸡群在运动场活动时可以在运动场放置几个真空饮水器供鸡群饮水。

运动场放置若干个小盆，盆内盛放一些河沙（颗粒大小与黄豆相似）供鸡自由采食。

（4）鸡群的运动：肉鸡有不爱活动的习性，吃饱喝足后常常卧在地面上，这是肉鸡腿病比较多的重要原因之一。鸡群在室外活动期间，饲养员要经常在鸡群中走动，使鸡群被动性地适当活动。

在温度适宜的季节，让鸡群经常到室外活动，能够有效减少鸡只的死亡。而舍内密集饲养的快大型白羽肉鸡，在 35 日龄后经常会出现发病和死亡现象，而且很难控制，使用药物防治还容易造成鸡肉中药物的残留问题。鸡肉中的微生物污染问题也不容忽视。

低温季节当室外温度低于 13 ℃时，不适宜让鸡群在室外活动。这个季节不采用室外放养方式。

（5）卫生防疫：30 日龄后的鸡群一般要求不能进行免疫接种和使用抗生素，卫生防疫应该以加强消毒管理为主。鸡群的室外活动场地在鸡群达到 26 日龄时使用消毒药进行一次全面的喷洒消毒。30 日龄后每天下午当鸡群回鸡舍后要及时清扫运动场并把鸡粪和垃圾运送到远离鸡舍的地方堆积发酵；当鸡群到室外运动场活动时，要清扫鸡舍并用消毒液喷洒消毒。室外靠近鸡舍附近的地面每隔 3 天喷洒一次消毒药。

每一批肉鸡出栏后，鸡舍和放养场地必须彻底清理和消毒，防止上一批肉鸡养殖过程中的病原体感染下一批肉鸡。鸡舍可以清扫冲洗后分别用两种以上消毒药喷洒，在下一批肉鸡开始饲养前 4 天用福尔马林进行熏蒸消毒；室外场地主要是清理垃圾（如果是草地或林地，可以对地面进行翻耕）。第一批肉鸡出栏后，鸡舍和场地至少要空闲 3 周，才能饲养下一批肉鸡。

（6）放养白羽肉鸡的出栏管理：放养白羽肉鸡的出栏日龄一般在 60 天前后，鸡群在较大运动量的情况下饲养的时间约为 30 天，由于 30 日龄后鸡群运动量显著增加，其体重增加的速度不如室内饲养情况下快，60 日龄的体重控制在 3 千克左右。出栏时也需要把鸡群圈在鸡舍内并对窗户进行遮黑，然后再抓鸡。

九、不同生态环境养鸡技术

由于生态养鸡包含了多种生产模式，这里主要介绍不同生态环境条件下特殊的饲养管理要求。

（一）果园放养鸡的饲养管理

河南及周边省份是我国水果生产的重要基地，近年来水果种植业发展很快，农区有大片的果园。果园内的果树种植密度比较小，树间有较大空间，树下有较多的杂草（甚至可以人工种植牧草或作物），能够为鸡群提供一个合适的活动空间和觅食场地。许多果园内可以在秋季播种一些麦类作物或小青菜，在冬季和早春能够为鸡群提供青绿饲料。在农区经营果园需要设置围墙或围栏以防止人畜危害，而且还需要有专人看守，这种必须的条件也为果园养鸡提供了良好的前提条件。但是，不同类型的果园对放养鸡的要求不同。

1. 不同类型果园适宜放养的鸡品种类型　果园养鸡主要是利用林下空地为鸡群提供开阔的活动空间，空地上滋生的杂草和虫子，为鸡群提供天然的饲料。但是，在生态养鸡过程中还必须要注意防止鸡损坏水果，要尽可能避免鸡飞到树上。因此，果园放养鸡要根据果树的类型选择合适的鸡品种或合适的放养季节与放养时间。低矮型果树如苹果、桃子、梨、李子、葡萄、樱桃等树干分叉较早，树枝离地面距离小，果子离地面低，鸡很容易跳上树枝，甚至在地面也能够啄食果子。这些果园适宜放养体型较大、腿较短、跳跃能力差的品种，如 AA 肉鸡、艾维茵肉鸡、科宝肉鸡、快大黄肉鸡、丝羽乌骨鸡、农大 3 号矮小型蛋鸡等。高大乔木型果园果树的树干高，果子离地面距离大，不容易被鸡啄食；一些干果类果树，果子的外面有一层保护性的外壳，如核桃、板栗等，这类果园内各种品种的蛋鸡和肉鸡都可以饲养。

2. 基本设施和环境控制

（1）鸡舍：在果园养鸡，由于果园的经营时间比较长，可以建造长期性鸡舍，也可以搭建临时性简易鸡舍。主要供鸡群夜间和不适宜到室外活动的时间在舍内休息和生活。鸡舍要有前后窗户，靠前面要有地窗（高度约 60 厘米、宽度约 80 厘米），每 3 间房设一个地窗，窗扇朝外开，方便鸡群出入鸡舍。

（2）产蛋窝：供鸡群产蛋用，在舍内设置产蛋窝，同时也需要将一部分产蛋窝设置或安放在果园内不同的地方。

（3）喂饲设备：补饲用的料桶或料槽可以放置在鸡舍和鸡舍前面的空地；饮水器既要在鸡舍内放置（舍内多设置乳头式饮水器），又要在果园内分散放置（放养场地中多放置真空饮水器）。

（4）防鸡群逃离设施：主要是围墙或篱笆、围网等。

3. 放养管理 多数饲养管理和卫生防疫技术可以参考林地放养鸡的要求。部分特殊要求如下：

（1）高大乔木果园鸡群的放养管理：这类果园主要是柿子、核桃、板栗、大枣等，尤其是树龄较大的果园。树木比较高大，树干高，靠中下部的树枝比较少，鸡不容易飞到树上，对果实的危害比较小。这类果园的鸡群放养管理可以参考后面林地放养鸡的要求。

（2）低矮乔木果园鸡群的放养管理：这类果园主要是苹果、梨、桃、杏、李子、樱桃、葡萄等，多数果树的主干比较低矮、树枝的分叉位置低，鸡容易飞蹿到树上，有可能会对树上的果实造成损坏。因此，在管理中需要给予特别关注。在这类果园放养鸡群不仅要考虑放养那些体重较大，或腿较短，比较笨，不容易飞蹿到树上的鸡种，而且最好是把放养期与挂果期错开，在水果采收后再把鸡群放养进去（彩图48）。

（3）喷洒农药期间的管理：大多数果园为了控制害虫而需要在某时期喷洒农药。喷洒的农药对鸡群可能会有毒性，如果忽视这一点则可能会造成鸡群的中毒问题或鸡蛋和鸡肉中农药残留问题。因此，用于果园防虫而喷洒的农药需要认真选择，使用那些对鸡没有毒性或毒性很低的药物。一般要求在喷洒农药的当天和之后7天内不要让鸡群到果园内觅食、活动。一般1周后，死亡的虫子已经腐烂，杂草叶面的农药已经消失，把鸡群放养到果园内是相对安全的。

如果是饲养白羽快大型肉鸡或速生型优质肉鸡，由于饲养期相对较短，可以把喷洒农药的时间安排在肉鸡出栏后进行。

（4）错过水果成熟期：一些水果如油桃、樱桃、早桃、杏、桑葚等的成熟期比较早，在中原地区大约于5月成熟、采摘。对于这类果园，可以在5月初把35日龄左右的肉用柴鸡放到果园内，这个阶段的肉鸡还不习惯上树，让其在果园内的地面采食青绿饲料和各种虫子，当到5月底鸡只能够飞到树上的时候，果实已经采摘结束。之后的几个月无果期内可以充分利用果园内的空间放养鸡群。

（5）分区中耕：每间隔1~2个月对果园进行分区中耕，根据果园面积大小和鸡只数量可以把果园分为4~5个部分，结合分区轮牧进行分区中耕。中耕可以把地面上鸡的粪便翻到土下，减少鸡与粪便的接触，同时也有利于粪便的腐熟和发挥肥效。中耕可以结合播种一些草种或农作物种子，为鸡群提供青绿饲料。

（二）树林放养鸡的饲养管理

1. 林地放养鸡的特点 10 年前，中原地区大部分地方都大力发展速生杨，成片的杨树林随处可见，一些原有的林场也有大片的树木，在一些山丘和滩地也种植成片的树木，高速公路两侧更是有宽阔的林带；河南许多县有人将流转土地作为花卉种植基地。这些林地内很少种植农作物，当树木规格小的时候，林下杂草丛生，各种虫子很多，为林地放养鸡提供了很好的自然条件（彩图 49）。

2. 适宜林地放养的柴鸡类型 林地养鸡主要是利用林下大面积的空间，为鸡群活动和觅食提供条件，林地的树木比较高，靠下部的枝杈比较少，鸡很少飞到树上，而且树上也没有特别需要保护的果实。因此，林地放养鸡的类型没有特殊的要求，各种类型的鸡都可以放养。

3. 饲料 林地养鸡所使用的饲料主要有以下几种。

（1）野生饲料资源：主要是利用林地下生长的各种杂草或人工种植的牧草、作物等，树木或地面滋生的各种虫子，或晚上用灯光引诱的飞虫等。

（2）收集的青草：指从附近刈割或收购的各种青草、廉价的蔬菜、新鲜的农作物秸秆和秧蔓等。一些地方还可以种植农作物，用其幼苗作为鸡群的补充青饲料。

（3）矿物质饲料和沙粒：矿物质饲料主要是石粉和骨粉，可以盛放在专门的盆子内，放在鸡舍附近的林地中，让鸡群自由采食。沙粒主要是不溶性的河沙，颗粒大小与绿豆和黄豆相仿，可以单独放在盆内，也可以与石粉、骨粉混合后放在一起。

（4）原粮：主要是玉米、麦子、稻子、豆子（生黄豆不适宜直接喂饲）等。

（5）混合饲料：主要是使用粮食及其加工副产品添加食盐、

氨基酸、复合维生素、复合微量元素、石粉、骨粉（或磷酸氢钙）等配制成的营养相对全面的一类混合饲料。根据放养鸡的类型不同分别配制专用的混合饲料。

4. 鸡舍环境控制

（1）温度控制：如果是饲养10周龄以上的蛋用鸡或生长速度较慢的优质肉鸡，鸡舍内的温度控制在10~30℃，注意夏天防暑和冬天防寒，避免鸡舍内温度忽升忽降。冬季舍内温度（尤其是夜间）不要低于5℃，夏季夜间要采取措施将舍温控制在32℃以下。

如果饲养的是快大型肉鸡或速生型优质肉鸡，则需要把鸡舍内的温度控制在18~30℃。

（2）湿度控制：对于鸡群来讲鸡舍内在温度适宜的前提下，相对湿度在55%~70%之间都是合适的，生产中关键是要防止潮湿。防潮的关键是把鸡舍建在地势较高的地方，把鸡舍内地面垫高，做好鸡舍周围的排水处理，防止舍内饮水设备漏水，注意屋顶和门窗的防雨处理，经常进行通风换气。如果使用垫料，在铺设前一定要晒干；舍内潮湿的垫料要及时清理、更换；定期清理鸡粪，减少粪便在鸡舍内的积存。对于放养鸡群，潮湿是引起寄生虫病、大肠杆菌病、霉菌性疾病的重要因素，也容易造成羽毛和鸡蛋的表面脏污。个别情况下鸡舍内也会出现湿度偏小的情况，如果是地面垫料平养，常常会在鸡群活动时造成鸡舍内尘土飞扬，这对鸡群的呼吸系统健康是非常不利的，需要通过喷雾消毒的形式进行加湿和消毒。

（3）光照控制：要根据鸡的类型和饲养阶段控制光照。如果是育成期的蛋用型鸡，每天只需要自然光照，不补充人工照明；如果是产蛋期的鸡，每天光照时间从早晨6时开始到夜间10时停止，计16小时；白天利用自然光照，早晚补充人工照明。如果饲养的是肉鸡，每天照明时间可以按产蛋鸡的控制措施执行

（每天 16 小时）。补充照明时光照强度不宜太大，以能够清楚地观察到饲料、饮水和垫料情况为准。

（4）通风换气：在外界气温超过 15 ℃的情况下就可以经常打开门窗、风机进行适当的通风换气（温度越高通风量越大）。当鸡群到林地活动的时候，将舍内少量的鸡只赶到室外，在空舍的情况下可以进行彻底的通风换气。保持鸡舍内良好的空气质量是提高鸡群健康水平、生产性能和产品质量的基础条件。

（5）饲养密度控制：按鸡舍内面积计算，蛋用鸡和优质肉鸡的饲养密度可以参考表 12。

表 12　放养鸡群的饲养密度控制　（单位：只/米²）

周龄	1~3	4~8	9~14	15~18	19~22	23 以后
饲养密度	30~35	20~25	12~15	7~10	6~8	5~7

如果是白羽肉鸡，则饲养密度控制为：1~3 周龄 20 只/米²，4~5 周龄 15 只/米²，6 周龄以后 8~10 只/米²。

（6）减少鸡群受惊：防止受惊是放养鸡管理方面的重要环节，鸡群受惊吓常常会出现乱飞乱跳，四处逃窜或躲藏，惊群不仅会使鸡暂时（几天内）停止生长、产蛋下降，甚至会影响其健康。鸡群受惊吓的主要原因有：突发的噪声，如汽车鸣喇叭、鞭炮声音、人的大声吆喝、狗叫等；陌生人和动物的靠近。要求放养场地要与主干道保持 300 米以上的距离，四周要有围网以防止陌生人和猫、狗、牛、羊等动物靠近，场区入口处和靠近道路处的围网上要悬挂禁止汽车鸣笛的标志；为了防止大型飞鸟靠近，可以在放养场地内竖几根长竹竿，竹竿顶端束一个彩色布条。

5. 放养管理

（1）放鸡的时间：根据外界温度高低和鸡只周龄大小调整

放鸡时间。对于 10 周龄以上的鸡群，天气合适时在每天外界自然光照开始后约 2 小时，把鸡群放到林地。如果遇到低温天气则可以推迟放鸡时间，而在夏季高温期间可以提早放鸡；鸡群周龄小的时候可以晚放鸡、早收鸡，周龄大则放鸡时间可以稍早。

（2）补饲：根据野生饲料资源情况确定补饲的饲料量。野生饲料资源丰富的时候可以少补饲，缺乏的时候多补饲。如果是产蛋鸡，根据野生饲料的多少、产蛋率的高低和体重的大小，将每天每只鸡补饲量控制在 40~80 克。如果是以优质肉鸡，则每天补饲量为体重的 10% 左右；白羽肉鸡则主要以补饲为主，每天可以定时喂饲，基本满足自由采食。

补饲的饲料要根据当时放养场地内野生饲料资源的主要类型进行适当调整。如果是以杂草为主则补饲配合饲料，如果淀粉类饲料（如草籽、散落的谷物等）多则注意多补饲蛋白质类饲料。补饲的目的是让鸡每天采食的野生饲料和补饲饲料所包含的营养能够满足鸡的生活和生产需要（彩图 50）。

1）青年鸡和肉用鸡的补饲时间：在野生饲料资源丰富的情况下，分早晨和傍晚两次补饲，早晨补饲量为全天补饲量的 25%，傍晚补饲量为 75%，鸡群在傍晚补饲后即可回鸡舍休息。在野生饲料资源不足的情况下，每天补饲 3 次，早晨补饲当天补饲量的 30%，中午补饲 20%，傍晚补饲 50%。

2）产蛋期鸡的补饲时间：分早晨和傍晚两次补饲，早晨的补饲量占当天补饲总量的 40%，傍晚占 60%。早晨的补饲应在 8 时之前完成，如果偏晚则会影响鸡进窝产蛋；傍晚补饲应在太阳落山前 1 小时进行。

（3）分区放养：如果放养场地面积大，可以把林地用尼龙网分隔成 4~6 个小区，让鸡群在一个小区内放养 4~5 天，之后换到下个小区内放养，即采用轮牧的方法。这样既有利于地面植被的恢复，也有利于疾病的控制。

（4）放养密度：根据林下植被生长情况，每亩地可以放养20~50只鸡。如果密度大，不仅地面植被在短期内难以恢复，而且鸡群也很难觅食到野生饲料。此外，还需要考虑放养场地的大小，有的放养场地较小，饲养密度可能会较大，这就需要补饲较多的饲料。

（5）防止鸡的丢失：要保证围网的完好性，围网的高度要适宜；避免鸡群受惊吓，在放养场地周围加强看护；在放养场地角落拴养几只狗；在鸡舍旁边搭建一个小的鹅棚，饲养几只鹅。

（6）夜间管理：傍晚的时候通过补饲让鸡养成到鸡舍内过夜的习惯。鸡群进舍后要关闭好门窗（如果夏季需要打开窗户，则要求窗户必须用金属网罩起来），可以在鸡舍附近养狗或鹅，用于夜间防止其他野生动物或陌生人的靠近。

夏季气温高，可以让鸡群在舍外多停留一段时间，鸡舍内灯泡要打开，在鸡舍前的树上悬挂几盏灯，既能够让鸡群感到安全，又可以吸引一些飞虫供鸡采食。需要让鸡群回鸡舍时，把鸡舍外的灯泡逐个关闭，鸡群就会回到比较光亮的鸡舍内。

（7）注意天气变化：在放养鸡群的管理上，最需要关注的是气温突然下降，这很容易导致鸡群产蛋率下降或出现疾病，遇到气温突然下降的天气时要注意提早采取保暖措施；有些时候会遇到天气变化，如刮大风、下雨、雷电冰雹等恶劣天气条件，就要提早把鸡群收回鸡舍。

（8）捡蛋：在林地放养产蛋期的柴鸡，每天上午至少收蛋2次，下午至少收蛋1次。减少鸡蛋在产蛋窝内的停留时间。这样不仅有利于保持鸡蛋的良好品质，也能够减少母鸡抱窝现象的出现。捡蛋时要留心偏僻的角落，这些地方容易吸引鸡只产蛋；同时要查看产蛋窝内的垫料情况，必要时及时更换或加铺。

（三）滩区放养鸡的饲养管理

1. 滩区放养鸡群的特点　滩区主要是指在河道的两旁及湖泊的周围，在每年的 3~7 月，降水量不大的情况下，会出现大片的荒地，生长着大量的杂草。但是，到了雨季之后，由于降水量大，河流和湖泊中的水位上升，会把大片的荒地淹没。因此，滩区放养柴鸡多数情况下只有 3~4 个月的时间。

2. 适宜滩区放养的柴鸡　由于滩区放养鸡群的时期比较短，一般只用于放养肉用柴鸡。

3. 设施　需要有简单的设施，如帐篷（用于夜间鸡群休息和风雨天鸡群的躲风避雨）、围网（用于控制鸡群活动范围）、发电设备（用于夜间补充照明）、料桶（补饲用）和饮水器。

4. 适宜的放养时间　在 2 月育雏，4 月初开始放养时，鸡群已达到 40 日龄以上，这时鸡对外界环境的适应性比较强。

5. 需要注意的问题

（1）注意天气变化：遇到刮大风、下雨的天气不要让鸡群外出，当风雨停下后再放出鸡群。如果下雨很大，要考虑河流或湖泊的水位上涨是否会影响到鸡群的安全。

（2）防止野生动物危害：放养前要在场地内拿竹竿走一趟，把蛇及其他体型较大的野生动物驱赶走。白天放牧期间要定期在放养场地内巡查，可以把狗拴在场地边角用于控制鸡群活动范围，夜间在帐篷附近要有灯泡照明。

（3）控制放养数量：根据滩区野生饲料丰歉情况，一般每亩滩地可以放养 30~50 只柴鸡，如果放养数量大则放养区内的杂草等野生饲料资源会在短期内被吃净，甚至新的杂草无法生长，后期放牧就没有野生饲料可以利用。

（4）合理补饲：根据滩区野生饲料资源情况安排鸡群的补饲饲料的类型和量（彩图 51）。

（四）山地放养鸡的饲养管理

1. 山地放养鸡的特点　在一些山区的山沟里及山岭山坡上，有一定面积的沟坡地，坡度小于 50°，沟坡地生长有大量的树木和杂草，地上有各种虫子可以供鸡群觅食。尤其是近年来各地进行封山育林，山坡地的植被比较好。但是，在中原地区山沟内的杂草一般在 4 月之后才能够较多地长起来，10 月底就枯萎。因此，可以为放养鸡群所利用的时间也在 4～10 月，约半年的时间。11 月至翌年 3 月山坡地的野生饲料十分匮乏，鸡群在野外活动能够觅食的野生饲料量很少，如果此期间放养鸡群则主要是增加鸡群的运动量（彩图 52）。

2. 设施　山沟养鸡可以利用多年，鸡舍的修建可以使用一般的建筑方式，必须建有育雏室（有加热设备）和大鸡舍（彩图 53）。料桶、饮水器也都是必需的。

3. 饲料　大多数山沟的植被并不茂密，如果考虑要放养鸡群，最好在秋天先播撒一些黑麦、大麦、小麦、三叶草、上海青等植物的种子，在 4 月鸡群放养前这些植物的生长密度比较大，鸡群有比较充足的野生饲料来源。同时，必须配制一些混合饲料，以满足鸡群的补饲需要。

4. 注意事项

（1）控制饲养密度：根据山沟内和山坡上植被覆盖情况，每亩沟坡可以放养 15～30 只鸡。密度大会使植被严重被破坏，导致水土流失问题。

（2）防止山洪的危害：秋季多雨季节要注意天气变化，防止山洪暴发冲坏鸡舍、冲走鸡群。因此，鸡舍要建在离沟底较远，地势比较高且比较平坦的地方。在雨季要经常留意天气预报，如果遇到暴雨或连阴雨天气，则让鸡群在鸡舍内活动。

（3）加强巡视：白天饲养人员要在山沟内和高坡处定时巡

视，防止鸡只跑得过远，防止野生动物靠近，防止外来人员进入放养场地。

（五）围圈放养鸡的饲养管理

1. 围圈放养鸡的特点　围圈放养鸡多是在一个比较空旷的场地旁修建鸡舍，并把场地用篱笆、围网或围墙围起来，把鸡群养在场地内。在农村像一些废弃的砖窑场、停产的工厂、暂时荒芜的地块等都可以充分利用。围圈放养鸡主要是为鸡群提供一个相对较大的活动空间，让鸡群能够接触地面，增加运动量，可以采食一些人工补充的青绿饲料。这相对于室内饲养的鸡群而言，鸡蛋和鸡肉的口感风味更好一些。围圈养鸡的场地离村镇、医院、学校和工厂也要有一定的距离，以减少相互的影响（彩图54、彩图55）。

相对于其他几种放养方式，围圈放养鸡群的活动范围比较小，能够利用的野生饲料资源非常有限，甚至没有。饲养期间主要使用配合（混合）饲料。

2. 设施

（1）鸡舍：按照一般的鸡舍建造要求修建，也可以利用原有的房屋，将室内地面垫高（高出室外约30厘米）。鸡舍要有育雏室，有大鸡舍。

（2）围护设施：要有围墙或围网、篱笆等。能够防止鸡只外逃、防止无关人员和野生动物进入。

（3）喂饲设备：要有一般的料桶、真空饮水器、乳头式饮水器等。有稳定的水电供应。

（4）栖架：在大鸡舍内可以安放一些栖架，给鸡提供一个可供栖高的条件，并能够减少鸡只长期与比较脏的地面接触。

场地内最好要有一些树木用于夏季遮阴，如果没有则需要搭建几个简易的遮阳棚供鸡群乘凉避暑。

3. 饲料

（1）青绿饲料：主要是利用空闲时间到田间地头、河畔沟旁割一些青草，利用一些鲜嫩的农作物秧蔓，蔬菜收获后剩余的部分（如萝卜缨、花菜叶等）等。在场地的四周也可以种植一些青草、农作物或蔬菜。

（2）配合饲料：使用玉米、豆粕、菜籽粕、棉仁粕、石粉、骨粉、食盐等按照一定比例搭配成的混合饲料。

（3）人工诱虫和育虫：气温比较高的季节，在鸡舍前面悬挂功率较大的灯泡，引诱飞虫供鸡采食；也可以辟出几间房屋饲养黄粉虫或黑水虻幼虫等，也可以在专门砌设的池内用粉碎的秸秆等堆沤一段时间，池内会产生较多的虫子，让鸡刨食。

4. 饲养管理事项

（1）让鸡群充分运动：在天气良好的情况下，让鸡群有较多的时间在场地活动。每天的室外运动时间不少于 4 小时，运动量小不利于提高产品质量，也不利于改善鸡舍内空气质量。

（2）保持场地的卫生：场地要定时打扫，及时清扫粪便、剩余的青绿饲料、树叶等杂物，并集中到场地外固定的地方堆积发酵。场地要定期消毒，在温度低的季节每周喷洒一次消毒药，在温度高的季节每周消毒 2~3 次。

（3）喂饲与补饲：在青绿饲料比较充足的季节要尽量多补饲一些青绿饲料，主要放在上午 10 点前后和下午 4 点前后补饲；配合（混合）饲料每天喂饲 3 次，分别在早晨、中午和傍晚进行。在青绿饲料不足的季节每天以喂饲配合饲料为主（彩图 56、彩图 57）。

（4）减少惊群：围圈放养的鸡容易受惊吓，要密切注意减少引起惊吓的因素出现。

十、生态养鸡的卫生防疫管理

卫生防疫管理是生态养鸡中的关键环节。因为，忽视卫生防疫管理容易导致鸡群发生疾病。疾病的发生对于生态养鸡来说带来的问题会很多：首先，鸡群发生疾病后会造成部分鸡死亡，治疗疾病需要花费较多资金购买药物，花费较多人力和时间使用药物，疫病发生后会使养殖场地在今后相当长的时期内存在疫病风险，直接的经济损失很大；其次，鸡群发病后，没有死亡的个体其生产性能（生长速度、产蛋量、饲料效率）在较长一段时期内会显著降低，间接的经济损失也很大；第三，鸡群发病后，病原体可能会污染鸡肉和蛋，如果使用药物治疗则可能造成药物在鸡肉和蛋中的残留，直接导致肉和蛋的质量安全问题，影响消费者健康。因此，做好卫生防疫管理，防止疾病尤其是传染病的发生是提高生态养鸡生产水平和产品质量的关键环节。在生态放养鸡的管理上要注意收购病死鸡的人员和车辆，绝对不能靠近放养区域，这是非常重要的疫病传播媒介。

生态养鸡的卫生防疫管理是一项系统工程，关键是建立生物安全体系，这个体系包含多个方面，包括场地、设施、环境、饲料、种源、卫生防疫、病死鸡无害化处理等，每个方面都要关注，忽视任何环节都会使其他环节的效果打折扣。

（一）要制定严格的卫生防疫制度并认真落实

卫生防疫制度是养鸡场卫生防疫工作的依据，没有卫生防疫制度则卫生防疫工作无所适从，卫生防疫制度不健全会导致生产中出现某些环节的失误，卫生防疫制度不合理则可能费力费钱且达不到应有效果，有了卫生防疫制度而不严格执行等于没有卫生防疫制度。因此，对于一个养鸡场不仅要有科学、健全的卫生防疫制度，而且在日常工作中必须严格执行。下面是几个养殖场制订的卫生防疫制度，以供参考。

参考材料一：开阳县瑞隆养殖有限公司卫生防疫制度（注：经过适当修改）

1. 非生产区工作人员及车辆严禁进入生产区，确有需要者必须经场长或主管兽医批准，并经严格消毒后，在场内人员陪同下方可进入，只可在指定范围内活动。

2. 生活区防疫制度

（1）生活区大门应设消毒门岗，全场员工及外来人员入场时，均应通过消毒门岗，消毒池每周更换两次消毒液。

（2）每两周对生活区及其环境进行一次大清洁、消毒、灭鼠、灭蚊蝇。

（3）任何人不得从场外购买鸡肉及其加工制品入场，场内职工及其家属不得在场内饲养各种家禽和观赏鸟。

（4）饲养员要在场内宿舍居住，不得随便外出；场内技术人员不得到场外出诊；不得去屠宰场、其他鸡场或屠宰户、养鸡户场（家）逗留。

（5）员工休假回场或新招员工要在生活区隔离2天后方可进入生产区工作。

（6）搞好场内卫生及环境绿化工作。

3. 车辆卫生防疫制度

（1）运输饲料进入生产区的车辆要彻底消毒。

（2）运鸡车辆出入生产区、隔离舍要彻底消毒。

（3）上述车辆司机不许离开驾驶室与场内人员接触，随车装卸工要同生产区人员一样更衣换鞋消毒。

4. 购销鸡防疫制度

（1）从外地购入鸡，须经过检疫，并在场内隔离舍饲养观察40天，确认无病健康经消毒后方可进入生产舍。

（2）出售鸡时，须经兽医临床检查，无病的方可出场。

（3）生产线工作人员出入隔离舍、售鸡室时要严格更衣、换鞋、消毒，不得与外人接触。

5. 疫苗保存及使用制度

（1）各种疫苗要按要求进行保存，凡是过期、变质、失效的疫苗一律禁止使用。

（2）免疫接种必须严格按照公司制订的《免疫程序》进行。

（3）免疫注射时，尽量不打飞针，严格按操作要求进行。

（4）做好免疫计划、免疫记录。

6. 饲养员工必须经更衣室更衣、换鞋，脚踏消毒池、手在消毒盆浸过后方可进入生产线。消毒池每周更换2次消毒液，更衣室紫外线灯保持全天候打开状态。生产区每栋鸡舍门口设消毒池、消毒盆，并定期更换消毒液，保持有效浓度。

7. 不允许购买鸡蛋或肉鸡的人员及车辆未经消毒进入办公生活区，更不允许进入生产区。

8. 制定完善的鸡舍、鸡体消毒制度（详见消毒制度）。

9. 杜绝使用发霉变质饲料。

10. 对常见病做好药物预防工作（详见药物预防制度）。

11. 做好员工的卫生防疫培训工作。

参考材料二：鸡病专业网提供的某蛋鸡场卫生防疫制度

1. 生活区的卫生防疫制度

（1）未经场长允许，非本场员工不能进入鸡场。允许进入的人员必须经过消毒走廊进入。收购鸡蛋和淘汰鸡或肉鸡的车辆不能进入生活区。

（2）任何人不得携带禽类及其产品进场。

（3）保卫负责每两天更换大门口消毒池里的消毒水。

（4）生活区公共区域每天由杂工清扫，各宿舍自觉保持整洁卫生。

（5）财务室每天由会计负责打扫卫生，并定期进行灭蚊蝇工作。

2. 生产区的卫生防疫制度

（1）非本场员工未经允许不得进入生产区。

（2）谢绝参观。有必要参观的人员，经场长同意后，在消毒室更换参观服、帽、鞋，经消毒池方可进入。参观服等由仓管负责清洗消毒并保管。

（3）饲养员进入鸡舍必须更换工作服、帽、水鞋，经门口消毒池方可进入。每天工作结束后，各自工作服必须清洗干净。

（4）生产区内各主要通道必须保持整洁卫生，各舍注意防止鸡粪水流入主干路上，每月使用2%的氢氧化钠溶液进行消毒1~2次。

（5）仓管负责每日清扫集蛋室，保持集蛋室的整洁卫生。

3. 鸡舍内外的卫生消毒

（1）保持鸡舍整洁干净，工具、饲料等堆放整齐。水箱、过滤杯、板车要每天清洗干净。

（2）每日上午上班时需第一时间更换门口消毒池的消毒水（消毒水必须使用2%的氢氧化钠溶液），人员进入及离开本舍区时，必须脚踏消毒池。

（3）每周逢星期三、星期五进行鸡舍内带鸡消毒，带鸡消毒时要按规定稀释和使用消毒剂，确保消毒的效果。

（4）每周对鸡舍周围环境喷洒消毒一次，规定使用2%的氢氧化钠溶液喷洒，并对鸡舍内外大扫除。

（5）鸡粪要按规定堆放在指定的鸡粪池，定期施撒生石灰消毒鸡粪池。

4. 饮水系统的卫生消毒

（1）每隔3个月彻底清洗鸡场的大水池一次，并加入次氯酸钠消毒。

（2）每月25日用冰醋酸溶液清洁消毒一次饮水箱、饮水管和乳头等。

（3）每个鸡群使用饮水器前要用消毒水消毒，并用清水冲洗干净。

5. 育雏舍清洗和消毒工作

（1）清除鸡粪，用氢氧化钠溶液喷洒鸡舍地面进行第一次消毒。

（2）水枪冲洗鸡舍和鸡粪板，同时将清洗干净的鸡粪板在水池中用常规消毒水浸泡消毒。

（3）清洗鸡舍的料槽、饮水器等育雏设备，并将这些育雏设备放入鸡舍中。

（4）冲洗饮水管，并用冰醋酸溶液浸泡消毒水管24小时，消毒完后再用清水冲洗干净。

（5）清扫干净鸡舍周围环境中的各种垃圾、杂物、杂草和水沟。

（6）进雏前三天按2∶1的比例用福尔马林和高锰酸钾密闭熏蒸消毒，24~48小时后开门窗通风。

（7）进鸡苗前一天，用常规消毒水最后一次对鸡舍喷雾消毒，同时用2%的氢氧化钠溶液喷洒消毒鸡舍周围环境。

6. 产蛋舍清洗和消毒工作

（1）清除鸡粪。

（2）用高压水枪冲洗鸡舍及鸡舍设备。

（3）用25%的石灰乳消毒鸡舍地面和墙壁。

（4）冲洗饮水水管，并用冰醋酸溶液浸泡消毒水管24小时，消毒完后再用清水冲洗干净。

（5）用过氧乙酸消毒液密闭喷洒消毒鸡舍。

（6）鸡舍进鸡前一天用常规消毒水进行喷洒消毒，同时用2%的氢氧化钠溶液喷洒消毒鸡舍周围环境。

7. 淘汰鸡销售

（1）淘汰鸡由场内车辆运至大门外销售，外来车辆绝对禁止进场。

（2）销售完毕，车辆、卖鸡场地要及时进行清洗和消毒。

8. 鸡群免疫接种

（1）各批次鸡群要建立从进苗到淘汰的生产日报表，以监控鸡群的生长健康状况。

（2）各批次鸡群要严格按照制定的《××蛋鸡场鸡群免疫程序》及时进行免疫接种，免疫接种过程必须由专职技术人员稀释药液和监督，并做好免疫接种登记。

（3）免疫接种的操作员必须经过严格培训和考核方可操作。

（4）各批次鸡群要按计划进行免疫抗体检测，抗体检测不合格的鸡群要及时补做。

9. 药房管理

（1）药房管理工作由专职技术人员负责，做好药物的进出、使用登记。

（2）要根据药物特性妥善储存，防止药物在储存过程中降低效价。

（3）保持药房的清洁卫生。

（4）每月月底做好下月药物的采购计划。

参考资料三：农村经济开发杂志刊登王守成的文章

1. 鸡场谢绝参观，非生产人员不得进入生产区。本场的生产人员和工作人员进入生产区，要在消毒室脱去内、外衣，洗澡消毒后，更换消毒衣裤和鞋帽，经消毒池消毒后方可进入。

2. 消毒池内的消毒液要及时更换，保持经常有效。冬季可放些盐防止结冰。

3. 饲养人员要坚守岗位，不得串栋，按规定的日工作程序进行工作。器具及所有设备必须固定在本栋使用，不得相互借用。

4. 工作服、鞋、帽绝不准穿出生产区，用后洗净，并用 28 毫升/米^3（有葡萄球菌病用 42 毫升/米^3）福尔马林溶液进行熏蒸消毒。

5. 鸡场工作人员的家庭内，绝对禁止养鸡、鸟等禽类，所需食用蛋、鸡由场内提供。

6. 鸡舍内、外每日清扫一次，每周消毒一次（包括所有用具）。育雏期内食槽、饮水系统每天消毒一次。雏鸡在饲养的前 3 周，每周用次氯酸钠或过氧乙酸溶液带鸡消毒 1~2 次。

7. 鸡舍要按时通风换气，保持空气新鲜，光照强度、湿度和温度要适宜。

8. 要坚持"全进全出"饲养制，在一栋舍内不得饲养不同日龄的鸡。进雏的数目必须根据育雏室的面积合理安排，不得超过规定密度。

9. 育雏室、鸡舍进鸡前必须认真消毒。首先清除粪便，然后用高压水枪将地面、墙壁、屋顶、笼网彻底冲洗干净。经检查无残渣，再用过氧乙酸、次氧酸钠或2%的氢氧化钠溶液喷洒，最后用 28 毫升/米^3 的福尔马林熏蒸或用火焰消毒。封闭7~15 天，开封后立即进雏，严防再污染。

10. 加强饲养管理，要根据生长和生产的需要供给全价饲料。切勿喂发霉变质饲料。

11. 经常观察鸡群的健康状况，做好疫病的监测、疫苗的接种及药物的防治工作。

12. 种鸡场的孵化厅只对生产场提供雏鸡、种蛋，雏鸡的用具（蛋盘、雏箱等）不得逆转。

13. 种鸡场每年必须有计划地进行疾病的检疫净化工作，逐步增养无特定病原的种鸡群。

14. 种鸡产蛋箱底网要保持清洁，不定期用消毒药液刷拭、清洗，防止污染种蛋。污染的种蛋一律不准送入孵化厅。

15. 种蛋应按栋分别贮存、孵化、育雏，并注明母源抗体效价。

（二）不同类型疾病的预防措施

1. 传染病的预防

（1）传染病发生的三个环节：传染病的发生有三个环节，即病原体、传播媒介和易感动物。

1）病原体是指各种致病微生物（如鸡新城疫病毒、马立克病毒、传染性喉气管炎病毒、禽流感病毒、大肠杆菌、沙门杆菌、巴氏杆菌、霉菌、支原体等），它们是引起传染病的根源，如果环境中没有病原体的存在，鸡就不会发生传染病；如果环境中病原体的数量很少，鸡发生传染病的概率也会大大减少。

2）传播媒介是指病原体进入鸡生活的环境或进入鸡体内所依附的物质（或物体），包括粉尘、飞沫、饲料、饮水、动物、人、车辆、工具、用品等。传播媒介在传染病发生过程中所起的作用主要是把病原体从其所在的地方带到鸡体附近或鸡的身上。如果能够控制好传播媒介，病原体接触鸡体的机会就大大减少，鸡的发病概率就显著下降。在生产实践中，做好隔离、杜绝外来人员、车辆、动物进入生产区或鸡舍，对必须进入生产区或鸡舍的人或物进行全面消毒，都可减少传播媒介把外部病原体带入生产区或鸡舍。做好鸡舍通风、消毒和卫生则可降低环境中粉尘、飞沫的浓度，进而降低微生物的浓度。

3）易感动物是指对某种病原体缺乏抵抗力的畜禽。鸡成为易感动物，主要是由于其自身健康状态不佳，其次是体内对该种病原体具有抵抗作用的特殊抗体含量太低或缺乏。由于应激、营养缺乏、环境条件不适而导致呈现亚健康状态的鸡群就是常见的易感鸡群。

（2）消除环境中的病原体：是从传染病发生的源头进行控制的。加强消毒管理是消除环境中病原体的主要措施。消毒的作用是杀灭消毒物体表面的病原体。只要消毒药能够接触到的物体表面，其表面病原体就能够被杀灭。像在养鸡生产过程中对地面、笼具、粪便、饮水和人员进行消毒，目的就在于把附着在这些物体或人体表面的病原体杀灭，使其失去感染鸡的活性。

不在被污染的地方养鸡，养鸡过程中不使用被污染的水源也是减少环境中病原体的重要措施。

对养殖过程中产生的粪便、污水、使用过的垫料要在指定地点进行无害化处理。这些污物中病原体含量多，进行无害化处理是降低养殖环境中病原体数量的重要措施。

（3）减少病原体进入鸡群的生活空间：一是要与污染源保持足够的距离，要远离村庄、学校、集市、屠宰场、工厂、交通干线，减少病原体进入养殖场地。二是避免传播媒介把外部病原体带入鸡场或鸡舍，采取措施，避免各种外来动物进入养殖场地，避免它们进入鸡舍；谢绝无关人员进入养殖场地，所有进入养殖场地的人员和车辆必须先经过消毒后才能进入；消灭蚊、蝇；对进入养殖场地的各种物品表面进行消毒处理。

（4）提高鸡群的抗病力：使鸡群保持良好的体质，具备良好的抗病力是减少疾病的关键。

首先，要为鸡群的特定免疫力提高做前期工作，这主要是进行科学的免疫接种。针对不同日龄、不同季节疫病的流行特点，通过疫苗接种使鸡体内产生特异性的抗体，当鸡体内抗体滴度达到一定水平的时候，一旦有外源性病原体侵入鸡体内，就能够被特异性的抗体结合而失去致病力。在养鸡生产实践中定期对鸡群进行疫苗接种的目的就在于此。

其次，要保证鸡群各种营养素供应充足。饲料营养完善首先能够保证鸡群不出现营养缺乏症，另外，许多营养素（如大多数维生素、微量元素、蛋白质等）与鸡体的健康有直接关系，当这些或这种营养素缺乏时鸡体的抵抗力会降低，接种疫苗后抗体产生的量不足。

再次，要为鸡群提供一个适宜的环境条件。环境条件不适宜、不稳定容易引起鸡体的抵抗力下降。如每年秋末冬初气温变化大，就容易引起呼吸系统疾病的发生；夏季温度高湿度大，容易发生大肠杆菌病和霉菌性疾病。

最后，减少鸡群应激现象的发生。应激能够降低鸡群的抗病力，严重的会引起死亡。造成应激的因素有很多，如温度的突然变化，鸡群受到惊吓，饲养密度过高，鸡舍内空气污浊，改变喂料时间或突然更换饲料，缺少饮水，更换饲养员等。

2. 寄生虫病的预防　生态养鸡中鸡群经常在地面活动，高温高湿季节既是野生饲料丰富，鸡群放养的良好时期，也是寄生虫滋生的季节，放养鸡群容易发生肠道寄生虫和住白细胞原虫病，体表寄生虫肠道发生相对较少。

寄生虫病的感染途径包括通过消化道感染（如鸡食入含球虫卵囊、蛔虫卵等的饲料、泥土、脏水等，包括鸡食入包含不同发育阶段寄生虫的中间宿主），吸血昆虫传播（如住白细胞原虫病即是通过库蠓等传播的）等。

预防寄生虫病的主要措施包括：防止饲料和饮水被寄生虫（卵）感染，对鸡群活动多的地面定期进行消毒，消灭蚊子、库蠓等吸血昆虫，预防性使用抗寄生虫药物，对病死鸡和粪便进行无害化处理。

3. 营养代谢病的预防　鸡的营养代谢病具有共同的特点：一是发病慢，病程较长，从病因的存在到鸡表现临床症状，一般需要数周或数月。病鸡大多有生长发育缓慢或停滞、贫血、消化和生殖机能紊乱等临床症状。二是多为群发性，由于鸡群长期或严重缺乏某些营养物质，故发病率高，群发特点明显；但这种病在鸡群之间不发生接触性传染，与传染病有明显的区别。三是早期诊断困难，当发现鸡群有症状表现后，已造成生产性能降低或免疫功能下降，容易继发或并发其他疾病，治疗时间也相应延长。

鸡营养代谢病的发生原因很多，主要有：营养物质摄入不足或日粮供给不足，缺乏某些（或某种）维生素、矿物质微量元素、蛋白质等营养物质；鸡因食欲引起的营养物质摄入不足。在应激状态或寄生虫病和慢性传染病等情况下，胃肠道机能异常而影响消化吸收，都可引起营养代谢病。营养物质的平衡失调，如钙、磷、镁的吸收，需要维生素 D；磷过少或过多，则钙吸收率下降；日粮中钙多，影响铜、锰、锌、镁的吸收和利用。饲料、饲养方式和环境改变会影响鸡的营养需要量。为了控制雏鸡球虫病或某些传染病，日粮中长期添加抗生素或其他药物，影响肠道微生物合成某些维生素、氨基酸等。其他如饲料霉变、贮存时间过长造成饲料中营养素的破坏等也是常见原因。

营养代谢病的预防措施主要是根据发病的原因，采取相应措施，尤其是保证饲料中各种营养物质充足、比例恰当，保证饲料（包括原料）的新鲜。

4. 中毒性疾病的预防　鸡的中毒性疾病主要有药物中毒（使用药物的量过大、药物混合不均匀、重复用药、用药时间过长等造成）、农药或杀虫剂中毒（鸡只采食了喷洒过农药的青草、草籽，饲料原料贮存过程中与农药或杀虫剂接触，误食拌有毒鼠药的毒饵，用杀虫剂杀灭体表寄生虫时用药不当等造成）、一氧化碳中毒（低温季节或育雏期为了保温而在室内使用火炉加热又不注意通风造成）、饲料问题引起的中毒（饲料中的毒素如棉酚、硫葡萄糖苷、黄曲霉毒素、食盐等含量过高造成）等。

预防措施也主要从不同类型中毒病的原因预防做起。

（三）做好鸡群的检疫净化工作

1. 种鸡群的净化 如果是自己繁育种鸡，需要对鸡白痢进行净化，因为鸡感染鸡白痢后在10周龄以后症状不明显，治疗只能消除临床症状，但是鸡体会长期带菌，不仅严重影响鸡自身的生产能力，而且会威胁整个鸡群的健康，同时带菌鸡所产蛋孵化后有相当一部分雏鸡会先天感染鸡白痢。因此要对种鸡进行白痢净化，以保证以后鸡群的健康。

种鸡白痢的净化一般分两个阶段进行：雏鸡时期和初产阶段。雏鸡阶段凡是有白痢症状的个体坚决淘汰；鸡群产蛋率达到10%左右时使用平板凝集实验方法进行测定，产蛋率达到50%的时候再检测一次，凡是凝集实验呈阳性的个体要淘汰。

如果从其他种鸡场引种，也应要求供种场提供鸡淋巴白血病和鸡白痢净化的效果。

2. 鸡白痢净化方法

（1）试剂：鸡白痢多价染色平板抗原、强阳性血清（500国际单位/毫升）、弱阳性血清（10国际单位/毫升）、阴性血清。

（2）用品：玻璃板、吸管、金属丝环（内径7.5～8.0毫米）、反应盒、酒精灯、针头（或竹牙签）、消毒盘和酒精棉等。

（3）操作方法：在20～25℃环境条件下，用定量滴管或吸管吸取抗原，垂直滴于玻璃板上1滴（相当于0.05毫升），然后用针头（或牙签）刺破鸡的翅静脉或冠尖取血0.05毫升（相当于内径7.5～8.0毫米金属丝环的两满环血液），与抗原充分混合均匀，并使其散开至直径为2厘米，不断摇动玻璃板，计时判定结果，同时设强阳性血清、弱阳性血清、阴性血清对照。（注：针头或牙签每只鸡更换一个，不能混用）

（4）结果判定：凝集反应判定标准如下。

100%凝集（#）：紫色凝集块大而明显，混合液稍混浊。

75%凝集（+++）：紫色凝集块较明显，但混合液有轻度混浊。

50%凝集（++）：出现明显的紫色凝集颗粒，但混合液较为混浊。

25%凝集（+）：仅出现少量的细小颗粒，而混合液混浊。

0%凝集（−）：无凝集颗粒出现，混合液混浊。

在2分钟内，抗原与强阳性血清呈100%凝集（#），弱阳性血清应呈50%凝集（++），阴性血清不凝集（−），判实验有效。

在2分钟内，被检全血与抗原出现50%（++）以上凝集者为阳性，不发生凝集者为阴性，介于两者之间为可疑反应，将可疑鸡隔离饲养1个月后，再做检疫，若仍为可疑反应，按阳性反应判定。

3. 做好引进鸡群的检疫工作　从其他鸡场或孵化场引进雏鸡或日龄比较大的鸡是一个养鸡场经营中的常见工作。但是，在以往的养鸡生产实践中出现了很多引进雏鸡或大日龄鸡的同时也把传染病带回来的教训，使一个原本安全的养鸡场变成了一个受到病原体污染的鸡场。可见，引进鸡的时候做好检疫工作的重要性。

引进鸡的时候要做的检疫工作主要是检测目前常见的危害比较大的传染病。一般可以委托当地县级动物检疫部门进行检疫。

（四）搞好消毒管理

消毒在预防传染病方面具有重要意义，合理的消毒能够有效杀灭环境中的病原体。但是在考虑如何进行有效的消毒时，还要考虑多方面的情况。

1. 合理选择消毒药物　对于消毒药物的选择，一般应符合下列要求：药效高、毒性小、刺激性和腐蚀性低，价格适中，使用方便。选择消毒药物时要慎重，有些产品的质量不可靠，有的消毒剂有效成分含量非常低，使用后基本没有效果。必要时可以做消毒效果测定。

常用的消毒药物：

（1）甲醛溶液：也称福尔马林，含甲醛 36%～40%，甲醛能使蛋白质变性，有强大的杀菌力和刺激作用，4% 的溶液用于鸡舍、用具消毒。甲醛蒸气可用于熏蒸消毒，消毒鸡舍，每立方米甲醛 30 毫升，高锰酸钾 15 克。

（2）氢氧化钠：也称烧碱、火碱。对细菌、芽孢、病毒均有很强的杀灭作用。用于鸡舍地面、道路、用具及运输车辆消毒。用时配成 2%～3% 的热溶液进行地面和墙壁下部泼洒或用于消毒池。有腐蚀性，用时注意保护，如戴眼罩，穿胶鞋，戴乳胶手套。不可用于铝制品、棉毛织物的消毒。

（3）生石灰：生石灰与水生成氢氧化钙而具有杀菌作用。生石灰加水制成 10%～20% 的乳剂用于鸡舍墙壁、运动场地面或排泄物的消毒。该消毒液不能久存，必须现用现配。

（4）次氯酸钠：是一种广谱高效消毒药，可广泛应用于人畜医疗卫生防疫，如饮用水消毒、疫源地消毒、污水处理、畜禽养殖场消毒。尤其适合于中型以上养鸡场的常规防疫，带鸡消毒，鸡舍、孵化厅及笼体器具的消毒。次氯酸钠溶液在 30～50 毫克/升时，对金黄色葡萄球菌、大肠杆菌、鸡白痢沙门杆菌有99.99% 以上的杀灭作用。

（5）漂白粉：漂白粉加水后释放出次氯酸，次氯酸不稳定，分解为活性氯和初生态氧，而呈现杀菌作用。对细菌繁殖体、芽孢、病毒和真菌均有杀灭作用。用于鸡舍地面、排泄物消毒，用时配置成5%的漂白粉液，不能用于金属用具消毒。

（6）碘酊：本品中所含的碘具有强大的杀菌作用，可以杀灭细菌、真菌、病毒。常用2%~5%的碘酊溶液用于注射部位及伤口周围皮肤的消毒。

（7）百毒杀：本品是一种双链季铵盐消毒剂（属于一类消毒剂，百毒杀是其中一种），能迅速渗入细胞膜，改变细胞膜的通透性，具有强大的杀菌作用。可用于饮水、内外环境、用具、种蛋、孵化器等消毒，可带鸡消毒。饮水消毒每升水中加本品50~100毫克，带鸡消毒每升水中加本品300毫克。目前，这类消毒剂的种类和名称很多。

（8）过氧乙酸：本品为强氧化剂，对细菌、芽孢和真菌均有很强的杀灭作用。0.1%~0.5%的溶液用于禽体、鸡舍地面、用具消毒；也可用于密闭鸡舍、孵化器和种蛋的熏蒸消毒，每立方米空间用1~2克。

（9）新洁尔灭（苯扎溴铵）：本品为阳离子表面活性剂，只杀灭一般细菌繁殖体，不能杀灭芽孢。无刺激性和腐蚀性，毒性低。0.1%的溶液用于消毒皮肤、黏膜、创伤、手术器械及禽蛋。禽舍消毒使用0.15%~2%的溶液。

（10）高锰酸钾：本品为强氧化剂，与组织有机物接触后，释放出初生态的氧，呈现杀菌作用。常用0.1%~0.5%的溶液用于消毒皮肤、黏膜和创伤。本品溶液需现用现配。

（11）乙醇：本品能使菌体蛋白脱水凝固而产生杀菌作用，但对芽孢无效。常用75%的乙醇消毒皮肤（注射部位、术野、伤口周围皮肤）、浸泡器械。

2. 消毒对象　在鸡场内的消毒对象包括：鸡舍内的地面、墙壁、设备、用具，鸡体，鸡舍外的窗户周围、地窗周围、场区道路、粪便堆积场、污水沟、鸡舍之间的空地、运动场，生产过程中使用的车辆、用具、饲料袋的表面、工作服（包括鞋子），进入养殖场地的各类人员等。

3. 鸡场内常用的消毒方法

（1）暴晒：将需要消毒的物品放在太阳下暴晒，阳光中的紫外线可以杀灭物品上的病原体。太阳暴晒只能对表面和浅层进行消毒，对深层起不到消毒作用。如垫料晾晒就需要摊得薄一些。

（2）高温：把小的器械、用品放在锅（包括高压锅）内蒸煮，用火焰消毒器对地面、墙壁、金属物品进行灼烧，能够使病原体被杀死。粪便堆积发酵、污水进行沼气化处理也是利用有益微生物发酵产热杀死病原体的。

（3）冲洗：使用高压水泵冲洗地面、墙壁、笼具等用品，可以把附着在这些物体表面的有机物及病原体冲走。

（4）喷雾消毒：使用喷雾器把消毒药水以微小的雾粒喷洒到墙壁、地面、设备上面，水雾还可以在空中悬浮，消毒药接触到这些物体表面后就能够将其表面的病原体杀灭。

（5）熏蒸消毒：主要用于空鸡舍的消毒，在密闭的空间内通过加热使消毒药物挥发成气体，药物气体在空间内可以到达各个地方，能够进行充分的消毒。

（6）浸泡消毒：把消毒药物放在特定的容器内（消毒池、洗手盆等），把需要消毒的物体（种蛋、车轮、器械、手脚等）放在容器内浸泡一定时间以杀灭物体表面的病原体。

（7）泼洒：把配制好的消毒药水直接泼洒到地面、道路、运动场、病死鸡身上。

（8）紫外线照射：用紫外线灯照射物体，杀死物体表面的病原体。

4. 如何提高消毒效果　有很多因素会影响消毒效果，在消毒工作中必须予以注意。一是选择敏感、高效消毒剂；二是稀释浓度要准确；三是药液使用量要足够；四是舍内尘埃、粪尿等有机物要尽可能清除干净；五是消毒药液要与消毒面保持足够的接触时间；六是适当提高消毒时的鸡舍环境温度和消毒液温度；七是尽可能使用软水稀释消毒药。

5. 消毒管理方案介绍 鸡病专业网介绍的养鸡场消毒管理措施，可以在生产中参考。

（1）空舍消毒：如果上批鸡感染了病毒或细菌，无论发病与否，舍内都会残留病原体污染环境，如果不彻底消灭这些病原体，很容易导致下批鸡感染。鸡体产生抗体之前感染病毒，即使免疫程序合理，疫苗质量较好，接种方法正确，也会导致免疫失败，使鸡群发病。鸡舍残留病毒种类数量越多，鸡群的发病率就越高，病情就越严重。只有空舍消毒工作做好了，使每批鸡都有一个清洁的开端，才能杜绝各种疾病的循环传播。

鸡群淘汰后鸡舍和放养场地要尽快清理，为保证消毒效果打下良好的基础，为鸡舍熏蒸消毒留有充足的时间，出栏后3天内清理、清洗干净，不留死角，室外场地要打扫。能移动的设备全部移至舍外，尤其是网铺，用含氯消毒液进行浸泡和刷洗。

对饲养间及工作间彻底清扫、清理，要将杂物及粪便彻底清理出鸡舍，尤其是对工作间，要达到看不到杂物、污物，摸不到灰尘的标准。

对不易清洗的网架烟道要用去污力强的消毒剂认真刷、擦、刮、扫，因为有机物的存留将严重影响消毒效果。

水泥地面要用高压水泵冲洗，冲洗时同样要用去污力较强的消毒剂。

对鸡舍的清扫、清洗、烧烤都要自上而下进行，尽量避免清洁后的再污染，这一步骤将决定首次消毒的效果。

清理、清洗完毕后，饲养间、工作间墙壁、地面及舍外5米之内地面用3%的氢氧化钠溶液喷洒消毒，用量为1~2升/米^2。

注意事项：氢氧化钠具有很强的腐蚀性和刺激性，要避免造成设备的损坏和人员伤害。用氢氧化钠消毒时，墙壁、地面必须干燥，如果不干燥就进行消毒，消毒液会被残留液体稀释或中和，从而影响消毒效果。

清洗和消毒后，将网铺搬到舍内铺好，并把开食盘、料桶、饮水器及日常使用设备一并放到舍内。把窗户封闭好，于进雏前4~5天熏蒸消毒。一是用液体甲醛和高锰酸钾熏蒸消毒，用量为每立方米 40 毫升甲醛、20 克高锰酸钾；二是用液体甲醛喷雾，1 千克甲醛兑水 9 千克，用量为每立方米 18 毫升甲醛原液。

进雏当天，用刺激性较小的季铵碘消毒剂喷雾消毒。

空舍消毒期间不得有动物进入鸡舍，尤其是要避免小区内人员窜舍。

上批鸡发生过新城疫、传染性支气管炎、禽流感的鸡舍要做两次熏蒸消毒，第一次熏蒸消毒于清舍后立即进行，第二次于进雏前4~5天进行。

（2）饮水消毒：饮水消毒的目的是净化水质，杀死水中的微生物。由于养鸡用水基本都是浅表水，大多数鸡场内井水中细菌都严重超标。尤其是水箱、水线、饮水器不及时清理清洗的，终端致病菌的数量更是不计其数。鸡饮后发病，用药后虽然有效，但由于致病菌源源不断侵入机体，停药后易复发，反反复复久治不愈，造成养殖户的经济损失。

水箱、水线每周至少清理 1~2 次，用抹布蘸消毒药擦洗箱壁及箱底，放出污水再冲洗一次。水线清理用 10 号铁线拴上蘸消毒药的布条，在水管内来回抽拉就可以将水管内壁的黏附物擦掉（目前有专门的水线清刷设备）。饮水器每日洗刷两次。水质消毒药用好易洁消毒剂，接种疫苗时停用 3 天（前 1 天、当天、后 1 天）。25 日龄以后连用 2 天，停用 1 天。

（3）环境消毒：在整个饲养期间内，工作间墙壁、地面、鸡舍周围每周消毒1~2次。尤其是人员出入鸡舍的必经之路，每天要用3%的氢氧化钠溶液喷洒消毒一次。鸡粪每天清理1~2次。清除鸡舍周围的杂草、杂物，因为杂草、杂物可使昆虫等活的传播媒介数量增多，散养家禽可造成交叉感染，对舍内鸡群健康构成了极大的威胁。放养鸡每次出栏或淘汰后要将场地翻耕1次，将地表的鸡粪翻到地下。

（4）带鸡消毒：带鸡消毒可除尘、增湿、消灭病原体，尤其是电动喷雾器，雾滴直径小于10微米，可在空中停留15~20分钟，能够杀灭空气中的病原微生物，而且雾滴借助呼吸可达鸡呼吸道深部进行消毒，从而切断了经呼吸道传播疾病的途径。消毒剂要选用刺激小、杀菌力强的种类。

注意事项：1周龄内的雏鸡不宜带鸡消毒；活苗接种的前后1天和当天禁止带鸡消毒。中午气温较高时消毒效果较好；消毒液温度以30~40℃为宜；每次用量为配制好的消毒剂50~100毫升/米³。消毒的顺序是天棚、墙壁、网铺、地面，不留死角。

（5）脚消毒：很多疾病是由鸡舍人员的鞋带入的。多年的肉鸡饲养实践证明，做好入舍人员的鞋消毒对预防肉鸡传染病效果非常明显。

要求：门口设鞋消毒槽，冬季用生石灰，其他季节用3%的氢氧化钠溶液；消毒槽内放消毒垫比较，海绵、麻袋片、饲料袋等均可；每天更换或添加1~2次消毒液；门口设消毒槽要持之以恒，长期使用，要改变消毒槽只给服务人员使用的错误做法。

（6）车辆消毒：拉雏车、拉料车、毛鸡车、清粪车是传染病的主要传播媒介，因此要对接近鸡舍的这些车辆用3%~5%的过氧乙酸消毒，重点是轮胎的消毒，车辆离开后，立即用3%的氢氧化钠溶液喷洒轮胎所接触的地面，用量为1~2升/米²。

（7）粪便消毒：鸡粪中存有大量的病原体，且鸡粪中的营养物质非常适合病原微生物存活。鸡粪中病原微生物可附着在灰尘颗粒上随风刮入鸡舍，也可经人员、器具等传入鸡舍，造成鸡只感染发病。因此鸡舍周围的鸡粪是鸡群生物安全的最大隐患。目前鸡粪无害化处理最好的方法就是生物热消毒，利用鸡粪自然发酵产生的热来杀灭病毒、寄生虫卵及无芽孢细菌等。

1）发酵池法：在距 2 000 只鸡的鸡舍 30 米以外的下风向处挖一个 7 立方米的发酵池，将每天清除的粪便倒入发酵池内，堆积要疏松，上盖塑料布，出栏后运走。如果鸡群患传染病，则粪便要彻底发酵。

2）堆积法：不具备挖池的鸡舍，鸡粪应该及时运走，远离鸡舍做堆积发酵处理。

（五）合理进行免疫接种

接种疫苗是提高鸡体抵抗传染病的主要途径，也是当前生态养鸡生产中重要的卫生防疫措施。目前，大多数病毒性传染病和部分细菌性传染病可以通过接种疫苗进行预防。

1. 疫苗接种方法　在生态养鸡过程中常用的疫苗接种方法有以下几种。

（1）滴鼻、滴眼免疫法：这是使疫苗从呼吸道或眼眶进入体内的方法。鸡新城疫、传染性支气管炎、法氏囊病等很多弱毒苗均可采用此种接种方法。雏鸡应用此方法可避免疫苗被母源抗体中和，此法逐只接种，确实可靠，是较好的接种方法。

具体操作是：先将疫苗溶于稀释液或灭菌生理盐水中；使用标准滴管（有的疫苗瓶带有滴嘴），将一滴溶液自 0.5 厘米高处，垂直滴进雏鸡眼睛或一侧鼻孔（用手按住另一侧鼻孔）。使用滴鼻、滴眼免疫法时，应确定疫苗溶液被吸入才能够放鸡。

（2）浸喙法：可以用于各种弱毒活疫苗的接种。方法是按照疫苗使用说明书进行稀释，稀释后的疫苗盛放在小碗内，把需要免疫的雏鸡用手抓住后，将其喙部浸入疫苗中（疫苗水要淹没雏鸡的鼻孔），当雏鸡鼻孔处冒出气泡后将雏鸡放下。这种方法操作比较快，而且效果更可靠。

（3）气雾免疫法：用专门的气雾枪或气雾器操作，使疫苗在高压下雾化成微粒，均匀地浮游于空气中，随鸡的呼吸进入体内，达到免疫的效果。此方法省时省力，适用于群体免疫，特别是某些对呼吸道有亲嗜性的疫苗，如鸡新城疫、传染性支气管炎等免疫效果较好。

注意事项：疫苗必须溶解于清凉而不含铁或氯的清水中，并在水中打开瓶盖。水的用量参见有关疫苗使用说明书；喷雾免疫前，关闭门窗和通风设备，气雾喷嘴朝上，将疫苗溶液均匀地喷向鸡群的头顶部，喷洒距离为 30~40 厘米，操作结束后约经 20分钟打开门窗或风扇；最好在夜间免疫，如果白天进行则需要关上窗帘使舍内处于昏暗状态，昏暗条件下进行气雾免疫有助于保持鸡群的安静；当鸡群有潜在的慢性呼吸道疾病时不能使用，以免激发该病。散养鸡群最好在晚上鸡群回到鸡舍后，关掉灯泡并把鸡群相对集中在鸡舍内的某些区域，再进行气雾免疫。有的孵化场在雏鸡装盒后用气雾法接种新支二联苗。

（4）饮水免疫法：对于大群鸡较适用，此方法方便省力，还可避免因抓鸡而造成的应激。但易造成免疫剂量不均一，免疫水平参差不齐，此外，饮水免疫法产生的免疫力较小，往往不能抵抗较强毒力毒株的侵袭。

具体操作方法及注意事项：配制疫苗（弱毒活疫苗）的水中不能含氯及其他消毒剂，特别是一些金属离子如铁、铜、锌等，它们对活菌（毒）有杀灭作用；在水中开启盛有疫苗的小瓶，以清洁的棒搅拌，将疫苗和水充分混匀；饮水免疫前，夏季鸡群应停水 2~3 小时，其他季节停水 3~4 小时，添加疫苗水后要有足够的饮水设备，保证每只鸡喝到足够的疫苗水；配制疫苗过程中不要使用各种金属容器，饮水器要用无毒塑料制品，饮水器消毒后，必须用水冲洗干净，避免残留消毒剂杀死疫苗毒；要有足够的饮水器，以确保每只鸡均有足够的饮水位置。配疫苗使用的水量约为当天鸡群饮水总量的30%。为了保证免疫效果，最好连续两天免疫两次。

（5）皮下或肌内注射：此法吸收快、剂量准确、效果确实。灭活疫苗必须用注射方法，其他活疫苗也可以采用这种方法。

具体操作方法及注意事项：注射部位可以是颈部或翅膀、胸部、腿部，具体部位的选择取决于鸡的年龄、体重等因素；注射前将灭活疫苗置于室温下，使之达到周围环境的温度（除马立克疫苗需要保持低温外，一般的疫苗温度达到25 ℃左右，油苗达到28~30 ℃）；所使用的注射器、针头使用前必须进行严格消毒处理，每使用一瓶疫苗都必须更换新的针头。

颈部皮下注射时，用手轻轻提起鸡的颈部皮肤，将针头从颈部皮下朝身体方向刺入，使疫苗注入皮肤与肌肉之间。胸肌内注射时将针头呈30~45度角倾斜，于胸1/3处朝背部方向斜刺入胸肌，切忌垂直刺入胸肌，以免出现穿破胸腔的危险；也不要使针头刺入腹腔以免刺破肝脏。腿部肌内注射时将针头朝身体的方向刺入外侧腿肌，小心避免刺伤腿部的血管、神经和骨头。

（6）刺种：鸡痘可用翼膜刺种的方法，用接种针或蘸水钢笔尖蘸取疫苗，刺种于翅膀内侧无血管处，小鸡刺种一针即可，较大的鸡可刺两针。

2. 常用的疫苗制剂

（1）鸡新城疫低毒力活疫苗：本品系用鸡新城疫病毒低毒力 HB1 株（Ⅱ系）、F 株、Lasota 株、Lasota-Clone 或 N79 株接种易感鸡胚，收获感染胚液，加适量稳定剂经冷冻真空干燥制成。用于预防鸡新城疫。适用于 7 日龄以上雏鸡及不同日龄的各品种鸡。

用量与用法：点眼、滴鼻、饮水或气雾免疫均可。按瓶签注明羽份，用生理盐水适当稀释，用滴管吸取疫苗，每只鸡点眼或滴鼻 0.05 毫升；饮水或气雾免疫，剂量加倍。

注意事项：①有支原体感染的鸡群，禁用喷雾免疫。②疫苗加水稀释后，应放冷暗处，必须在 4 小时内用完。

（2）鸡新城疫中等毒力活疫苗（Ⅰ系）：本品系用新城疫Ⅰ系病毒接种易感鸡胚或鸡胚成纤维细胞培养，收获致死的鸡胚液或细胞培养液，加适量稳定剂经冷冻真空干燥制成。用于预防鸡新城疫。专供已经鸡新城疫弱毒株疫苗（如Ⅱ系、Lasota 苗等）免疫过的 2 月龄以上鸡的应用，初生雏鸡不得应用。

用量与用法：按瓶签注明羽份，用生理盐水适当稀释，皮下或胸部肌内注射 1 毫升，点眼 0.05~0.1 毫升。接种疫苗 3~4 天即可产生免疫力，免疫期为 12 个月。

注意事项：免疫后少数鸡会出现减食、精神不振，个别较弱的鸡可能神经麻痹、瘫痪或死亡，产蛋母鸡接种后 2 周内产蛋量减少或产软壳蛋。

（3）鸡新城疫三价活疫苗（Lasota、C_{30}、V_4 株）：本品系用鸡新城疫（Lasota、C_{30}、V_4 株）三种不同特性的弱毒株分别接种易感鸡胚，收获感染胚液，加入耐热保护剂，经冷冻真空干燥制成。用于预防鸡新城疫，适用于 7 日龄以上的雏鸡及不同日龄的各品种鸡。

用量与用法：①点眼、滴鼻免疫，按瓶签注明羽份，用生理盐水适当稀释，用滴管吸取疫苗，每只鸡点眼或滴鼻 1 滴（约 0.03 毫升）。②饮水免疫，按瓶签注明羽份，用生理盐水适当稀释进行饮水免疫（每只鸡 2 羽份）。③气雾免疫，接种疫苗后 7~9 天产生免疫力。

注意事项：同鸡新城疫低毒力活疫苗。

（4）鸡传染性支气管炎（IB）活疫苗：本品系用鸡传染性支气管炎病毒弱毒株接种易感鸡胚，收获感染胚液，加适量稳定剂经冷冻真空干燥制成。用于预防鸡传染性支气管炎病。接种疫苗 5~8 天产生免疫力。H_{120} 疫苗免疫持续期为 2 个月。H_{52} 疫苗免疫持续期为 6 个月。

用量与用法：滴鼻或饮水免疫。①H_{120} 疫苗用于刚出壳的雏鸡，雏鸡用 H_{120} 疫苗免疫后，至 1~2 月龄时，须用 H_{52} 疫苗进行加强免疫。H_{52} 疫苗专供 1 月龄以上的鸡应用，刚出壳雏鸡不能应用。②滴鼻免疫，按瓶签注明羽份，用生理盐水适当稀释，用滴管吸取疫苗，每只鸡滴鼻 1 滴（约 0.03 毫升）。③饮水免疫，按瓶签注明羽份，用生理盐水适当稀释进行饮水免疫，每只鸡 2 羽份。

（5）鸡传染性支气管炎活疫苗（肾型）：本品系用鸡传染性支气管炎肾变型致弱株接种易感鸡胚，收获感染胚液，加适量稳定剂经冷冻真空干燥制成。用于预防肾变型鸡传染性支气管炎病。

用量与用法：本品用于 1 月龄以内的雏鸡点眼、滴鼻或饮水免疫，结合肾变型鸡传染性支气管炎流行特点和经典型鸡传染性支气管炎的预防，建议在 4~7 日龄首免，再根据实际情况二免。①点眼、滴鼻免疫，按瓶签注明羽份，用生理盐水、蒸馏水或水质良好的冷开水适当稀释，用滴管吸取疫苗，每只鸡点眼或滴鼻 1 滴（约 0.03 毫升）；②饮水免疫，按瓶签注明羽份，用生理盐水、蒸馏水或水质良好的冷开水适当稀释进行饮水免疫。

（6）鸡肾型、呼吸性传染性支气管炎二价活疫苗：本品系用鸡传染性支气管炎弱毒（H_{120} 株）及肾型弱毒株接种易感鸡胚，收获感染胚液，加适量稳定剂经冷冻真空干燥制成。用于预防鸡传染性支气管炎病。

用量与用法：①点眼、滴鼻免疫，按瓶签注明羽份，用生理盐水适当稀释，用滴管吸取疫苗，每只鸡点眼或滴鼻 1 滴（约 0.03 毫升）；②饮水免疫，按瓶签注明羽份，用生理盐水适当稀释进行饮水免疫，每只鸡 2 羽份。

（7）鸡传染性法氏囊病（IBD）中等毒力活疫苗（B_{87}株）：本品系用中等毒力鸡传染性法氏囊病毒 B_{87} 株接种易感鸡胚，收获感染鸡胚组织细胞病变培养液，加适量稳定剂经冷冻真空干燥制成。用于预防鸡传染性法氏囊病。

用量与用法：①点眼、滴鼻免疫，按瓶签注明羽份，用生理盐水适当稀释，用滴管吸取疫苗，每只鸡点眼或滴鼻1滴（约0.03毫升）；②饮水免疫，按瓶签注明羽份，用生理盐水适当稀释（如能加入 1%~2% 的脱脂鲜牛奶或者 0.1%~0.2% 的脱脂奶粉免疫效果更好），每只鸡2羽份。

首免在 10~14 日龄进行，间隔 7~14 日后进行二免；AGP 阳性率高于 50% 时，首免宜在 18~21 日龄进行，间隔 7~14 日后进行二免；在 IBD 疫区或受威胁区，根据实际情况首免可稍提前。

（8）鸡传染性法氏囊病中等毒力活疫苗（NF_8株）：本品系用中等毒力鸡传染性法氏囊病毒 NF_8 株接种易感鸡胚，收获感染鸡胚组织，加适量稳定剂经冷冻真空干燥制成。用于预防鸡传染性法氏囊病。

用量与用法：①点眼、滴鼻免疫，按瓶签注明羽份，用生理盐水适当稀释，用滴管吸取疫苗，每只鸡点眼或滴鼻1滴（约0.03毫升）；②饮水免疫，按瓶签注明羽份，用生理盐水适当稀释（如能加入 1%~2% 的脱脂鲜牛奶或者 0.1%~0.2% 的脱脂奶粉免疫效果更好），每只鸡2羽份。

首免在 10~14 日龄进行，间隔 7~14 日后进行二免；AGP 阳性率高于 50% 时，首免宜在 18~21 日龄进行，间隔 7~14 日后进行二免；在 IB 疫区或受威胁区，根据实际情况首免可稍提前。

（9）鸡传染性法氏囊病中等毒力二价活疫苗：本品系用鸡传染性法氏囊中等毒力 BJ_{836}、J_{87} 或 K_{85} 株接种易感鸡胚，收获感染鸡胚组织，加适量稳定剂经冷冻真空干燥制成。用于预防鸡传染性法氏囊病。

用量与用法：①点眼、滴鼻免疫，按瓶签注明羽份，用生理盐水适当稀释，用滴管吸取疫苗，每只鸡点眼或滴鼻1滴（约0.03毫升）；②饮水免疫，按瓶签注明羽份，用生理盐水适当稀释（如能加入1%～2%的脱脂鲜牛奶或者0.1%～0.2%的脱脂奶粉免疫效果更好），每只鸡2羽份。

首免可在7～14日龄进行，间隔7～14日后进行二免。

（10）鸡传染性法氏囊病低毒力活疫苗：本品系用鸡传染性法氏囊病低毒力 A_{80} 株接种易感鸡胚或鸡胚成纤维细胞培养，收获感染鸡胚或细胞培养液，加适宜稳定剂经冷冻真空干燥制成。用于预防鸡传染性法氏囊病。

用量与用法：可采用点眼、滴鼻、肌内注射或饮水免疫。疫苗稀释后，用于无母源抗体雏鸡的首次免疫。

（11）鸡马立克病（MD）火鸡疱疹病毒活疫苗：本品系用火鸡疱疹病毒 FC_{126} 株在鸡胚成纤维细胞上培养，收获感染细胞，经处理后加适量稳定剂经冷冻真空干燥制成。用于预防鸡马立克病，适用于各品种的1日龄雏鸡。

用量与用法：雏鸡应在出壳后立即预防注射。按瓶签注明羽份，加入专用的稀释液进行稀释后，每只雏鸡肌内或皮下注射0.2毫升。稀释后的疫苗周围应置有冰块，并避免日光照射，限在1小时内全部用完，温度高或延长时间影响效果。接种疫苗后14天产生免疫力，免疫持续期为12个月。

（12）鸡马立克病双价活疫苗：本品系用鸡马立克病病毒Ⅱ型（Z_4）、Ⅲ型（FC_{126}）毒株接种于鸡胚成纤维细胞上培养，收获感染细胞，加入细胞冷冻液制成。用于预防鸡马立克病。1日龄雏鸡接种1周后产生免疫力，可获终生免疫。

用量与用法：皮下或肌内注射。操作人员戴上手套和面罩，打开液氮罐，迅速取出安瓿（每次只取一只），立即放在37℃温水中速溶（不要超过30秒）后即刻取出。消毒瓶颈，用带12号或 16 号针头的无菌注射器从安瓿中吸出疫苗，立即缓慢注入25 ℃左右的专用疫苗稀释液中，按瓶签注明的羽份计算，每只鸡颈部皮下注射 0.2 毫升。

（13）鸡马立克病 I 型（CVI988/Rispens）活疫苗：本品系用 CVI988/Rispens 毒株在无特定病原（SPF）鸡胚成纤维细胞上培养，收获感染细胞，经处理后加入适当的冷冻保护液而制成的活疫苗。用于预防鸡马立克病。本疫苗注射 1 周后产生免疫力，免疫期持续 18 个月。

（14）鸡痘活疫苗：本品系用鸡痘鹌鹑化弱毒株，通过接种易感鸡胚或鸡胚成纤维细胞培养，收获后加适量稳定剂，经冷冻真空干燥制成。用于预防鸡痘。

用法与用量：按瓶签上标明的羽份用生理盐水稀释，用鸡痘刺种针蘸取稀释的疫苗给 20~30 日龄雏鸡刺种 1 针，30 日龄以上鸡刺种 2 针，6~20 日龄雏鸡疫苗再稀释至 1/2 时刺种 1 针。后备种鸡可于雏鸡首次免疫后 60 天再免疫 1 次。

注意事项：本疫苗接种后 3~4 天，刺种部位出现轻微红肿、结痂，14~21 天痂块脱落。接种 1 周后应逐个检查，刺种部位无反应者，应重新补刺。

（15）鸡新城疫、鸡传染性支气管炎二联活疫苗：本品系用鸡新城疫弱毒株和鸡传染性支气管炎弱毒株接种易感鸡胚，收获感染胚液，经冷冻真空干燥制成。用于预防鸡新城疫和鸡传染性支气管炎。

用法与用量：滴鼻或饮水免疫。HB_1-H_{120} 二联活疫苗适用于 1 日龄以上的鸡；$Lasota-H_{120}$ 二联活疫苗适用于 7 日龄以上的鸡；$Lasota-H_{52}$ 二联活疫苗适用于 21 日龄以上的鸡。

（16）鸡传染性喉气管炎活疫苗：本品系用鸡传染性喉气管炎病毒弱毒株接种鸡胚，收获绒毛尿囊膜，混合研磨，加入稳定剂，经冷冻真空干燥制成。用于预防鸡传染性喉气管炎。

用法与用量：点眼免疫。按瓶签上标明的羽份用生理盐水稀释，点眼 1 滴（约 0.03 毫升）。蛋鸡在 35 日龄第一次接种后，在产蛋前再接种一次。

　　注意事项：①疫苗稀释后应放冷暗处，并在 3 小时内用完。②对 35 日龄以下的鸡接种时，应先做小群试验，无重反应时，再扩大使用范围。5 日龄以下的鸡用苗后效果较差，21 日后需做第二次接种。③只限在疫区使用。鸡群中发生严重呼吸道病，如传染性鼻炎、支原体感染等不宜使用疫苗。④鸡群接种疫苗前后要做好鸡舍环境卫生管理和消毒工作，降低空气中细菌密度，可减轻眼部感染。

　　（17）禽流感、新城疫重组二联活疫苗：用于预防鸡的 H_5 亚型禽流感和鸡新城疫。

　　用法与用量：点眼、滴鼻、肌内注射或饮水免疫。首免建议用点眼、滴鼻或肌内注射，按瓶签上标明的羽份用生理盐水稀释。每只鸡点眼、滴鼻接种 0.05 毫升（含 1 羽份）或腿部肌内注射 0.2 毫升（含 1 羽份）。如采用饮水免疫，剂量加倍。

　　（18）高致病性禽流感灭活苗：本品系用禽流感 H Ⅱ型不同的毒株经鸡胚培养后，甲醛灭活而制备的油乳剂疫苗。用于禽流感病的预防。目前用灭活苗种类有 H_5N_1 亚型、H_5N_2 亚型和 H_5/H_9 二价禽流感疫苗。

　　用法与用量：第一次免疫可选择在 10~14 日龄，每羽皮下注射 0.3 毫升，间隔 3~4 周进行二免，产蛋前再进行一次免疫。免疫后 2 周产生免疫力，免疫期 4~6 个月。

　　（19）鸡新城疫油乳剂灭活苗：本品系用鸡新城疫病毒弱毒 Lasota 株接种易感鸡胚，收获感染胚液，经甲醛溶液灭活后，加油佐剂混合乳化制成。用于预防鸡新城疫。

　　用法与用量：2 周龄以内雏鸡颈部皮下注射 0.2 毫升，同时以 Lasota 株或 Ⅱ系弱毒苗按瓶签上标明的羽份稀释点眼或滴鼻。

60 日龄以上鸡颈部皮下注射 0.5 毫升。用弱毒苗免疫过的母鸡在开产前 2~3 周注射 0.5 毫升灭活苗，可保护整个产蛋期。

（20）鸡传染性支气管炎油乳剂灭活苗：本品系用鸡传染性支气管炎强毒 F 株接种易感鸡胚，收获感染胚液，经甲醛溶液灭活后，加油佐剂混合乳化制成。用于预防鸡传染性支气管炎。

用法与用量：颈部皮下或肌内注射，推荐 3~8 日龄首免注射 0.3 毫升/羽，30~40 日龄二免注射 0.5 毫升/羽。本疫苗可供不同日龄的鸡接种，但实验证明，经弱毒活苗（如 IBH$_{120}$）初免过的鸡，再接种本疫苗，免疫效果最佳。

（21）鸡传染性法氏囊病油乳剂灭活苗：本品系用鸡传染性法氏囊病病毒 CJ-801-BKF 株接种鸡胚成纤维细胞培养，收获感染病毒液，经甲醛溶液灭活后，加油佐剂混合乳化制成。用于预防鸡传染性法氏囊病。

用法与用量：配合活疫苗免疫注射。种母鸡可于 18~20 周龄注射一次，每只鸡颈部皮下注射 1.2 毫升。

（22）鸡新城疫、鸡传染性支气管炎油乳剂灭活苗：用于预防鸡新城疫和鸡传染性支气管炎。

用法与用量：1 月龄以内雏鸡胸部肌内注射 0.3 毫升，成鸡 0.5 毫升。

（23）鸡新城疫、鸡减蛋综合征二联油乳剂灭活苗：用于蛋鸡、种鸡预防产蛋下降综合征及新城疫。

用法与用量：产蛋前 2~4 周龄或 2 月龄以上的鸡，每只皮下或肌内注射 0.5 毫升。

（24）鸡新城疫、减蛋综合征、传染性支气管炎三联油乳剂灭活苗：用于预防鸡新城疫、减蛋综合征及传染性支气管炎。

用法与用量：专供已经新城疫弱毒、传染性支气管炎弱毒活疫苗免疫过的 2 月龄以上的鸡或产蛋前 2~4 周的鸡使用。每只鸡皮下或肌内注射 0.5 毫升。

新的疫苗在不断研发和投入使用，养鸡场应关注这些产品。

3. 免疫程序 免疫程序是针对某个鸡群提供的一个疫苗接种时间表。即在什么日龄（或周龄）通过什么途径接种哪种疫苗。鸡的免疫程序的制订要结合具体情况：根据本地区疫病流行的状况和饲养环境，对本地区从未发生过的传染病不做预防；对本地区以前未发生过，刚开始发生且危害严重的必须预防；对常发生且危害严重的重点预防，如鸡新城疫、肾传染性支气管炎等。根据鸡群的状况，只有健康的鸡群才能对疫苗产生免疫应答，产生抗体。在鸡群应激或疾病状态下免疫的效果较差，特别是鸡群患有某些免疫抑制性的疾病，如法氏囊病、马立克病、免疫系统受损等，接种后只能产生低水平的抗体且不良反应多。根据疫苗自身的特点，如毒力的强弱、保护期的长短等。根据饲养经验，必须在该传染病常发日龄前 1 周做好有效免疫，目前主要免疫鸡新城疫、传染性法氏囊病、肾传染性支气管炎等。根据季节特点，如低温季节是呼吸系统传染病发生较多的时期，在进入秋末之后要注意接种或补种有关疫苗。任何资料提供的免疫程序只能够作为参考，实际应用时要向当地的兽医进行咨询，进行适当调整。

表 13~表 17 介绍的几种鸡免疫程序也仅供在生产实践中参考，生产者需要结合具体情况进行适当修正。

表 13　蛋种鸡和优质肉种鸡参考免疫程序（一）

日龄	接种疫苗	接种方法
1	马立克疫苗	皮下注射
5	克隆 30+新城疫-传染性支气管炎 H_{120} 疫苗	点眼或滴鼻
	新城疫油苗	颈部皮下注射
15	传染性法氏囊病活疫苗	滴口
21	鸡痘疫苗	翼下刺种

续表

日龄	接种疫苗	接种方法
25	传染性法氏囊病活疫苗	饮水
28	新城疫-传染性支气管炎 H$_{52}$ 疫苗	点眼或滴鼻
35	鸡痘疫苗	翼下刺种
45	禽流感油苗	肌内或皮下注射
60	新城疫1系或克隆1系苗	肌内注射
67	传染性鼻炎油苗	肌内注射
120	禽流感油苗	肌内或皮下注射
130	新城疫-传染性支气管炎-减蛋综合征三联油苗	肌内或皮下注射
210	新城疫-流感二联油苗	肌内或皮下注射

表14　蛋种鸡和优质肉种鸡参考免疫程序（二）

日龄	接种疫苗	接种方法	剂量（每只）
1	马立克疫苗	皮下注射	1 羽份
2~3	克隆30+新城疫-传染性支气管炎 H$_{120}$ 疫苗	点眼或滴鼻	1.5 羽份
8~14	传染性法氏囊病活疫苗	滴口	1.5 羽份
15	克隆30+新城疫-传染性支气管炎 H$_{120}$ 疫苗	点眼或滴鼻	1.2 羽份
	新城疫-传染性支气管炎-流感三联灭活苗	按说明注射	0.5 羽份
20~30	鸡痘疫苗	翼下刺种	1.2 羽份
20~30	传染性法氏囊病活疫苗	饮水或滴口	2.5 羽份
40	传染性喉气管炎弱毒苗	点眼	1 羽份
44	传染性鼻炎油苗	胸肌内注射	1 羽份
70	新城疫-传染性支气管炎 H$_{52}$ 活苗	饮水	3 羽份
85	传染性喉气管炎-鸡痘二联苗	按说明使用	
105	禽流感油苗	肌内或皮下注射	1 羽份
115	（多价）新城疫-传染性支气管炎二联活苗	饮水	3.5 羽份
	新城疫-传染性支气管炎-减蛋综合征三联油苗	肌内或皮下注射	1.5 羽份
120	传染性鼻炎油苗	肌内注射	1 羽份

表 15　蛋种鸡和优质肉种鸡参考免疫程序（三）

日龄	接种疫苗	接种方法
1	马立克疫苗	皮下注射
5	克隆 30+新城疫–传染性支气管炎 H_{120} 疫苗	点眼或滴鼻
	新城疫油苗	颈部皮下注射
15	传染性法氏囊病活疫苗	滴口
21	鸡痘疫苗	翼下刺种
25	传染性法氏囊病活疫苗	饮水
28	新城疫–传染性支气管炎 H_{52} 疫苗	点眼或滴鼻
45	禽流感油苗	肌内或皮下注射
60	新城疫 1 系或克隆 1 系苗	肌内注射
67	传染性鼻炎油苗	肌内注射
77	脑脊髓炎–鸡痘二联苗	翼下刺种
110	禽流感油苗	肌内或皮下注射
120	传染性法氏囊病油苗	肌内或皮下注射
130	新城疫–传染性支气管炎–减蛋综合征三联油苗	肌内或皮下注射
210	新城疫–禽流感二联油苗	肌内或皮下注射

表 16　商品白羽肉鸡的参考免疫程序

日龄	接种要求
孵化场	颈部皮下注射接种禽流感–新城疫二联油苗
5 日龄	传染性法氏囊疫苗饮水
10 日龄	新城疫 Ⅳ 系或 Lasota、VH120 28/86 疫苗饮水
15 日龄	传染性法氏囊疫苗 2 倍量饮水
28 日龄	新城疫疫苗 2 倍量饮水
32 日龄	传染性法氏囊疫苗滴口

表17　优质肉鸡参考免疫程序

日龄	疾病名	疫苗	免疫方法	备注
1	马立克病	HVT 苗	颈背皮下注射	PFU≥4 000
	新城疫	Lasota 株	滴鼻、点眼、饮水	油乳剂与Ⅰ系或Ⅱ系同时免疫或用新城疫–传染性支气管炎二联苗
7~10	传染性支气管炎	H_{120}株	气雾滴鼻、饮水	
10~14	传染性法氏囊炎	NF_8、B_{87}、BJ_{836}株	滴口、滴鼻、点眼	
	禽流感–新城疫	二联灭活苗	肌内注射	
17~21	新城疫	Lasota 株	滴鼻、点眼	
	传染性支气管炎	H_{120}株	滴鼻、饮水	
24~28	传染性法氏囊炎	NF_8、B_{87}、BJ_{836}株	滴口、滴鼻、点眼	
30	鸡痘	禽痘弱毒苗	刺种	按季节适时应用

4. 免疫失败的原因分析　在养鸡生产实践中有时会发生一些免疫方面的问题，如接种了某种疫苗之后本来应该在疫苗的保护期内，但是鸡群仍然感染了这种疾病，这就是免疫失败。造成免疫失败的原因有多种。了解这些原因可以在免疫管理方面多加注意，避免或减少类似情况的发生。

（1）疫苗选择不当：鸡群在不同日龄进行不同的疫苗接种，即使同一种疫病在不同日龄需要用不同毒力的疫苗进行免疫接种，如果疫苗选择不准确，不但起不到免疫作用，相反会造成病毒毒力增强和扩散，导致免疫失败。在疫病流行重灾区仅选取安全性高但免疫力差的疫苗就会造成鸡群免疫麻痹，影响免疫效果。另外有些病的病原含有多个血清型，如果现场的毒株与疫苗毒株（或菌株）的血清型不同，也会造成免疫失败，针对多血清型的疾病应考虑使用多价苗。

（2）病原的变异：有些病原微生物容易出现变异（禽流感

病毒就是实例），但疫苗在制作、推广、使用上不可能跟上它的变异。在实际生产中，进行疫苗免疫接种后，往往达不到理想的保护能力。就是病原微生物（细菌、病毒）在繁殖过程中会发生变异，在生长过程中有时使我们原来针对此病原的疫苗所产生的抗体不能够有效地杀死抗原，从而造成部分或者全部的免疫失败，如一些病原的超强毒。现已证明马立克病毒存在超强毒株，火鸡疱疹病毒对其免疫效果较差。另外新城疫、传染性法氏囊炎也存在强毒感染。

（3）疫苗失效：疫苗作为生物制品都有一定的有效期，过期的疫苗不能使用，使用过期疫苗不能产生理想的免疫力。疫苗质量不达标，如冻干疫苗封存不佳而失真空，还有疫苗制造过程中质量控制不严格，致使疫苗有效成分未达到部颁标准要求，油乳剂疫苗乳化不良而分层等，这些因素均会造成疫苗减效或失效。如果疫苗在存放和运输过程中长时间处于 4 ℃以上的温度，或疫苗取出后在免疫接种前受到日光的直接照射，或取出时间过长，或疫苗稀释液未经消毒、受污染，或疫苗稀释后未在规定时间内用完，均可影响疫苗的效价甚至无效。

（4）免疫剂量不合适：疫苗稀释时计算失误或稀释不匀会导致剂量不准确。免疫接种剂量过大，会造成免疫耐过或免疫麻痹；选用非正规厂家产品，或疫病严重流行时，仍用小剂量或常规剂量免疫接种，则会造成免疫水平过低。饮水免疫时饮水器不足造成部分鸡只饮用疫苗水不足。

（5）母源抗体影响：由于鸡群的个体免疫应答差异及不同批次雏鸡群不一定来自同一种鸡群等原因，造成雏鸡母源抗体水平参差不齐。如果所有雏鸡固定同一日龄进行接种，若母源抗体过高会抑制疫苗的免疫反应，不产生应有的免疫应答，使雏鸡首免失败。

（6）免疫抑制：鸡体被某种病毒如马立克病病毒、传染性法氏囊病病毒、传染性贫血病病毒、呼肠孤病毒等感染后会导致免疫器官发生病理性损伤，从而导致免疫抑制。过高或过低的环境温度不仅影响鸡群的生长发育和生产性能，而且会导致免疫功能降低或造成免疫抑制，使鸡体易受到病原感染或免疫后抗体水平较低，导致免疫失败。

（7）抗原竞争：将两种或两种以上无交叉反应的抗原同时接种时，机体对其中一种抗原的抗体应答显著降低，这种现象就是抗原竞争，抗原竞争会严重影响疫苗的免疫质量，如传染性支气管炎疫苗和新城疫疫苗联合使用时，如果传染性支气管炎病毒量大，会干扰机体对新城疫病毒的免疫应答，导致新城疫免疫失败。

（8）接种过程操作不当：每种疫苗都有特定的接种途径，不按要求进行就会引起免疫失败。例如，滴鼻、滴眼免疫时，疫苗未能进入眼内、鼻腔；肌内注射免疫时，出现"飞针"，疫苗根本没有注射进去或注入的疫苗从注射孔流出，造成疫苗注射量不足并导致疫苗污染环境。饮水免疫时，免疫前未限水或饮水器内加水量太多，使配制的疫苗未能在规定时间内饮完而影响剂量，或使用的是含有消毒剂的自来水等。

（9）应激因素：鸡群在饲养过程中，会因转群、换料、接种、限制饮水、使用药物等因素而发生应激反应，饲养密度过高和饲养环境不良也会引起应激反应；导致抗病力降低，噪声会影响家禽体内生理变化，使采食量、饲料转化率、生产性能下降。在免疫接种期，各种不良因素的刺激或应激作用，均可减弱疫苗的免疫应答，甚至导致免疫失败。

（10）营养因素：饲料中蛋白质等的供给及鸡体内蛋白质、氨基酸、维生素、微量元素等的代谢都对抗体的产生起重要的作用，营养不良与过量均影响免疫系统的发育及功能的发挥，降低免疫力，导致免疫失败。试验表明，雏鸡断水、断食48小时，法氏囊、胸腺和脾脏重量明显下降，脾脏内淋巴细胞数减少，网状内皮系统细菌清除率降低，即机体免疫能力下降。

（11）稀释剂选择不当：多数疫苗稀释时可用生理盐水或蒸馏水，个别疫苗需用专用稀释剂。需用专用稀释剂的疫苗若用生理盐水或蒸馏水稀释，则疫苗的效价就会降低，甚至完全失效。

（12）早期感染：接种时禽群内已潜伏强毒病原微生物，或由于接种人员及接种用具消毒不严带入强毒病原微生物。

（六）安全用药技术

药物防治是控制鸡病的主要措施之一，尤其对尚无有效疫苗或疫苗效果不理想的细菌病如鸡白痢、鸡霍乱、大肠杆菌病、鸡败血支原体病和鸡球虫病等，采用药物预防和治疗往往可收到显著效果。但是，如果药物使用不当，不仅不能发挥治病的效果，反而容易造成细菌产生耐药性和肉蛋中药物的残留。因此，生态养鸡使用药物要合理。

1. 药物的使用方法

（1）拌料给药：在现代集约化养禽业中，拌料给药是常用的一种给药途径，即将药物均匀地拌入饲料中，鸡只采食饲料的同时吃进药物。该法简便易行，节省人力，减少应激，效果可靠，主要适用于预防性用药，尤其适用于几天、几周甚至几个月的长期性投药。一般的抗球虫药及抗组织滴虫药，只有在一定时间内连续使用才有效，因此多采用拌料给药。抗生素用于促进生长及控制某些传染病时，也可混于饲料中给药。但对于病重鸡，当其食欲降低时不宜使用。在应用拌料给药时，应注意以下几个问题。

1）准确掌握拌料浓度：进行拌料给药时，应按照拌料给药浓度，结合当天鸡群喂料量准确计算所用药物的剂量。若按鸡只体重给药，应严格按照鸡只体重，计算总体重，再按照要求把药物拌进料内。药物的用量要准确称量，切不可估计，以免造成药量过小起不到作用，或过大引起中毒等不良反应。

2）确保药物混合均匀：为了使所有鸡都能吃到大致相等的药物，必须把药物和饲料混合均匀。先把药物和少量饲料混匀，然后将其加入大批饲料中，继续混合均匀，加入饲料中的药量越小，越要注意先用少量饲料混匀。直接将药物加入大批饲料中是很难混匀的。对于容易引起鸡中毒或副作用大的药物，如磺胺类、呋喃类药物等尤其要混合均匀。切忌把全部药量一次加入所需饲料中简单混合，造成部分鸡只药物中毒和部分鸡只吃不到药物，达不到防治目的。

3）用药后密切注意有无不良反应：有些药物混入饲料后，可与饲料中的某些成分发生拮抗反应，这时应密切注意不良作用。如饲料中长期混合磺胺类药物，易引起维生素 B 和维生素 K 的缺乏，这时应适当补充这些维生素。另外还要注意中毒反应。

（2）饮水给药：饮水给药也是一种比较常用的给药方法。它是将药物溶解于饮水中，让鸡群在饮水的同时饮入药物，达到预防或治疗鸡病的作用。此法尤其适用于因病不能采食或采食减少却可以饮水的病禽，但所用的药物必须是水溶性的。饮水给药除注意拌料给药的一些事项外，还应注意以下几点。

1）用药前停水，保证药效：为保证鸡只饮入适量的药物，多在用药前让整个鸡群停止饮水一段时间。一般寒冷季节停水约 3 小时，气温较高季节停水约 2 小时，然后换上加有药物的饮水，让鸡只在一定时间内充分喝到药水。

2）准确认真，按量给水：为保证全群鸡在一定时间内喝到一定量的药水，不至于由于剩水过多造成摄入鸡体内的药物剂量不够，或加水不够造成某些鸡只缺水，要根据日龄、品种、鸡舍温度、湿度等认真计算鸡群供水量，同时保证足够的饮水位置。

3）了解药物的溶解度：所用药物能否溶于水，直接影响着给药的效果。所用药物最好易溶于水，对难溶于水的，如果经加热、搅拌或者加助溶剂，其溶解度符合要求也可使用。

4）注意水质对药物的影响：水质太硬会使某些药物发生沉淀，水质偏酸或偏碱会影响对酸或碱敏感药物的效果，有些药物在水中很容易水解而失效。最好使用未添加消毒剂并经过过滤处理的水。

（3）气雾给药：气雾给药是将药物通过高压以气雾剂的形式从管道或容器内喷出，或使用超声波雾化装置使药液分散成微粒，弥散在空气中，让鸡通过呼吸道吸入而在呼吸道发挥局部作用，或使药物经肺泡吸收进入血液而发挥全身治疗作用，或直接作用于鸡皮肤及羽毛黏膜的一种给药方法。也可用于鸡舍、孵化器及种蛋的消毒。此法操作简单，产生药效快，尤其适用于大型现代化养鸡场，但需要一定的气雾设备，且鸡舍门窗密闭性好。气雾吸入要求药物没有刺激性，且能溶解于呼吸道的分泌液中，否则会引起呼吸道炎症。使用气雾给药时，应注意以下几点。

1）恰当选择气雾用药：为了充分发挥气雾给药的优点，应恰当选择所用药物，并不是所有药物都可用于气雾给药。用于气雾给药的药物应无刺激性，易溶于水，对于有刺激性的药物不能经气雾给药。同时还应根据用药的目的，选择吸湿性不同的药物。若欲使药物作用于肺部，应选择吸湿性较差的药物；而欲使药物主要作用于上呼吸道，应选择吸湿性较强的药物。

2）准确掌握用药剂量：为了确保用药效果，在用药前应根据鸡舍空间的大小、所用气雾设备的要求，准确计算用药剂量，以免过大或过小而影响药效。

3）严格控制雾粒大小：雾粒直径的大小与用药效果有直接关系，如雾粒过小，其与肺泡表面的黏着力小，容易随呼气排出，影响药效；但若雾粒过大，则不易进入肺部，易引起鸡上呼吸道炎症。因此，应根据用药的目的，适当调节气雾微粒直径。

大量实验证实，进入肺部的雾粒直径以 0.5~5 纳米最合适。

（4）外用给药：外用给药是指应用于鸡只体表，以杀灭体外寄生虫或作为体表、鸡舍、用具和环境消毒等的用药方法。外用药常以喷雾、药浴、喷洒、涂抹等方式应用。在使用外用药时应注意以下几点。

1）根据不同用药目的，选择不同的外用药物：常用于鸡舍、用具、环境的消毒药及杀灭鸡体表寄生虫的药物种类繁多，不同的药物都具有其独特的作用特点，因此，在使用时应根据用药的目的，选择一定品种药物。同时，还应该注意抗药性，定期更换或几种药物交替使用。

2）按照不同的作用强度，选择最佳的用药浓度：常用的消毒药及杀虫药除了具有杀灭寄生虫、微生物等作用外，一般对机体都有一定毒性，且其浓度与作用强度有直接关系。超过一定浓度，就容易引起鸡体中毒。因此在使用时应根据用药目的，严格按照不同药物要求，选择最佳药物浓度，以达到最佳用药效果。

3）结合不同的药物特性采用适当的用药方法：不同的药物，尽管其作用相同，但其性质可能不同。有的药物易挥发，有的易吸湿。即使同一种药物，采用不同的用药方法，也可产生不同的用药效果。因此应结合不同的药物性质特点，选择最能发挥该种药物特点的用药方法，以达到事半功倍的效果。

（5）注射给药：注射给药包括皮下注射、肌内注射、静脉注射、腹腔注射等几种。其中皮下注射和肌内注射在养鸡生产中较常使用。注射给药的优点是吸收快而完全，剂量准确，可避免消化液的破坏。不宜口服的药物，大多可以注射给药。注射给药时，应注意注射器的消毒，最好一只鸡一个针头，切忌一个针头用到底。在个体治疗方面主要使用注射给药。

1）皮下注射：是预防接种时最常用给药方法之一。注射时可采用颈部皮下、胸部皮下和腿部皮下等部位。皮下注射时用药量不宜过大，且应无刺激性。注射的具体方法是由助手抓鸡或术者左手抓鸡，操作者用左手拇指、食指捏起注射部位的皮肤，右手持注射器沿皮肤皱褶处刺入针头，然后推入药液。

2）肌内注射：也是常用的给药方法之一，可在治疗鸡的各种疾病或接种油乳剂疫苗时使用。将药物或疫苗注入肌肉组织中，肌肉组织含丰富的血管，吸收快而完全。溶液、混悬液、乳浊液都可肌内注射给药，刺激性强的药物可做深部肌内注射。常用的注射部位有胸部肌肉和大腿外侧肌肉。注射时应使针头与肌肉表面呈 35°~45°角进针，不可垂直刺入，以免刺伤大血管或神经，特别是胸部肌内注射时更应谨慎操作，切不可使针头刺入胸腔或刺破肝脏，以免造成伤亡。

3）嗉囊注射：此法是指将药物经嗉囊注入而发挥药效的一种方法。通常用于不宜经口投服的药物，也用于喉头有疾患或张嘴困难而又急需内服的病例。

2. 常用药物类型及使用　养鸡生产中可以使用的抗生素类型很多，但是要注意关注农业农村部相关的公告，有些药物已经禁止在畜禽养殖中使用，有的禁止在产蛋鸡群使用，有的要在肉鸡出栏前一定的时间停用。常用抗生素类型及使用要求见表 18。

表 18　养鸡生产中常用的抗生素及使用要求

药物名称	别名及用途	用法与用量	注意事项
青霉素 G （peniecillin G）	青霉素、苄青霉素；抗菌药物	肌内注射：5 万~10 万国际单位/千克体重	与四环素等酸性药物及磺胺类药有配伍禁忌
氨苄青霉素 （Ampicillin）	氨苄西林、氨比西林；抗菌药物	拌料：0.02%~0.05% 肌内注射：25~40 毫克/千克体重	同青霉素 G
阿莫西林 （Amoxicillin）	羟氨苄青霉素；抗菌药物	饮水或拌料 0.02%~0.05%	同青霉素 G

续表

药物名称	别名及用途	用法与用量	注意事项
头孢曲松钠（Ceftriaxone sodium）	抗菌药物	肌内注射：50~100 毫克/千克体重	与林可霉素有配伍禁忌
头孢氨苄（Cefalexin）	先锋 Ⅳ	饮水：35~50 毫克/千克体重	
头孢唑啉钠（Cefzalin sodium）	先锋 Ⅴ	肌内注射：50~100 毫克/千克体重	
头孢噻呋（Ceftiofur）	抗菌药物	肌内注射：0.1 毫克/只	用于 1 日龄小鸡
红霉素（Erythromycin）	抗菌药物	饮水：0.005%~0.02%　拌料：0.01%~0.03%	不能与莫能菌素、盐霉素等抗球虫药合用
罗红霉素（Roxithromycin）	抗菌药物	饮水：0.005%~0.02%　拌料：0.01%~0.03%	与红霉素有交叉耐药性
泰乐菌素（Tylosin）	泰农；抗菌药物	饮水：0.005%~0.01%　拌料：0.01%~0.02%　肌内注射：30 毫克/千克体重	不能与聚醚类抗生素合用。注射反应大，注射部位坏死，精神沉郁及采食量下降 1~2 天
替米考星（Timicosin）	抗菌药物	饮水 0.01%~0.02%	蛋鸡禁用
螺旋霉素（Spiramycin）	抗菌药物	饮水 0.01%~0.05%　肌内注射：25~50 毫克/千克体重	
北里霉素（Kitasamycin）	吉它霉素、柱晶白霉素；抗菌药物	饮水 0.01%~0.05%　肌内注射：30~50 毫克/千克体重　拌料：0.05%~0.1%	蛋鸡禁用

续表

药物名称	别名及用途	用法与用量	注意事项
林可霉素 （Lincomycin）	洁霉素；抗菌 药物	饮水：0.02%~0.03% 肌内注射：20~50 毫克/ 千克体重	最好与其他抗 菌药物联合使用 以减缓耐药性产 生，与多黏菌素、 卡那霉素、新霉 素、青霉素 G、 链霉素、复合维 生素 B 等药物有 配伍禁忌
泰妙灵 （Tiamulin）	支原净；抗菌 药物	饮水：0.012 5%　~ 0.025%	不能与莫能菌 素、盐霉素、甲 基盐霉素等聚醚 类抗生素合用
杆菌肽 （Bacitracin）	抗菌药物	拌料：0.004% 口服：100~200 国际单 位/只	对肾脏有一定 的毒副作用
多黏菌素 E （Colistin）	黏菌素；抗菌 药物	拌料：0.002% 口服：3~8 毫克/千克体 重	与氨茶碱、青 霉素 G、头孢菌 素、四环素、红 霉素、卡那霉素、 维生素 B_{12}、小苏 打等有配伍禁忌
链霉素 （Streptomycin）	抗菌药物	肌内注射：5 万~10 万 国际单位/千克体重	雏禽和纯种外 来禽慎用，肾脏 有一定的毒副作 用

药物名称	别名及用途	用法与用量	注意事项
庆大霉素 （Gentamycin）	抗菌药物	饮水：0.01%～0.02% 肌内注射：5～10毫克/千克体重	与氨苄西林、头孢类抗生素、红霉素、磺胺嘧啶钠、小苏打、维生素C等药物有配伍禁忌。
卡那霉素 （Kanamycin）	抗菌药物	饮水：0.01%～0.02% 肌内注射：5～10毫克/千克体重	
阿米卡星 （Amikacin）	丁胺卡那霉素；抗菌药物	饮水：0.005%～0.01% 拌料：0.01%～0.02% 肌内注射：5～10毫克/千克体重	
新霉素 （Neomycin）	抗菌药物	饮水：0.01%～0.02% 拌料：0.02%～0.03%	
壮观霉素 （Spectinomycin）	大观霉素、速百治；抗菌药物	肌内注射：7.5～10毫克/千克体重 饮水：0.025%～0.05%	产蛋鸡禁用
安普霉素 （Apramycin）	阿普拉霉素；抗菌药物	饮水：0.025%～0.05%	
土霉素（Oxytetracycline）	氧四环素；抗菌药物	饮水：0.02%～0.05% 拌料：0.1%～0.2%	与阿米卡星、氨茶碱、青霉素G、氨苄西林、头孢菌素类、新生霉素、红霉素、磺胺嘧啶钠、小苏打等有配伍禁忌。剂量过高对孵化率有不良影响
多西环素 （Doxycyline）	强力霉素、脱氧四环素；抗菌药物	饮水：0.01%～0.05% 拌料：0.02%～0.08%	
四环素 （Tetracyckine）	抗菌药物	饮水：0.02%～0.05% 拌料：0.05%～0.1%	
金霉素 （Chlortetracyline）	抗菌药物	饮水：0.01%～0.05% 拌料：0.05%～0.1%	

续表

药物名称	别名及用途	用法与用量	注意事项
甲砜霉素 （Thiamphenine）	甲砜氯霉素、硫霉素；抗菌药物	饮水或拌料：0.02%～0.03% 肌内注射：20～30毫克/千克体重	与庆大霉素、新生霉素、土霉素、四环素、红霉素、林可霉素、泰乐菌素、螺旋霉素等有配伍禁忌
氟苯尼考 （Florfenicol）	氟甲砜霉素；抗菌药物	肌内注射：20～30毫克/千克体重	同甲砜霉素
氧氟沙星 （Ofloxacin）	氟嗪酸；抗菌药物	饮水：0.005%～0.01% 拌料：0.015%～0.02% 肌内注射：5～10毫克/千克体重	
恩诺沙星 （Enrofloxacin）	抗菌药物	饮水：0.005%～0.01% 拌料：0.015%～0.02% 肌内注射：5～10毫克/千克体重	
环丙沙星 （Ciproflxacin）	抗菌药物	饮水：0.01%～0.02% 拌料：0.02%～0.04% 肌内注射：10～15毫克/千克体重	与氨茶碱、小苏打有配伍禁忌。与磺胺类药物合用，加重肾的损伤。产蛋鸡禁用
达氟沙星 （Danofloxacin）	单诺沙星；抗菌药物	饮水：0.005%～0.01% 拌料：0.015%～0.02% 肌内注射：5～10毫克/千克体重	
沙拉沙星 （Sarafloxacin）	抗菌药物	饮水：0.005%～0.01% 拌料：0.015%～0.02% 肌内注射：5～10毫克/千克体重	

药物名称	别名及用途	用法与用量	注意事项
敌氟沙星 （Difloxacin）	二氟沙星；抗菌药	饮水：0.005%~0.01% 拌料：0.015%~0.02% 肌内注射：5~10毫克/千克体重	与氨茶碱、小苏打有配伍禁忌。与磺胺类药物合用，加重肾的损伤。产蛋鸡禁用
诺氟沙星 （Norfloxacin）	氟哌酸；抗菌药物	饮水：0.01%~0.05% 拌料：0.03%~0.05%	
磺胺嘧啶 （Sulfapyrimidine,SD）	抗菌药物、抗球虫药物、抗卡氏白细胞虫药物	饮水：0.1%~0.2% 拌料：0.2%~0.4% 肌内注射：40~60毫克/千克体重	不能与拉沙菌素、莫能霉素、盐霉素配伍。本品最好与小苏打合用。产蛋鸡禁用
磺胺二甲基嘧啶 （Sulfadimidine,SM2）	菌必灭；抗菌药物、抗球虫药物、抗卡氏白细胞虫药物	饮水：0.1%~0.2% 拌料：0.2%~0.4% 肌内注射：40~60毫克/千克体重	
磺胺甲基异噁唑 （Sulfamethoxazole,SMZ）	新诺明；抗菌药物、抗球虫药物、抗卡氏白细胞虫药物	饮水：0.03%~0.05% 拌料：0.05%~0.1% 肌内注射：30~50毫克/千克体重	
磺胺喹噁啉 （Sulfaquinoxaline）	抗菌药物、抗球虫药物、抗卡氏白细胞虫药物	饮水：0.02%~0.05% 拌料：0.05%~0.1%	

续表

药物名称	别名及用途	用法与用量	注意事项
二甲氧苄啶 （Diaveridine，DVD）	敌菌净；抗菌药物、抗球虫药物、抗卡氏白细胞虫药物	饮水：0.01%～0.02% 拌料：0.02%～0.04%	由于易形成耐药性，不宜单独使用，常与磺胺类或抗生素按1：5比例使用，可提高抗菌甚至杀菌作用。不能与拉沙菌素、莫能菌素、盐霉素等抗生素、球虫药配伍。产蛋鸡慎用。最好与小苏打同时使用
三甲氧苄啶 （Trimethoprim，TMP）	抗菌药物、抗球虫药物、抗卡氏白细胞虫药物	饮水：0.01%～0.02% 拌料：0.02%～0.04%	同二甲氧苄啶，本品不能与青霉素、维生素 B_1、维生素 B_6、维生素 C 联合使用
痢菌净 （Maquinox）	乙酰甲喹；抗菌药物	拌料：0.005%～0.01%	毒性较大，务必拌均匀，连用不能超过3天
制霉菌素 （Nystatin）	抗真菌药物	治疗曲霉菌病：1万～2万国际单位/千克体重	
莫能霉素 （Monensin）	欲可胖、牧能霉素；抗球虫药物	拌料：0.0095%～0.0125%	能使饲料适口性变差及引起啄毛。产蛋鸡禁用。肉鸡在宰前3天停药
盐霉素 （Salinomycin）	优素精、球虫粉、沙利霉素；抗球虫药物	拌料：0.006%～0.007%	产蛋鸡禁用。本品能引起鸡饮水量增加，造成垫料潮湿

续表

药物名称	别名及用途	用法与用量	注意事项
拉沙菌素 （Lasalocid）	球安；抗球虫药物	拌料：0.009 5%~0.012 5%	本品能引起鸡饮水量增加，造成垫料潮湿。产蛋鸡禁用。肉鸡宰前5天停药
马杜拉霉素 （Maduramicin）	抗球王、加福；抗球虫药物	拌料：0.000 5%	拌料不均匀或剂量过大会引起鸡瘫痪。肉鸡宰前5天停药。产蛋鸡禁用
氨丙啉 （Amprolium）	安宝乐；抗球虫药物	饮水或拌料：0.012 5%~0.025%	因为能妨碍维生素B_1的吸收，因此使用时应注意维生素B_1的补充。过量使用会起轻度免疫抑制。肉鸡在宰前10天停药
尼卡巴嗪 （Nicarbazin）	球净、加更生；抗球虫药物	拌料：0.012 5%	会造成生长抑制，蛋壳变浅色，受精率下降，因此产蛋鸡禁用。肉鸡宰前4天停药
二硝托胺 （Dinitolmide, Zoalene）	球痢灵；抗球虫药物	拌料：0.012 5%~0.025%	用0.012 5%的球痢灵与0.005%的洛克沙胂联用有增效作用
氯苯胍 （Robenidine）	罗本尼丁；抗球虫药物	拌料：0.003%~0.004%	引起鸡肉品和蛋鸡的蛋有异味，所以产蛋鸡一般不宜使用，肉鸡应在宰前7天停药

续表

药物名称	别名及用途	用法与用量	注意事项
氯羟吡啶 （Clopidol）	克球粉、克球多、康乐安、可爱丹；抗球虫药物	拌料：0.012 5%～0.025%	产蛋鸡禁用。肉鸡在宰前 5 天停药
地克珠利 （Diclazuril）	杀球灵、伏球、球必清；抗球虫药物	拌料或饮水：0.000 1%	产蛋鸡禁用。肉鸡在宰前 7～10 天停药
妥曲珠利 （Toltrazuril）	百球清；抗球虫药物	饮水或拌料：0.012 5%～0.025%	产蛋鸡禁用。肉鸡在宰前 7～10 天停药
常山酮 （Halofuginone）	速丹；抗球虫药物	拌料：0.000 2%～0.000 3%	0.000 9%速丹可影响鸡生长
二甲硝咪唑 （Dimetridasole）	地美硝唑、达美素；抗滴虫药物、抗菌药物	拌料：0.02～0.05%	产蛋鸡禁用
甲硝唑 （Metronidazole）	灭滴灵；抗滴虫药物、抗菌药物	饮水：0.01%～0.05% 拌料：0.05%～0.1%	剂量过大会引起神经症状
左旋咪唑 （Levamisole）	驱线虫药	口服：24 毫克/千克体重	
丙硫苯咪唑 （Albendazole）	阿苯达唑、抗蠕敏；驱消化道虫药	口服：鸡 30 毫克/千克体重	

3. 合理使用药物

（1）坚持预防为主，防治结合的原则：生产的各个环节中，必须认真做好日常消毒、疫苗接种和药物预防工作。

（2）调查了解具体情况，对症下药：发病鸡，要先诊断是什么病，再根据病因、鸡群状态、药物性能及病原体对药物的敏感性等确定用药。

（3）抗菌药物的使用剂量和疗程要合理：太少起不了作用，太大造成浪费甚至引起中毒。药物的疗程可视病情而定，一般情况连续用药3~5天，直至症状消失后再用1~2天，切忌停药过早，以免再次复发。

（4）根据鸡的生理特点，选择合理给药途径：鸡群常用给药方法有口服（拌料、饮水或滴口）和肌内注射等。根据病情及症状情况，选用作用于不同组织器官的药物，可达到事半功倍的效果。由于鸡群常常采用规模化养殖，鸡只数量多，常常应用饮水和拌料给药方法。饮水给药时应使药物充分溶解，并应在一定时间内饮完，最好的方法是在用药前给鸡群停水2~3小时。拌料给药则需充分混匀。

（5）防止药物间的配伍禁忌：合理联合用药可增强疗效，缓解耐药性，降低毒副反应；不合理联合用药，可产生配伍禁忌，产生严重不良后果。一般抗菌剂不宜与抑菌剂联合使用，药效所需环境不同的不能联合使用，特性相反的也不可联合使用。如青霉素不与四环素类、磺胺类药物合用，盐霉素不与支原净合用等。

（6）同种药物不宜长期使用，注意防止病原产生耐药性：目前市场上各种药物种类繁多，有的药物有效成分相同而商品名称各异，如喹诺酮类药物，仅其成分相同的恩诺沙星制剂就有百病消、普杀平、禽病清、宝宝乐等名称。如果不了解基本的药理知识或买药时仅关注药物商品名而未注意药物成分，造成长期使用同类产品，从而易使病原产生耐药性而影响疗效。

（7）重视药品的安全性：有些药品的安全范围很窄，治疗量和中毒量较接近，在使用时应特别注意。

（8）建立细菌耐药性监测制度：有条件的大型鸡场，通过定期不断监测，建立细菌耐药性监测数据库，定期公布各鸡舍准确监测资料，可减少兽医临床大剂量盲目使用抗生素，也有助于防止耐药菌产生。

（9）注意人禽安全：某些药物在禽体内停留时间较长，即药物在机体内没有排泄彻底而在禽类肉品、蛋品中有部分残留，它直接影响人体的健康，对我国禽类制品出口造成极大影响。为减少药物残留，生产绿色食品、放心食品，应严格遵守药物的停药期限，不使用禁用药物（需要关注农业与农村部的相关公告）。所用兽药必须来自具有生产许可证的生产企业，并且具有企业、行业或国家标准，具有产品批准文号，或者具有进口兽药登记许可证。而且优先使用绿色食品生产资料的兽药产品。

4. 常用中草药　生态养殖建议在疫病防治方面尽量以中草药替代抗生素和合成抗菌药物，以减少病原体耐药性的形成和药物在肉蛋中的残留。目前，市场上的中草药多数是复合制剂，下面介绍一些制剂供养殖过程中结合实际情况选用参考。

（1）健鸡散：本品为党参、黄芪、茯苓、六神曲、麦芽、炒山楂、甘草、炒槟榔8味中药的复方制剂。具有益气健脾、消食开胃的功能。主治食欲不振、生长迟缓。每千克饲料中加20克混饲。

（2）扶正解毒散：本品为板蓝根、黄芪、淫羊藿3味中药的复方制剂。具有扶正祛邪、清热解毒的功能。主治鸡法氏囊病。鸡0.5~1克/只。

（3）蛋鸡宝：本品为党参、黄芪、茯苓、白术、麦芽、山楂、六神曲、菟丝子、蛇床子、淫羊藿10味中药的复方制剂。具有益气健脾、补肾壮阳的功能。主治产蛋率低，能延长产蛋高峰。每千克饲料中加20克混饲。

（4）激蛋散：本品为虎杖、丹参、菟丝子、当归、川芎、牡蛎、地榆、丁香、肉苁蓉、白芍10味中药的复方制剂。具有清热解毒、活血祛瘀、补肾强体的功能。主治输卵管炎和产蛋功能低下。每千克饲料中加 10 克混饲。

（5）喉炎净散：本品为板蓝根、蟾酥、人工合成牛黄、胆膏、甘草、青黛、玄明粉、冰片、雄黄 9 味中药的复方制剂。具有清热解毒、通利咽喉的功能。主治鸡喉气管炎。鸡 0.05~0.15 克/只。

（6）雏痢净：本品为白头翁、黄连、黄檗、马齿苋、乌梅、诃子、木香、苍术、苦参 9 味中药的复方制剂。具有清热解毒、涩肠止痢的功能。主治雏鸡白痢，雏鸡 0.3~0.5 克/只。

（7）清瘟败毒散：本品为石膏、地黄、水牛角、黄连、栀子、牡丹皮、黄芩、赤芍、玄参、知母、连翘、桔梗、甘草、淡竹叶 14 味中药的复方制剂。具有泻火解毒、凉血的功能。主治热毒发斑、高热昏神。鸡 1~3 克/只。

（8）肝肾通：主要成分为牛磺酸、龙胆、栀子、木通、车前草、熟地黄、当归、女贞子、茯苓、泽泻、生姜、葡萄糖、水等。具有补肾益气、消水利肿、清肝明目的功能。临床主要用于各种原因引起的肾脏问题。

（9）荆防败毒散：本品为荆芥、防风、羌活、独活、柴胡、前胡、枳壳、茯苓、桔梗、川芎、甘草、薄荷 12 味中药的复方制剂。具有辛温解表、祛风除湿的功能。主治风寒感冒、流感等。鸡 1~2 克/只。

（10）清热止咳散：本品为桑白皮、知母、苦杏仁、前胡、金银花、连翘、桔梗、甘草、橘红、黄芩 10 味中药的复方制剂。具有清泻肺热、化痰止咳的功能。主治肺热咳喘、咽喉炎症。鸡 1~3 克/只。

（11）菌物菌质发酵型扶正解毒散：主要成分为黄芪、当归、淫羊藿、女贞子、板蓝根、三七、益生菌及衍生物。作用主要有调节免疫，增强体质；健康肠道，辅助消化；降解霉菌和体内毒素。可促进内脏器官发育，防病抗病，降低死淘，提高生产性能及产品品质，延缓衰老和延长生产周期，提高饲料转化率降低消耗。每吨饲料中加 3 千克，用 10 天停 10 天间断添加。

（12）吉吉蛋：主要成分为山楂、女贞子、小球藻、莲子等。具有提高饲料效率、改善蛋壳质量的功能。混饲，本品 1.5 千克可拌料 1 000 千克。

（13）胃舒美：主要成分为党参、白术、干姜、甘草等。是胃肠疾病专用药，主治家禽消化不良、肠炎拉稀、胃肠炎等。混饲，本品 1 千克可拌料 250~500 千克。

（14）解霉君：主要成分为女贞子等。具有抑制霉菌生长，降解霉菌毒素；改善蛋壳颜色，提高产蛋率的功能。混饲，本品 1 千克可拌料 2 000 千克。

（15）毒抗：主要成分为鱼腥草、黄芩、黄连、忍冬、野菊花、水牛角、大黄、白术、甘草等。具有清热疏风、清热解毒的功能；全面抗病毒，提高免疫力，如每月 5~7 天的定期保健；治疗病毒性疾病及细菌感染时的配合性治疗；减少各种应激造成的影响，如免疫前后使用可防止疫苗应激。适用于鸡群精神差、采食量减少、拉黄绿色粪、产蛋率降低、蛋品次、死淘率升高等症的治疗。混饲，每千克可拌料 150 千克，集中使用，连用 3~5 天。开水焖制半小时后使用，药效更佳。

（16）肝泰：主要成分为柴胡、龙胆草、车前草、甘草、胆汁酸、葡萄糖氧化酶、枯草芽孢杆菌等。具有疏肝利胆、活血化瘀的功能。用于脂肪肝的治疗与预防；减少和降低霉菌毒素对机体健康的影响；修复肝损伤，恢复肝脏功能；调理内脏，增强体质。产蛋后期，每月 1 次使用肝泰对肝脏进行调理，以降低死淘率，延长高峰期，改善蛋品品质。混饲，每千克可拌料 500 千克，重症加倍，连用 7 天。

（17）新常态：主要成分为黄芪、苦参、白术、白头翁、山茱萸、当归、木香、枯草芽孢杆菌等。可涩肠止痢，益气健脾；调整肠道菌群，减少有害菌的危害，预防和治疗肠道问题，如腹泻、过料、肠炎等；具有良好的清热解毒、清热泻火、涩肠止痢作用。混饮，每瓶兑水400~500千克，集中使用，连用5~7天。

（18）清瘟汤：主要成分为黄芩、黄连、黄檗、石膏、知母、板蓝根、栀子、水牛角、生地黄、野菊花、麻黄、桂枝、甘草、牡丹皮、赤芍、杜仲叶提取物、枯草芽孢杆菌等。具有清热凉血、解毒止昏、抗病毒的功能。临床适用于各种瘟热症引起的鸡群精神差、采食量减少、拉黄绿色粪、产蛋率降低、蛋品次、死淘率高等症的治疗。饮水，每瓶250毫升兑水150千克，集中使用，连用3~5天。

（19）健吉散：主要成分为山楂、麦芽、六神曲、黄芪、黄连、木香、牛磺酸等。具有健胃消滞、涩肠止痢的功能。可促进消化吸收，加快生长，预防和治疗腹泻、过料、肠炎等症。混饲，本品每袋1千克可拌料250千克，集中或自由采食均可，连用5~7天，长期添加，效果更佳。

（20）蛋多福：主要成分为山楂、麦芽、六神曲、黄芪、党参、白术、菟丝子、淫羊藿、绞股蓝、益母草、维生素A、维生素D_3、枯草芽孢杆菌等。具有健脾益气、滋阴补肾、活血通络的功能。用于蛋鸡前期能促进发育，提高产蛋率，降低死淘率，治脱肛、啄肛，增加蛋重；高峰期可稳定产蛋率，消除疲劳，减少耗料，降低死淘；后期可延长产蛋高峰，增强蛋壳质量，降低破蛋率，降低死淘率。混饲，每千克可拌料1 000千克，连用7~10日；长期添加，效果更佳；治疗啄肛、脱肛时，每千克可拌料500千克，连用7~10天。

（21）黄芪提取液：主要成分为黄芪。可提高免疫力和饲料利用率，缩短饲养时间。混饮，500毫升兑水500千克，连用3~5天。

（22）桔梗提取液：主要成分为桔梗。具有宣肺祛痰、利咽排脓、改善呼吸道和支气管疾病症状的功能。混饮，本品500毫升兑水500千克，连用3~5天。

（23）液态牛磺酸（免力肽）：主要成分为牛磺酸。可提高免疫力，增强抵抗力。混饮时，本品400毫升兑水500千克，连用3~5天。

（24）言无忧：主要成分为黄连、苦参、植物精油等中药提取物。本产品能预防和治疗由多重耐药顽固性大肠杆菌所引起的死胚型、肠炎、急性败血症型、脑膜炎型、全眼球炎型、关节滑膜炎型、肉芽肿型、脐炎型、输卵管炎、卵黄性腹膜炎型、肿头综合征等。本品按0.3%的添加比例使用可长期添加，短期使用每200克兑水500千克。

（25）好吉蛋2300：主要成分为当归、川芎、白芍、熟地黄、党参、西洋参、黄芪、促卵泡生成肽、山药、何首乌等。本品对由腺病毒引起的鸡群产蛋率大幅度下降，同时伴有蛋品质量差、产畸形蛋、血斑蛋、沙皮蛋、软壳蛋及无壳蛋等具有较好的预防和治疗作用。

（26）支滑士：主要成分为绞股蓝、植物精油、鱼腥草等。对由支原体引起的慢性呼吸道病、咳嗽、流鼻涕、呼吸道啰音、张口呼吸、成年鸡产蛋率下降、幼鸡生长不良、肉鸡胴体品质下降、废弃率增加等有特效。

（27）爱鸡宝：主要成分为淫羊藿、麦芽、山楂、神曲、黄芪、防风、白术、何首乌、多种维生素等。可改善蛋品质，延长产蛋高峰期；调理肠道，提高饲料利用率，提高机体抵抗力；有效预防输卵管炎，代替脱霉剂，能降解多种细菌内毒素及由于饲料霉变所引起的霉菌毒素。混饲，每千克拌料1吨饲料。

（28）壮宝宝：主要成分为党参、六神曲、麦芽、山楂、白术等提取物，益生菌，促生长因子等。可催肥增重，益气健胃，消食健胃，促生长，增强新陈代谢，提高抗病力，改善肠道环境，增加采食量，提高饲料利用率。用于鸡食欲不振，生长迟缓。本产品为健胃强壮之剂，对雏鸡能促进生长发育，提高成活率；对成年鸡可降低死淘率。本品每瓶250毫升，兑水500千克。

（29）上呼清：主要成分为麻黄、苦杏仁、石膏、甘草、浙贝母等。具有清热、宣肺、平喘止咳、宣肺泄热的功能。针对外感风邪、瘟热入肺引起的咳嗽、气喘、甩头、伸颈呼吸，气管有黏稠痰液、环状出血等呼吸道病症的治疗有较好的效果。主要用于各种呼吸道疾病的治疗与预防。对冠状病毒感染引起的呼吸道传染病也具有较好的疗效。混饲，每千克拌料250千克，连用5~7天。

（30）荆防败毒散：主要成分为荆芥、防风、羌活、独活、柴胡、前胡、桔梗、枳壳、茯苓、甘草、川芎等。主要用于感冒、病毒病的预防与治疗。混饲，每千克拌料250千克。

（31）鸡球虫散：主要成分为槟榔、雷丸、贯众、乌梅、使君子等。用于鸡球虫病、肠炎的治疗与预防。本产品可使雏鸡生长发育加快，饲料转换率高，防治雏鸡腹泻。混饲，每千克拌料250千克。

（32）无抗优：主要成分为黄连、苦参、千里光、植物精油等中药提取物。主治由大肠杆菌引起的心包炎、肝周炎、腹膜炎、肠炎、输卵管炎、全眼球炎、气囊炎、脐炎、卵黄腹膜炎、大肠杆菌性肉芽肿和关节炎。纯中药提取，不含抗生素，不影响疫苗，不影响微生态，无耐药性。混饮，每200克兑水500千克，连用3~5天。

（33）靓蛋：主要成分为杜仲、益母草等名贵中药精提物。本品能提高机体免疫力，增加蛋重，蛋壳的蛋色鲜艳、有光泽，减少沙皮蛋、软壳蛋、花斑蛋等次品蛋。混饮，每瓶100克，兑水250千克，集中饮水4小时，连用5天。

（34）常干净：主要成分为蒲公英、槐角、丹参、黄芪、白术、穿心莲、免疫因子等。主要作用为清热解毒、消肿止痛、抗菌消炎、修复肠道，抗菌谱广，对多种病原菌引起的鸡群精神不振、采食量下降、缩脖、炸毛、呆立、粪便不成型、过料、排黄白色稀便、泄殖腔羽毛及鸡蛋上被粪便污染，并伴有零星死亡等症有较好疗效。混饮，每100克兑水250千克，连用5天。

（35）君乐美：主要成分为地衣芽孢杆菌、枯草杆菌、丁酸梭菌、酵母菌、壳聚糖、促生长肽、中药提取物等。育雏期使用可以尽早建立肠道菌群平衡，利于有益菌生长繁殖，降低胃肠道疾病的发生。中、后期使用可以修复肠道黏膜完整性，减少料粪，促进营养物质消化和吸收，提高饲料转化率和日增重，整群均匀度好，抗病力强。混饮，育雏阶段250毫升兑水150千克，中期250毫升兑水250千克，后期250毫升兑水500千克，全程使用效果更好。

（36）热益清：主要成分为卡巴匹林钙、绿原酸、抗病毒因子、香菇多糖等。具有清瘟解毒、消炎、快速恢复采食量、提升免疫力的功能。针对禽流行性感冒、新城疫、传染性支气管炎、传染性喉气管炎等病毒性疾病引起的咳嗽、呼噜、眼睑肿胀、体温升高、呼吸困难、冠髯青紫、白壳蛋、破壳蛋多、黄白绿粪或米汤样稀便等症有较好疗效。混饮，每100克兑水200千克，连用3~5天。

（37）奥可欣全抗：主要成分为板蓝根、黄芩、知母、连翘、金银花、栀子、地丁等。主要作用为清热解毒，凉血泻火，抑菌抗病毒，提高吞噬细胞功能，提高采食，针对瘟热疾病引起的呼吸道症状及混合感染、产蛋率下降、死亡率增加等有很好的预防和治疗作用。对禽流感、新城疫、传染性支气管炎、传染性喉气管炎、减蛋综合征等均具有较好的预防和治疗作用。混饮，每 100 克兑水 200 千克，连用 4~5 天。

（38）蓝冰：主要成分为枯草芽孢杆菌、植物乳杆菌、中药（甘草、黄芪、板蓝根、栀子等）发酵粗提物。对温和型流感、新城疫等病毒性疾病的预防和治疗有较好效果。

（39）肠康爱多：主要成分为植物乳杆菌、酵母细胞壁、发酵溶菌酶、复合抗菌肽、发酵粗提物（丁香、杨树花等）、红花籽油。可迅速解除蛋禽生理性腹泻、黄绿色水便等症状；可治疗红、黄、白、绿、灰等异常粪便。

（40）求利旺：主要成分为枯草芽孢杆菌、木聚糖酶、中药（青蒿、常山、苦参、仙鹤草、马齿苋等）发酵粗提物。可防治小肠球虫、盲肠球虫、肠炎等病。

（41）管乐：主要成分为枯草芽孢杆菌、发酵溶菌酶、包被植物精油、中药（穿心莲、白头翁、黄芩、黄连等）发酵粗提物。防治蛋禽输卵管炎、卵巢炎等生殖系统炎症。

（42）爆解：主要成分为枯草芽孢杆菌、酵母细胞壁、螺旋藻粉、中药（茵陈、银杏叶、土茯苓等）粗提物。具有脱霉解毒、保肝护肾、调理肠道的功能。

（43）微维安：主要成分为枯草芽孢杆菌等复合益生菌、益母草、黄芪、白术、女贞子、蒲公英、甘草、绞股蓝、复合酶、维生素、微量元素等。可改善胃肠功能，减少腺胃炎、肌胃炎与腹泻、过料的出现；改善禽蛋品质与质量；治疗蛋禽输卵管炎症。

（七）做好养殖场内污染物的无害化处理

养殖场内的污染物主要是养殖过程中产生的鸡粪、旧垫草、污水、各种垃圾、病死鸡等。它们是病原体的主要携带者，如果不做好无害化处理就会污染养殖场环境，为疾病的发生埋下隐患。

1. 鸡粪（包括旧垫草）的处理 养鸡场应建有与饲养规模相匹配的粪污收集设施、设备或处理（置）机制，粪便不得随地堆积，废水不得随意排放。已建养殖场没有处理设施或处理机制的，应予补建。从鸡舍或运动场等清出的粪便要及时收集运送到贮存或处理场所。畜禽粪便收集过程中必须采取防扬散、防流失、防渗漏等措施。

（1）深坑腐熟处理：在距放养场地30米之外的地方挖一长方形土坑，深度为1米，宽度和长度可以依据饲养鸡数量而定，四周砖砌，水泥抹平，将鸡粪70%、草粉（或旧垫料）30%混合均匀，将湿度调整为50%左右（含水量以手握指缝有水迹但无水珠滴落为宜），堆积出粪坑15~20厘米，表面用草泥糊严，夏季经过4~6周，冬季经过7~9周即可腐熟。这种方法对于含水量较高的鸡粪处理效果较好。

（2）EM菌液发酵法：用麦秸、稻草、树叶、锯末、稻壳等作为鸡舍垫料时，当鸡舍内垫料使用超过2个月后，将垫料与鸡粪的混合物清理出来（水分含量控制在35%左右），加入EM菌液，之后填入粪坑中堆积发酵。

1）EM菌液的用量及配制方法：按500千克鸡粪垫料混合物与400毫升EM菌液、400克红糖的比例进行混合。具体方法是首先要确定处理鸡粪混合物的量，再按比例计算出EM菌液和红糖的用量，先用少量50℃左右的水把红糖溶解，然后加适量冷开水稀释，随之加入所需EM菌液，并按处理鸡粪及垫料量的5%加足清水，混匀待用。

2）鸡粪EM发酵方法：将收集的鸡粪垫料混合物分层装入发酵池内，每层20 cm厚，按比例喷洒EM稀释菌液，每加一层料喷洒一次菌液，直至贮满，用塑料薄膜密封发酵。在常温情况下，鸡粪的EM发酵夏天只需3天，冬天需5~7天。EM发酵成功的鸡粪，酸香味取代了臭味，鸡粪表面有白色菌丝覆盖。

（3）堆积发酵：在一块平地上将粪便堆积起来（如果粪便稀可以掺一些切短的麦秸或玉米秸），然后在粪堆的表面用草泥糊严。必要时在粪便堆积的时候添加一些 EM 菌液。经过 4~8 周粪堆内部温度在 50 ℃以上维持 1 周以上时间，粪便中的病原体即可被杀灭，尿酸盐也会被分解。

2. 污水的处理　养鸡场的污水要通过专用管道排放，在鸡场围墙外、下风向处设置污水池，污水池要用水泥硬化，减少向地下的渗透。污水积存过程中会自然发酵，经过发酵的污水可以用于农田灌溉，在生态放养的鸡场很少产生污水，污水的集中处理一般不用考虑。

3. 病死鸡的尸体处理　死亡的病鸡尸体要及时、专门处理，不得在养殖场（小区）内外随地丢弃。鸡尸体的处理应采用专用焚烧炉焚烧的办法，焚烧时应采取净化措施，防止对周边大气环境造成污染。

不具备焚烧条件的养殖场应设置两个以上的安全填埋井，填埋井应为混凝土结构，深度大于 3 米，直径不小于 0.7 米，井口加盖密封。进行填埋时，每次投入病鸡尸体后，应覆盖一层厚度大于 3 厘米的生石灰，井填满后（病鸡尸体距井口处约 70 厘米），须用黏土填压实并密封井口。也有用玻璃钢罐（深度约 2 米，直径约 1.2 米，罐口直径约 0.5 米）埋在地下作为化尸井的，罐口有盖子，每次将病死鸡丢入罐内后把盖子盖严。

十一、生态养鸡常见疾病的防治

生态养鸡有许多有利于防病的因素。如放养鸡饲养密度小，舍内通风好，鸡在果园、林间、农田、草地活动，外界空气质量好，舍内粉尘、氨气、硫化氢的浓度很低，所以一般很少患呼吸道疾病。放养鸡活动范围广，运动量大，体质好；放养鸡在觅食过程中，不停地奔跑、跳跃、打斗，增加了肺活量及肌肉的增长，具有良好的体质；放养鸡觅食中采食鲜嫩的树叶、草叶及成熟的植物籽实，这些物质中不仅含有丰富的蛋白质，还含有鸡必需的多种维生素、微量元素；放养鸡觅食中，从周围的环境中采食大量蝗虫、蚯蚓、蝇蛆等动物，这些动物不仅提供大量的优质蛋白质，而且体内还含有丰富的抗菌肽，抗菌肽对多种细菌、真菌及病毒均有杀灭作用；放养鸡在太阳的照射下，紫外线源源不断地消毒及产生维生素 D_3，减少软骨病的发生等。

但是生态养鸡（尤其是采用放养方式）也存在不利于防病的因素。如放养鸡场饲养的主要是本地鸡，有些种鸡场没进行过鸡白痢、白血病的净化，经蛋垂直传染的疾病较多；放养环境不易控制，鸡接触地面，病鸡粪便易污染饲料、饮水、土地，鸡易患球虫病、大肠杆菌病和蛔虫病等；放养鸡所处的外界环境因素多变，易受暴风雨、冰雹、雷等侵袭，容易产生应激。

与舍内饲养的鸡群不同，放养鸡在疫病防治方面也有自己的特点。

（一）病毒性传染病的防治

病毒性传染病的病原体都是病毒，这类疾病发生后传播比较快，治疗效果不佳，常常造成重大的损失，应以预防为主，尤其是要及时接种疫苗。但是在实际中尽管做了预防性工作，鸡群依然有可能发生病毒性传染病。一旦发生疾病，在治疗方面可以采用以下措施以减轻损失：一是灭活病原，主要是使用特异性抗体（高免卵黄抗体或血清抗体）注射，如鸡群发生传染性法氏囊炎时可以用法氏囊炎高免卵黄抗体或血清注射，发生鸡新城疫时则可以用新城疫抗体，治疗效果比较理想，可是有些病毒性传染病目前还没有专用的抗体；二是干扰病毒繁殖，常常通过给病鸡注射使用干扰素处理；三是增强鸡的免疫力，如紧急接种弱毒疫苗，喂服或注射白介素、黄芪多糖等；四是缓解症状，针对某种病毒性传染病所引起的症状使用相应药物，减轻病理变化；五是防止继发感染，主要是结合使用抗生素进行辅助治疗。

1. 鸡新城疫

（1）流行特点：本病主要经消化道和呼吸道传播，一年四季均可发生，以冬春寒冷季节较易流行。不同年龄、品种和性别的鸡均会感染，但幼雏的发病率和死亡率明显高于大龄鸡，纯种鸡比杂交鸡易感，死亡率也高。本病主要传染源是病鸡和带毒鸡的粪便及口腔黏液，被病毒污染的饲料、饮水、地面、用具，经消化道传染易感鸡；带病毒的尘埃、飞沫进入呼吸道，经呼吸道传染易感鸡。此外，流动人员、野禽、病鸡、死鸡、带毒鸡或未经消毒处理的禽产品往往是造成本病发生的重要因素。

（2）临床症状：根据临床表现和病程长短，分为最急性型、急性型、亚急性型或慢性型。

1）最急性型：此型多见于雏鸡和流行初期。常突然发病，无特征性症状而迅速死亡。往往头天晚上饮食活动正常，第二天早晨发现死亡。

2）急性型：表现为呼吸道、消化道、生殖系统、神经系统异常。往往以呼吸道症状开始，继而下痢。起初体温升高达43~44 ℃，呼吸道症状主要表现为咳嗽，呼吸道黏液增多，呼吸困难，张口伸颈，时有喘鸣音或咯咯声，或突然出现怪叫声。精神委顿，食欲减少或丧失，渴欲增加，羽毛松乱，不愿走动，垂头缩颈，翅翼下垂，鸡冠和肉髯呈紫色，眼半闭或全闭，状似昏睡。口角流出大量黏液，为排除黏液，常甩头或吞咽。嗉囊内积有液体状内容物，倒提时常从口角流出大量酸臭的暗灰色液体。排黄绿色或黄白色水样稀便，有时混有少量血液。后期粪便呈蛋清样。产蛋鸡产蛋量显著下降。部分病例出现神经症状，如翅、腿麻痹，站立不稳，最后体温下降，不久在昏迷中死去。1月龄内的雏禽病程短，症状不明显，死亡率高。

3）亚急性型或慢性型：又称非典型或温和型鸡新城疫。病情比较缓和，发病率和死亡率都不高。常为以神经症状为主，初期症状与急性型相似，病鸡张口呼吸，有"呼噜"声，咳嗽，口流黏液，排黄绿色稀粪，不久有好转，但出现神经症状，如翅膀麻痹、跛行或站立不稳，头颈向后或向一侧扭转，常伏地旋转，反复发作。在间歇期内一切正常，貌似健康。但若受到惊扰刺激或抢食，则又突然发作，头颈后仰，全身抽搐旋转，数分钟又恢复正常。最后可变为瘫痪或半瘫痪，或者逐渐消瘦，终至死亡，但病死率较低。产蛋鸡产蛋量下降，褪色蛋、薄壳蛋、小蛋、畸形蛋增多。

在放养鸡中，非典型新城疫防治显得尤为重要。首先，放养鸡所养鸡种大多数是本地鸡，各种鸡场免疫程序千差万别，首免时间不易确定；其次，放养鸡因其饲养环境的特殊性，免疫接种时，常常采用饮水法，而饮水法常因群体过大，易造成饮水不均，影响免疫效果；另外，日粮中营养物质缺乏，以及饲养管理不善等，均会影响免疫效果。非典型新城疫时有发生，尽管发病率和死亡率都不高，但散发性非典型新城疫仍是危害放养鸡的疫病之一。在生产中应引起足够的重视。

（3）病理变化：病鸡的主要病变为广泛性出血。消化道病变以腺胃、小肠和盲肠最具特征。腺胃乳头或乳头间点状出血，或腺胃与肌胃间，食道与腺胃间有出血斑或出血带，有时形成小的凹陷溃疡；肌胃角质膜下出血或溃疡；十二指肠黏膜及小肠黏膜呈点状、片状或弥漫性出血，病程稍久的可见到"岛屿状或枣核状溃疡灶"，表面有黄色或灰绿色纤维素膜覆盖。盲肠扁桃体肿大、出血和坏死，直肠和泄殖腔出血。呼吸道以卡他性炎症和气管充血、出血为主。鼻腔、喉、气管中有浆液性或卡他性渗出物。

非典型新城疫剖检可见气管轻度充血，有少量黏液。鼻腔有卡他性渗出物。气囊混浊。少见腺胃乳头出血等典型病变。

产蛋鸡常有卵黄泄漏到腹腔形成卵黄性腹膜炎，卵泡松软变性。

（4）临床诊断：当鸡群突然采食量下降，出现呼吸道症状和拉绿色稀粪，成年鸡产蛋量明显下降，应首先考虑新城疫的可能性。通过对鸡群的仔细观察，发现呼吸道、消化道及神经症状，结合临床病理学剖检，如见到腺胃乳头出血、肠出血、盲肠扁桃体出血、溃疡等，可初步诊断为新城疫。

（5）防治：加强卫生管理，防止病原体侵入鸡群，认真贯彻落实消毒工作，加强鸡场及出入人员、器械等的消毒工作，定期进行带鸡消毒。及时发现和隔离病鸡，放养场地内出现的死鸡要及时捡出消毒后掩埋。

制订科学合理的免疫程序，加强免疫检测，做好免疫防治。

参考免疫程序：

1）肉仔鸡：1日龄，鸡新城疫和传染性支气管炎二联低毒力活疫苗喷雾免疫，鸡新城疫和禽流感（H_7）二联灭活苗皮下注射 0.5 毫升；21 日龄鸡新城疫低毒力活疫苗喷雾或 2 倍量饮水。

2）蛋鸡和肉种鸡：7 日龄鸡新城疫低毒力活疫苗滴鼻点眼，同时新城疫灭活苗 0.3 毫升肌内注射；21 日龄鸡新城疫低毒力活疫苗喷雾免疫或 2 倍量饮水；60 日龄用Ⅰ系苗 2 倍量肌内注射；开产前 2~3 周用鸡新城疫–减蛋综合征–传染性支气管炎三联油乳剂灭活苗肌内注射，同时Ⅰ系苗 3 倍量肌内注射；280 日龄，新城疫Ⅳ系 5 倍量饮水，同时，新城疫油苗肌内注射 1 毫升。

发生本病时，可进行紧急接种或被动免疫。体况良好的中鸡群在发生新城疫强毒感染的初期，使用新城疫中等毒力型弱毒疫苗株做紧急接种，可迅速控制感染。而低于 25 日龄的鸡群和严重感染期的所有日龄鸡群，则不宜使用新城疫中等毒力型弱毒疫苗紧急接种，以免加剧感染鸡群的发病和死亡情况。此时，鸡群最好使用高效价的新城疫超免卵黄抗体做肌内注射治疗，经 1~2 周后，在鸡群的病情已获得控制的情况下，可考虑使用疫苗接种，使其产生主动免疫力。

2. 鸡传染性法氏囊病

（1）流行特点：所有品种的鸡都会感染，刚出壳的幼雏母源抗体阴性的鸡可于 1 周龄内感染发病，有母源抗体的鸡多在母源抗体下降至较低水平时感染发病。3~6 周龄的鸡最易感。本病全年均可发生，无明显季节性，可在感染鸡和易感鸡群之间迅速传播。病鸡的粪便中含有大量病毒，病鸡是主要传染源。鸡可通过直接接触或被本病毒污染的饲料、饮水、垫料、尘埃、用具、车辆、人员、衣物等间接传播。发生本病的鸡场，常常出现新城疫、马立克病等疫苗接种的免疫失败，并且易继发感染大肠杆菌、新城疫等病。

（2）临床症状：本病潜伏期为2~3天，发病鸡群的早期症状之一是有些病鸡有啄自己肛门的现象，随即病鸡出现腹泻，排出白色黏稠或水样稀便。随着病程的发展，食欲逐渐消失，颈和全身震颤，病鸡步态不稳，羽毛蓬松，精神委顿，卧地不动，体温常升高，泄殖腔周围的羽毛被粪便污染。如果养鸡场初次发生本病，其症状典型，死亡率可高达20%以上。耐过的雏鸡表现为贫血、消瘦、生长迟缓，并对多种疫病如鸡新城疫、传染性支气管炎等易感，从而带来更严重的后续损失。

（3）病理变化：病死鸡肌肉色泽发暗，大腿内外侧和胸部肌肉常见条纹状或斑块状出血。腺胃和肌胃交界处常见出血点或出血斑。法氏囊水肿，是正常的2~3倍，囊壁增厚，外形变圆，呈土黄色，外包裹有胶冻样透明渗出物，黏膜皱褶上有出血点或出血斑，内有炎性分泌物或黄色干酪样物。随病程延长，法氏囊萎缩变小，囊壁变薄，第8天后仅为其原重量的1/3左右。一些严重病例可见法氏囊严重出血，呈紫黑色如紫葡萄状。肾脏肿大，常见尿酸盐沉积，输尿管有多量尿酸盐而扩张。盲肠扁桃体多肿大、出血。

（4）临床诊断：本病根据其流行病学、病理变化和临诊症状可做出初步诊断，确诊须做实验室诊断。

（5）防治：本病尚无有效治疗药物，预防接种、被动免疫是控制本病的主要方法，同时必须加强饲养管理及防疫消毒卫生工作。

为防止育雏早期的隐性感染和提高雏鸡阶段的免疫效果，种鸡场应做好主动免疫工作，即在种鸡群开产前用油乳剂灭活苗进行预防接种，在种鸡40~42周龄时再用油佐剂灭活苗免疫一次，这样就能保证种鸡在整个产蛋期内的种蛋和雏鸡保持相对稳定的母源抗体，并且均匀一致。放养的雏鸡可在12~14日龄用中等毒力弱毒苗饮水，24~26日龄用中等偏强毒力疫苗饮水。对于来源复杂或情况不清的雏鸡免疫可适当提前。在严重污染区，可使用法氏囊组织灭活苗，在 7～10 日龄免疫一次，鸡群可获得保护。

发病鸡舍应严格封锁，每天上、下午各进行一次带鸡消毒。对环境、人员、工具也应进行消毒。受严重威胁的感染鸡群或发病鸡群早期用高免血清或卵黄抗体治疗可获得较好疗效，雏鸡 0.5～1.0 毫升/羽，大鸡 1.0～2.0 毫升/羽，皮下或肌内注射，必要时次日再注射一次。同时，及时选用对鸡群有效的抗生素控制继发感染。改善饲养管理和消除应激因素。有人认为"莫氏灵"有一定的治疗效果。也可在饮水中加入复方口服补液盐及维生素 C、维生素 K、维生素 B 或 1%～2% 的奶粉，以保持鸡体水、电解质、营养平衡，促进康复。

3. 禽流行性感冒

（1）流行特点：简称禽流感，所有禽类都易感本病，以鸡和火鸡易感性最高。病禽可从呼吸道、消化道、结膜排出病毒。传播方式有感染禽和易感禽的直接接触、空气传播及同污染物品（饲料、饮水、各种用具等）的间接接触等。同时，人员流动与消毒不严促进了禽流感的传播。本病一年四季均能发生，但冬、春季多发，夏、秋季零星发生。天气突变、冷刺激，饲料中营养物质缺乏均能促进该病的发生。

（2）临床症状：该病因感染禽的品种、日龄、性别、环境因素、病毒的毒力不同，病禽的症状各异，轻重不一。

1）最急性型：由高致病力流感病毒引起，病禽不出现前驱症状，发病后快速死亡，死亡率可达 90%～100%。

2）急性型：为目前世界上常见的一种病型。病禽表现为突然发病，体温升高，可达 42 ℃以上，精神沉郁，头、面部和下颌水肿，肉冠和肉垂肿胀、发紫。采食量急剧下降。病禽呼吸困难，咳嗽，打喷嚏，张口呼吸，突然尖叫，眼肿胀流泪，初期流浆液性带泡沫的眼泪，后期流黄白色脓性分泌物，眼睑肿胀，两眼突出，向两侧开张，呈"金鱼头"状。腿部鳞片发紫或出血。也有的出现抽搐、头颈后扭、运动失调、瘫痪等神经症状。产蛋鸡产蛋量下降。

3）非典型禽流感：病禽一般表现为流泪，咳嗽，喘气，下痢，产蛋量大幅度下降（下降幅度为50%～80%），并发生零星死亡。

（3）病理变化：最急性死亡的病鸡常无眼观变化。急性者可见头部和颜面浮肿，鸡冠、肉垂肿大达3倍以上；皮下有黄色胶冻样浸润、出血，胸、腹部脂肪有紫红色出血斑；心包积水，心外膜有点状或条纹状坏死，心肌软化；病鸡腿部肌肉出血，有出血点或出血斑。消化道变化表现为腺胃乳头水肿、出血，肌胃角质层下出血，肌胃与腺胃交界处呈带状或环状出血；十二指肠、盲肠扁桃体、泄殖腔充血及出血；肝、脾、肾脏瘀血肿大，有白色小块坏死；呼吸道有大量炎性分泌物或黄白色干酪样坏死；胸腺萎缩，有程度不同的点、斑状出血；法氏囊萎缩或呈黄色水肿，有充血、出血；母鸡卵泡充血、出血，卵黄液变稀薄；严重者卵泡破裂，卵黄散落到腹腔中，形成卵黄性腹膜炎，腹腔中充满稀薄的卵黄。输卵管水肿、充血，内有浆液性、黏液性或干酪样物质。公鸡睾丸变性坏死。

（4）临床诊断：本病的诊断需要到省级畜牧兽医主管部门进行。本病在临床上与新城疫的症状及剖检变化相似，应注意鉴别。

（5）防治：本病属法定的畜禽一类传染病，危害极大，故一旦暴发，确诊后应坚决彻底销毁疫点的禽只及有关物品，执行严格的封锁、隔离和无害化处理措施。严禁外来人员及车辆进入疫区，禽群处理后，禽场要全面清扫、清洗、消毒，空舍至少3个月。

禽流感发病急，死亡快，一旦发生损失较大，应重视对该病的预防。严格执行生物安全措施，加强禽场的防疫管理，禽场门口要设消毒池、谢绝参观，严禁外人进入禽舍，工作人员出入要更换消毒过的胶靴、工作服，用具、器材、车辆要定时消毒。

做好免疫接种，10日龄禽流感油乳剂灭活苗0.3~0.4毫升颈部皮下注射；40~45日龄禽流感油乳剂灭活苗0.5毫升颈部皮下注射；120日龄禽流感油乳剂灭活苗0.5~1毫升颈部皮下注射。

4. 传染性支气管炎

（1）流行特点：本病仅发生于鸡，其他家禽均不感染。各种年龄的鸡都可发病，但雏鸡最为严重，死亡率也高，一般以40日龄以内的鸡多发。本病主要经呼吸道传染，病毒从呼吸道排毒，通过空气的飞沫传给易感鸡。也可通过被污染的饲料、饮水及饲养用具经消化道感染。本病一年四季均能发生，但以冬春季节多发，流行传播迅速，死亡率达20%~30%。鸡群拥挤、过热、过冷、通风不良、温度过低、缺乏维生素和矿物质，以及饲料供应不足或配合不当，均可促使本病的发生。

（2）临床症状：由于病毒的血清型不同，鸡感染后出现不同的症状。

1）呼吸型：病鸡无明显的前驱症状，常突然出现呼吸道症状，并迅速波及全群。幼雏表现为伸颈、张口呼吸、咳嗽，有"咕噜"音，尤以夜间关灯后待鸡群安静时听得最清楚。随着病情的发展，病鸡精神萎靡，食欲废绝，羽毛松乱，翅下垂，昏睡、怕冷，常拥挤在一起。2周龄以内的病雏鸡还常见鼻窦肿胀，流黏性鼻液，流泪等症状，病鸡常甩头。患病的青年母鸡（90~130日龄）除呼吸道症状外，其输卵管可造成永久性损害，终生不再产蛋，成为"假产蛋鸡"。产蛋鸡感染后产蛋量下降25%~50%，同时出现褪色蛋、小型蛋、长蛋等畸形蛋，蛋壳粗糙，蛋清稀薄如水。

2）肾型：感染肾型支气管炎病毒后，其典型症状分三个阶段。第一阶段是病鸡表现轻微呼吸道症状，鸡被感染后 24~48 小时开始气管发出啰音，打喷嚏及咳嗽，并持续 1~4 天，这些呼吸道症状一般很轻微，有时只有在晚上安静的时候才听得比较清楚，因此常被忽视。第二阶段是病鸡表面康复，呼吸道症状消失，鸡群没有可见的异常表现。第三阶段是受感染鸡群突然发病，并于 2~3 天内逐渐加剧。病鸡挤堆，厌食，排白色稀便，粪便中几乎全是尿酸盐，鸡爪干瘪。

3）腺胃型：病鸡咳嗽，喘气，持续水样下痢，消瘦，死亡，成鸡的产蛋量呈现明显下降。

（3）病理变化：

1）呼吸型：气管环出血，管腔中有水样或黏稠透明的黄白色渗出物。幼雏鼻腔、鼻窦黏膜充血，鼻腔中有黏稠分泌物，肺脏水肿或出血。病鸡输卵管发育受阻，变细、变短或成囊状。产蛋鸡的卵泡变形甚至破裂。

2）肾型：肾脏肿大，呈苍白色，肾小管充满尿酸盐结晶，扩张，外形呈白线网状，俗称"花斑肾"；输尿管变粗，内有白色的尿酸盐；严重的病例在心包和腹腔脏器表面均可见白色的尿酸盐沉着；全身皮肤和肌肉发绀，肌肉失水。有时还可见法氏囊黏膜充血、出血，囊腔内积有黄色胶冻状物；肠黏膜呈卡他性炎变化。

3）腺胃型：腺胃肿胀、质地变硬，腺胃黏膜及腺胃乳头呈弥漫性或局灶性出血，挤压腺胃乳头有黄白色脓性分泌物流出，十二指肠、直肠、空肠和盲肠扁桃体出血。产蛋鸡有坠卵情形，腹腔内可见液状卵黄物质，卵泡充血、出血。

（4）临床诊断：根据流行特点、临床症状和病变可做出初步诊断，确诊需做病毒分离和鉴定检查。应注意与新城疫（特别是腺胃型传染性支气管炎）、慢性呼吸道疾病、传染性鼻炎等相鉴别。

（5）防治：加强饲养管理，降低饲养密度，避免鸡群拥挤，注意温度、湿度变化，避免过冷、过热。加强通风，防止有害气体刺激呼吸道。合理配比饲料，防止维生素缺乏，尤其是维生素A的缺乏，以增强机体的抵抗力。

免疫接种是预防本病的主要措施：7~10日龄使用新城疫-支气管炎二联弱毒苗（Lasota-H_{120}）滴鼻、点眼及新城疫-支气管炎二联油乳剂灭活苗皮下注射；21日龄新城疫-支气管炎H_{120}3倍量饮水；40~45日龄使用新城疫-支气管炎H_{52}弱毒疫苗3倍量饮水；开产前用新城疫-支气管炎-减蛋综合征苗肌内注射1羽份。

本病目前尚无特异性治疗方法，改善饲养管理条件，降低鸡群密度，在饲料或饮水中添加抗生素对防止继发感染具有一定的作用。对肾型传染性气管炎，发病后应降低饲料中蛋白质的含量，根据病变投肾肿解毒药或肾肿灵或小苏打等，对疾病控制有一定辅助治疗作用。

5. 鸡传染性喉气管炎

（1）流行特点：在自然条件下，本病主要侵害鸡，虽然各种年龄的鸡均可感染，但以成年鸡的症状最具特征。病鸡及康复后的带毒鸡是主要传染源，经上呼吸道及眼内传染。易感鸡群与接种了疫苗的鸡较长时间接触，也可感染发病。由呼吸道分泌物污染的垫草、饲料、饮水和用具可成为传播媒介。本病一年四季都能发生，但以冬、春季多见。鸡群拥挤、通风不良、饲养管理不善、维生素A缺乏、寄生虫感染等，均可促进本病的发生。本病感染率高，但致死率较低。

（2）临床症状：由于病毒的毒力不同、侵害部位不同，传染性喉气管炎在临床上可分为喉气管型和结膜型。

1）喉气管型：是高度致病性病毒株引起的，其特征是呼吸困难，抬头伸颈，并发出响亮的喘鸣声，表情极为痛苦，有时蹲下，身体随着一呼一吸而呈波浪式的起伏；咳嗽或摇头时，咳出血痰，血痰常附着于墙壁、水槽、食槽或鸡笼上，个别鸡的嘴角有血染。将鸡的喉头用手向上顶，令鸡张开口，可见喉头周围有泡沫状液体，喉头出血。若喉头被血液或纤维蛋白凝块堵塞，病鸡会窒息死亡，死亡鸡的鸡冠及肉髯呈暗紫色，死亡鸡体况较好，死亡时多呈仰卧姿势。患病鸡群产蛋率明显下降，蛋壳变薄、颜色变浅。

2）结膜型：是低致病性病毒株引起的，其特征为眼结膜炎，眼结膜红肿，1~2日后流眼泪，眼分泌物从浆液性到脓性，最后导致眼盲，眶下窦肿胀。产蛋鸡产蛋率下降，畸形蛋增多。

（3）病理变化：

1）喉气管型：最具特征性的病变在喉头和气管。在喉和气管内有卡他性炎症或卡他出血性渗出物。渗出物呈血凝块状堵塞喉和气管，或在喉和气管内存在纤维素性干酪样物，干酪样物呈灰黄色，很容易从黏膜剥脱。干酪样物从黏膜脱落后，黏膜急剧充血，轻度增厚，散在点状或斑状出血，气管的上部气管环出血。

鼻腔和眶下窦黏膜也发生卡他性或纤维素性炎。黏膜充血、肿胀，散布小点状出血。有些病鸡的鼻腔渗出物中带有血凝块或呈纤维素性干酪样物。产蛋鸡卵巢异常，出现卵泡变软、变形、出血等。

2）结膜型：有的病例单独侵害眼结膜，有的则与喉、气管病变合并发生。结膜病变主要呈浆液性结膜炎，表现为结膜充血、水肿，有时有点状出血。有些病鸡的眼睑，特别是下眼睑发生水肿，而有的则发生纤维素性结膜炎，角膜溃疡。

（4）临床诊断：根据本病为急性呼吸道传染病，具有传播速度快、发病率高、死亡率较低的流行特点和特有的临床症状，如伸颈张口吸气，有干啰音，咳嗽时咳出带血的黏液，剖检喉头及气管上部出血明显等，据此即可初步诊断为传染性喉气管炎。

本病在鉴别诊断上应注意同传染性支气管炎、新城疫及慢性呼吸道病的区别。传染性支气管炎多发生于雏鸡，呼吸音低，病变多在气管下部。新城疫死亡率高，剖检后病变较典型。慢性呼吸道病传播较慢，呼吸啰音，消瘦，气囊变化明显。

（5）防治：目前尚无有效药物治疗，一般情况下从未发生本病的鸡场不接种疫苗，主要依靠认真执行综合防疫措施，加强饲养管理，提高鸡体健康水平，改善鸡舍通风条件，坚持执行全进全出的饲养制度，严防病鸡的引入，预防本病的发生。

传染性喉气管炎疫区的鸡群应接种疫苗，目前使用的疫苗有两种，一种是弱毒苗，最佳接种途径是点眼，但可引起轻度的结膜炎且可导致暂时的盲眼，如有继发感染，甚至可引起 1%~2% 的死亡，可以在免疫的同时饮用红霉素，以防继发感染。另一种为强毒疫苗，只能擦肛用，绝不能将疫苗接种到眼、鼻、口等部位，否则会引起疾病的暴发。擦肛后 3~4 天，泄殖腔会出现红肿反应，此时就能抵抗病毒的攻击。强毒疫苗免疫效果确实，但未确诊有此病的鸡场、地区不能用。一般首免可在 4~5 周龄时进行，12~14 周龄时再接种一次。肉鸡首免可在 5~8 日龄进行，4 周龄时再接种一次。

发生本病时，可采取对症治疗的方法，同时在饮水中投入多西环素、泰乐菌素等药物，防止慢性呼吸道病、传染性鼻炎、大肠杆菌病等细菌性疾病继发感染；应用平喘药物可缓解症状，盐酸麻黄素每只鸡每天 10 毫克，或氨茶碱每只鸡每天 50 毫克，饮水或拌料投服；0.2% 的氯化铵饮水，连用 2~3 天。中药治疗：中药喉症丸或六神丸治疗喉气管炎效果也较好，每天 2~3 粒/只，每天 1 次，连用 3 天。凡是能缓解气管痉挛、化痰利咽的药物（包括中药）均可缓解症状。饲料中多维素加倍，减少各种应激反应。

6. 马立克病

（1）流行特点：鸡、野鸡、火鸡、鹌鹑等都易感。一般小鸡比大鸡、母鸡比公鸡、外来品种比本地品种易发此病，以 2~4 月龄鸡发病率最高。发病率和病死率差异很大，可由 10% 以下到 50%~60%。本病主要通过吸入含有病毒的羽毛、病鸡脱落的皮屑等污染物经呼吸道感染，也可通过采食病鸡粪便及分泌物污染的饲料和饮水等经消化道感染，病鸡和带毒鸡是主要的传染源。饲养管理不善，环境条件差，霉菌毒素，或某些传染病如法氏囊病、球虫病等可诱发感染此病。

（2）临床症状：根据症状和病变发生的主要部位，本病在临床上分为四种类型：神经型、内脏型、眼型和皮肤型。有时可以混合发生。

1）神经型：主要表现为神经麻痹、运动失调。以侵害坐骨神经最为常见，病鸡瘫痪，多呈劈叉状，单侧麻痹时，麻痹的腿温低于另一侧；有的病鸡双腿麻痹，脚趾弯曲，似维生素 B_2 缺乏症。臂神经受侵害时则被侵侧翅膀下垂，呈一腿伸向前方另一腿伸向后方的特征性姿态；当侵害支配颈部肌肉的神经时，病鸡发生头下垂或头颈歪斜；当迷走神经受侵时病鸡嗉囊麻痹或扩张，俗称"大嗉子"；腹神经受侵时则常有腹泻症状。本型常发生于青年鸡。

2）内脏型：病鸡表现精神不振，呆立，对外界刺激反应迟钝，采食量减少，极度消瘦，脸色苍白，下痢，有时不表现症状而突然死亡。本型常发生于接近性成熟的鸡和产蛋前期的鸡。

3）眼型：一侧或双侧眼瞳孔缩小，虹膜变为灰色并混浊，俗称"鱼眼""灰眼"或"珍珠眼"，视力减弱或失明，瞳孔边缘不整齐，似锯齿状。

4）皮肤型：病鸡毛囊增生，硬度增加，个别鸡皮肤上出现弥漫性结节或大小不等的瘤状物。此种病变常见于大腿部、颈部及躯干背面生长粗大羽毛的部位。本型常发生于青年鸡。

（3）病理变化：坐骨神经、翼神经、颈神经、迷走神经等肿胀增粗，呈黄白色或灰白色，横纹消失，有时呈水肿样外观，有的神经上有明显的结节。病变往往只侵害单侧神经，诊断时多与另一侧神经比较。心、肝、脾、肺、肾、胰脏、肠系膜、腺胃、肠道等组织中长出大小不等的肿瘤块，呈灰白色，质地坚硬而致密。有时肿瘤组织在受害器官中呈弥漫性增生，整个器官变得很大。卵巢肿大，呈菜花状。皮肤病变多发于毛囊部，呈孤立的或融合的白色隆起结节，严重时呈疥癣样。胸腺有时严重萎缩。肌肉的病变多在胸肌，有灰白色大小不等的肿瘤结节。

（4）临床诊断：根据病鸡渐进性消瘦及外周神经（尤其是坐骨神经）功能障碍，剖检见多种内脏器官出现肿瘤性病灶等，可以做出初步诊断。本病应注意与淋巴性白血病、维生素 B_2 缺乏症等疾病相鉴别。

（5）防治：加强孵化室的卫生消毒工作。种蛋、孵化箱要进行熏蒸消毒。育雏前期要进行隔离饲养，防止马立克病毒的早期感染。雏鸡出壳 24 小时内必须注射马立克疫苗，注射时严格按照操作说明进行。在进行疫苗接种的同时，鸡群要封闭饲养，尤其是育雏期间应搞好封闭隔离，可减少本病的发病率。个别污染严重的鸡场，可在出壳 3 周内用马立克冻干苗进行二免。

发生马立克病的鸡场或鸡群，必须检出并淘汰病鸡。特别是种鸡场应严格做好检疫工作，发现病鸡立即淘汰，以切断传染源。

7. 鸡痘

（1）流行特点：本病主要发生于鸡和火鸡，鸽有时也可发生，各种年龄、性别和品种的鸡都能感染，但以雏鸡病情更加严重，死亡率高。本病一年四季都能发生，但以夏初到秋季的蚊虫出现季节多发。

病鸡脱落和破散的痘痂，是散布病毒的主要形式。本病主要通过皮肤或黏膜的伤口感染，不能经健康皮肤感染，亦不能经口感染。蚊虫等血吸虫在传播本病中起重要作用。鸡打架、追啄、交配等造成外伤，鸡群过分拥挤、通风不良、鸡舍阴暗、潮湿、体外寄生虫及饲养管理太差均可促使本病发生和加剧病情，如有葡萄球菌等并发感染，可造成大批死亡。

（2）临床症状：根据病鸡的症状和病变，可以分为皮肤型、黏膜型和混合型三种病型，偶有败血型发生。

1）皮肤型：皮肤型鸡痘的特征是在身体无毛或毛稀少的部分，特别是在鸡冠、肉髯、眼睑、喙角和趾部，出现灰白色的小结节，渐次成为带红色的小丘疹，很快增大为如绿豆大的痘疹，黄色或灰黄色，凹凸不平，呈干硬结节，有时和邻近的痘疹互相融合，形成干燥、粗糙呈棕褐色的大的疣状结节，突出皮肤表面。痂皮可以存留3~4周之久，以后逐渐脱落，留下一个平滑的灰白色瘢痕。轻的病鸡也可能没有可见瘢痕。皮肤型鸡痘一般比较轻微，没有全身性的症状。但在严重病鸡中，尤以幼雏表现出精神萎靡、食欲废绝、体重减轻等症状，甚至引起死亡。产蛋鸡则产蛋量显著减少或完全停产。

2）黏膜型（白喉型）：在喉头和气管黏膜处出现黄白色痘状结节或干酪样假膜，这层假膜很像人的"白喉"，故称白喉型鸡痘或鸡白喉。假膜不易剥离，如果用镊子撕去假膜，则露出红色的溃疡面。随着病情的发展，假膜逐渐扩大和增厚，阻塞在口腔和咽喉部位，使病鸡尤以雏鸡呼吸和吞咽障碍，严重时嘴无法闭合，病鸡往往张口呼吸，发出"嘎嘎"的声音。

3）混合型：本型是指皮肤和口腔黏膜同时发生病变，病情严重，死亡率高。

4）败血型：在发病鸡群中，个别鸡无明显的痘疹，只是表现为下痢、消瘦、精神沉郁，逐渐衰竭而死，病鸡有时也表现为急性死亡。

（3）病理变化：

1）皮肤型：特征性病变是局灶性表皮和其下层的毛囊上皮增生，形成结节。结节起初表现湿润，后变为干燥，外观呈圆形或不规则形，皮肤变得粗糙，呈灰色或暗棕色。结节干燥前切开切面出血、湿润，结节结痂后易脱落，出现瘢痕。

2）黏膜型：特征性病变是在喉头和气管黏膜处出现黄白色痘状结节或干酪样假膜，假膜不易剥离。将假膜剥去可见出血糜烂，炎症蔓延可引起眶下窦肿胀和食管发炎。

3）败血型：剖检变化表现为内脏器官萎缩，肠黏膜脱落，若继发引起网状内皮组织增殖病毒感染，则可见腺胃肿大，肌胃角质膜糜烂、增厚。

（4）临床诊断：根据发病情况，病鸡的冠、肉髯和其他无毛部分的结痂病灶，以及口腔和咽喉部的白喉样假膜就可做出初步诊断。

（5）防治：预防鸡痘最可靠的方法是接种疫苗。一般在夏末秋初接种鸡痘疫苗。可用鸡痘弱毒疫苗，100倍稀释，用刺种针蘸取少许疫苗，在鸡翅膀内侧无血管处刺破皮肤即可，1月龄内雏鸡刺种一下，1月龄以上的鸡刺种两下。接种3~5天之后，接种部位出现绿豆大小的红疹或红肿，10天后有结痂产生，即表示疫苗生效。如果刺种部位不见反应，必须重新刺种疫苗。

目前尚无特效治疗药物，主要采用对症疗法，以减轻病鸡的症状和防止并发症。发生鸡痘后，由于痘斑的形成造成皮肤外伤，这时易继发葡萄球菌感染，而出现大批死亡。所以，大群鸡应使用广谱抗生素如多西环素等拌料或饮水，连用5~7天。

为促进组织和黏膜的新生，促进饮食和提高机体抗病力，应改善鸡群的饲养管理，在饲料中增加维生素A和含胡萝卜素丰富的饲料。若用鱼肝油补充时应为正常剂量的3倍。

放养鸡一般饲养在林地、田间、草地。潮湿的草地、林地是滋生蚊虫等血吸虫的地方，周围环境中蚊虫等血吸虫较多，易患该病，在生产中应引起足够的重视。要把清除污水坑与蚊虫滋生地作为主要预防手段。

8. 淋巴白血病

（1）流行特点：本病的潜伏期长，各型白血病随鸡的日龄增长发病率增高，7～12月龄的鸡发病最多。传播方式有三种：水平传播、垂直传播和遗传性传播。

1）水平传播：病毒从一只鸡传给另一只鸡是通过直接的接触传播。阳性鸡在其皮肤表面也有可能发现病毒；也有间接方式，如带毒的鸡将带病毒的粪便和分泌液排出，污染环境，接触到这些污染物的其他鸡在很大程度上有可能受到感染。而这种感染主要发生在育雏和早期饲养阶段，如性别鉴定和马立克病疫苗接种时，雏鸡在无母源性抗体时更易造成感染。正因为水平传播的原因，导致在雏鸡阶段本病感染率很高，这种传播方式，主要是由外源性白血病病毒引起的。

2）垂直传播：主要是指母鸡通过排泄病毒到种蛋中，传给下一代。通过这种形式，使得本病毒在鸡群中世代存在。公鸡感染后不会直接传播给下一代。但是，感染这类病原的公鸡会通过交配而感染母鸡，再通过母鸡感染后代。

3）遗传性传播：这种传播方式只适应于禽反转录病毒，是垂直传播的另一种形式（病毒的传播主要以DNA的形式进行）。我们知道，内源性病毒是指正常鸡的基因组中携带的与外源性本病毒的基因组在结构形式（核苷酸序列）上都极为相似的基因座，大多数内源性病毒不表达完整的病毒粒子，只有以DNA的形式按孟德尔遗传规律从上一代传给下一代。在本病的各个亚群中，只有E亚群病毒按此方式传播，该亚群病毒的存在对养鸡业影响程度并不是很清楚，但可以肯定的是这种影响远不如外源性白血病病毒。

（2）临床症状：淋巴白血病有不同的病型，一般可分为淋巴细胞性白血病、成红细胞性白血病、成骨髓细胞性白血病、骨髓细胞瘤病、内皮瘤、肾真性瘤、纤维瘤和骨化石症，最多见的是淋巴细胞性白血病，也称为大肝病。各种病型的症状不同。淋巴细胞性白血病的鸡主要表现消瘦、沉郁、冠及肉髯苍白或暗红，常见腹泻及腹部肿大。成红细胞性白血病的鸡除见软弱、消瘦外常见毛囊出血。内皮瘤的病鸡皮肤上见单个或多个肿瘤，瘤壁破溃后常出血不止。成骨髓细胞性白血病除见成红细胞性白血病的症状外，其骨、肋骨、胸骨和胫骨有异常隆凸。肾真性肿瘤病鸡常因肾脏肿瘤的增大而压迫坐骨神经出现瘫痪的病状。骨化石症病鸡见胫骨增粗常呈穿靴样的病状。

（3）病理变化：各种型的病鸡在剖检后见有不同的变化。淋巴细胞白血病病鸡的肝比正常的肿大5~15倍不等，肝质变脆并有大理石样纹彩，肿大的肝脏可充满腹腔，因此又称为大肝病。此外，还可见脾、肾比正常的肿大1~2倍不等，法氏囊有结节性肿瘤，骨髓呈胶冻样，或像水样稀薄。内皮瘤病鸡的肿瘤像血疱，内脏肿瘤鸡常见血凝块。

（4）防治：本病没有有效的治疗药物，对于感染发病的鸡尽早进行淘汰处理，降低经济损失。对种鸡场进行检疫净化，淘汰检测阳性鸡，建立不携带病原的种群，提供优质鸡雏是控制本病的关键。

（二）细菌性传染病及支原体病的防治

细菌性传染病的病原体是各种致病性的细菌，不过目前很多人把真菌病、支原体病也归纳到细菌病当中论述。这类疾病可以使用抗生素或合成的抗菌药物预防和治疗。但是，在防治过程中如果用药不当则容易导致细菌产生耐药性。常见的情况是当发生某种细菌性传染病的时候用某种药物效果很好，但是等到下一年发生同样疾病的时候，再使用同样的药物则效果不明显；在某个养鸡场内对于某种细菌性疾病使用某种药物有良好的效果，但是在另外一个场的使用效果则不佳，这些都是细菌耐药性造成的。另外，在防治细菌性疾病时，如果用药不合理还可能导致药物在肉蛋中残留。使用中药制剂进行预防性用药以提高鸡体免疫力，抑制细菌在体内的繁殖，缓解病理症状是当前作为防治细菌性疾病、减少耐药菌株产生、避免肉和蛋中药物残留的重要措施。

1. 鸡白痢

（1）流行特点：本病一年四季均可发生。任何品种的鸡都具有感染性，以2～3周龄以内雏鸡的发病率与病死率为最高。随着日龄的增加，鸡的抵抗力也增强。成年鸡感染常呈慢性或隐性经过。病鸡与带菌鸡是主要的传染源，某些有易感性的飞禽如麻雀、鸽等传播本病也不能忽视。携带病原的种鸡经蛋垂直传播，病鸡与健康鸡接触、交配等也可水平传播此病。被污染的垫料、饲料、饮水及用具等通过消化道传播。饲养管理不良，育雏舍温忽高忽低和饲料质量差可促进本病的发生。

（2）临床症状：不同年龄阶段的鸡临床症状的表现有差异。

1）雏鸡：潜伏期4～5天，故出壳后感染的雏鸡，多在孵出后几天才出现明显症状。7～10天后雏鸡群内病雏逐渐增多，在第二至第三周达到高峰。发病雏鸡呈最急性者，无症状迅速死亡。稍缓者表现精神委顿，绒毛松乱，两翼下垂，缩头颈，闭眼昏睡，不愿走动，拥挤在一起。病初食欲减少，而后停食，多数出现软嗉症状。同时腹泻，排稀薄如糨糊状粪便，肛门周围绒毛被粪便污染，有的粪便干结后封住肛门周围，影响排粪。由于肛门周围炎症引起疼痛，故常发生尖锐的叫声，最后因呼吸困难及心力衰竭而死。有的病雏出现眼盲，或关节肿胀、跛行。病程短的1天，一般为4～7天，20天以上的雏鸡病程较长。3周龄以上发病的极少死亡。耐过鸡生长发育不良，成为慢性病鸡或带菌鸡。

2）育成鸡：该病多发生于40~80天的鸡，发病多受应激因素的影响。如环境卫生条件恶劣，饲养管理粗放，天气突变，饲料突然改变或品质低下等。本病发生突然，全群鸡只食欲、精神尚可，但鸡群中不断出现精神、食欲差和下痢的鸡只，常突然死亡。死亡不见高峰而是每天都有鸡只死亡，数量不一。该病病程较长，可拖延20~30天，死亡率可达10%~20%。

3）成年鸡：成年鸡白痢多呈慢性经过或隐性感染。一般不见明显的临床症状，当鸡群感染比较多时，可明显影响产蛋量，产蛋高峰不高，维持时间亦短，死淘率增高。有的鸡表现鸡冠萎缩，有的鸡开产时鸡冠发育尚好，以后则表现出鸡冠逐渐变小、发绀。病鸡有时下痢。仔细观察鸡群可发现有的鸡寡产或根本不产蛋。极少数病鸡表现精神委顿，头翅下垂，腹泻，排白色稀粪，产蛋停止。有的感染鸡因卵黄囊炎引起腹膜炎，腹膜增生而呈"垂腹"现象，有时成年鸡可呈急性发病。

（3）病理变化：在不同年龄阶段的鸡表现也不一样。

1）雏鸡：雏鸡肝脏充血肿大，有条纹状出血，胆囊扩张，充满胆汁；卵黄吸收不良，其内容物呈淡黄色奶油样或干酪样；脾脏肿大而质脆；肾充血或贫血，肾小管和输尿管扩张，充满尿酸盐；盲肠部膨大，其内容物有干酪样物阻塞；在肺、肝或心肌上有灰黄色或灰白色坏死点或小结节，这种病灶是白痢特征性病变。

2）成年鸡：成年母鸡病变主要在卵巢，原来呈圆球形的卵泡皱缩，形状不整齐，呈金黄色或褐色，无光泽；内容物如浓稠油脂状，有的卵泡变得坚实，有的卵泡破裂，卵黄流入腹腔，引起广泛的腹膜炎，腹腔器官粘连。心脏变化稍轻，但常有心包炎，其严重程度和病程长短有关。轻者只见心包膜透明度较差，含有微混的心包液。重者心包膜变厚而不透明，逐渐粘连，心包液显著增多，在腹腔脂肪中或肌胃及肠壁上有时发现琥珀色干酪样小囊包。成年公鸡的病变常局限于睾丸及输精管，即睾丸极度萎缩，同时出现小脓肿；输精管管腔增大，充满稠密的均质渗出物。

（4）临床诊断：根据3周龄以下的雏鸡下白色痢，死亡率高，肝脾肿大，肝有特殊条纹的变化、肺、肝、心肌或肠道上有坏死点和结节；成年母鸡卵泡皱缩，形状不整齐，呈金黄色或褐色，无光泽；不难做出诊断。

（5）防治：种鸡场应定期进行鸡白痢检疫，发现病鸡及时淘汰。种蛋入孵前用甲醛气体熏蒸消毒，孵化机在应用之前，要用甲醛气体熏蒸消毒。雏鸡出壳后用福尔马林14毫升/米^3，高锰酸钾7克/米^3，在出雏器中熏蒸15分钟。

育雏早期可用敏感药物进行预防，在雏鸡出壳后至5日龄，每升饮水添加新霉素或新型喹诺酮类药物50毫克，在鸡白痢易感日龄期间，饮水中添加抗菌药物。鸡群发病后，饲料或饮水中添加敏感的药物，常用的药物有甲砜霉素、氟苯尼考、阿米卡星、恩诺沙星等。同时加强饲养管理，消除不良因素对鸡群的影响。

鸡白痢在放养鸡中显得尤为突出，因为有些种鸡场未做过鸡白痢净化，雏鸡阳性率较高；同时，放养鸡场育雏条件较差，温度忽高忽低，卫生条件差，均易诱发本病的发生。因此，一定要引起重视。

2. 禽伤寒

（1）流行特点：主要发生于成年鸡和3周龄以上的青年鸡，3周龄以下的鸡偶尔可发病。潜伏期为4~5天，病程大约为5天。病鸡和带菌鸡是本病的主要传染源。本病主要通过消化道和眼结膜传播感染，也可经蛋垂直传播给下一代。本病一般呈散发性，较少呈全群暴发，全年都会发生。

（2）临床症状：雏鸡的症状与鸡白痢相似，表现为嗜睡、生长不良、虚弱、食欲不振与肛门周围黏附着白色物；当疾病波及肺部，可发生呼吸困难或张口喘气等症状。青年鸡与成年鸡精神萎靡，食欲废绝，羽毛松乱，排白色粪便，面部苍白，鸡冠萎缩。感染后的 2~3 天内，体温上升 1~3 ℃。感染后 4 天内出现死亡，但通常是死于 5~10 天之内。

（3）病理变化：雏鸡病变与鸡白痢基本相似。大鸡的最急性病例，眼观病变轻微或不明显；病程稍长的常见有肾、脾和肝充血肿大；在亚急性及慢性病例，特征病变是肝肿大且呈青铜色，此外，心肌和肝有灰白色粟粒状坏死灶、心包炎。公鸡睾丸萎缩、坏死。

（4）临床诊断：通过临床症状和病理变化及对生长鸡与成熟鸡的血清学检测结果可做出初步诊断。

（5）防治：防治禽伤寒的方法与鸡白痢基本相同，包括定期对鸡进行检疫，防止传染源引入种鸡场，加强种蛋的消毒和孵化管理。治疗禽伤寒的常用药物同鸡白痢。

3. 禽副伤寒

（1）流行特点：在家禽中，副伤寒感染最常见于鸡和火鸡。常在孵化后 2 周之内感染发病，6~10 天达最高峰。1 月龄以上的鸡有较强的抵抗力，一般不引起死亡。成年鸡往往不表现临诊症状。感染鸡的粪便是最常见的病菌来源，主要通过消化道感染，也可通过种蛋垂直传播。

（2）临床症状：经带菌卵感染或出壳雏鸡在孵化器感染本病菌，常呈败血症经过，往往不显现任何症状迅速死亡。年龄较大的雏鸡常呈亚急性经过。主要表现如下：嗜睡呆立，垂头闭眼，两翼下垂，羽毛松乱，显著厌食，饮水增加，水泄样下痢，肛门粘有粪便，怕冷而靠近热源处或相互拥挤。成年鸡常呈隐性感染，临床症状不明显，只表现为下痢和消瘦。

（3）病理变化：剖检时主要可见肝脾肿大、出血，有灰白色坏死点；心包炎及心包粘连；盲肠有干酪样栓塞，肠道发生出血性炎症。

（4）临床诊断：按照临床症状、病理变化，并根据该鸡群过去的发病历史，可以做出初步诊断。

（5）防治：防治措施参照鸡白痢。

4. 鸡大肠杆菌病

（1）流行特点：大肠杆菌在自然界普遍存在。在卫生条件差、饲养密度过大、鸡舍通风不良、饲料质量不佳的鸡场最易发病。鸡群感染鸡新城疫、鸡传染性法氏囊病、慢性呼吸道疾病时均能促进和加强大肠杆菌的感染和发病。病原可以经消化道传播，也可经呼吸道传播，沾有本菌的尘埃被易感鸡吸入，引起发病；还可通过污染的种蛋或蛋壳垂直传播。此外，通过交配或污染的输精管等经生殖道传播。

各种品种和各年龄的鸡均可发生。肉鸡多发于 4~6 周龄，蛋鸡多发于开产后产蛋上升阶段。本病一年四季均可发生，在多雨、闷热、潮湿季节多发。在寒冷的冬季，由于通风不良、卫生条件差、密度过大，吸入污染病原的灰尘是气囊发生大肠杆菌感染的来源之一。

（2）临床症状与病理变化：大肠杆菌病的临床表现类型有多种。

1）大肠杆菌性脐炎：多在 1~5 日龄发病，病雏突然死亡或表现软弱，发抖，昏睡，腹部膨大，脐孔愈合不好，周围皮肤呈褐色，畏寒聚集，下痢（白色或黄绿色），个别有神经症状。常见于孵化期间感染。多在出壳 2~3 天发生败血症死亡。耐过鸡则卵黄吸收不良，生长发育受阻。剖检见卵黄囊不吸收，囊壁充血、出血，内容物黄绿色、黏稠或稀薄水样、脓样，甚至卵黄内为脓、血性渗出物。

2）大肠杆菌性急性败血症：多发生于中小鸡，病鸡精神不振，食欲废绝，严重下痢，粪便稀薄呈黄绿色，机体迅速脱水，双脚干瘪，消瘦，羽毛逆立，呈蹲坐姿势。剖检特征病变为纤维素性心包炎，心包肥厚混浊，附有多量绒毛状脓样渗出物，多与胸腔及心肌粘连；肝脏边缘钝圆，外有纤维素性白色包膜。各器官呈败血症变化。也可见腹膜炎、肠卡他性炎等病变。

3）气囊病：气囊病主要发生于3~12周龄小鸡，特别是3~6周龄肉仔鸡最为多见。常由大肠杆菌与其他病原体（支原体、传染性支气管炎病毒）合并感染。病鸡表现为呼吸困难、咳嗽、打喷嚏等。剖检见气囊壁增厚、混浊，有的有纤维样渗出物，并伴有纤维素性心包炎和腹膜炎等。

4）坠卵性腹膜炎及输卵管炎：常通过交配或人工授精时感染。多呈慢性经过，并伴发卵巢炎、子宫炎。母鸡减产或停产，腹部膨大呈直立企鹅姿势，腹下垂，逐步衰竭死亡。剖检腹腔内有破裂的蛋黄液，肠道粘连，味恶臭；输卵管扩张，内有黄白色豆腐渣样或干酪样物。

5）大肠杆菌性肉芽肿：病鸡消瘦，贫血，减食，拉稀。在肝、肠（十二指肠及盲肠）、肠系膜或心上有大小不一的灰白色肉芽肿。

6）关节炎及滑膜炎：表现运动障碍，关节肿大，内含有纤维素样或混浊的关节液。

7）脑炎：表现昏睡、扭颈、歪头转圈、共济失调等神经症状。主要病变为脑膜充血、出血，脑脊髓液增加。

8）肿头综合征：表现眼周围、头部、颌下、肉垂及颈部上2/3水肿，病鸡打喷嚏并发出"咯咯"声，剖检可见头部、眼部、下颌及颈部皮下有黄色胶冻样液渗出。

（3）临床诊断：根据症状和病理变化可做出初步判断。

（4）防治：加强饲养管理，搞好环境卫生，及时清理粪便，供给鸡清洁的饮水。保持较稳定的温度、湿度，合适的密度及通风良好，定期消毒，供给优质饲料，控制支原体、新城疫、法氏囊等病的发生。加强种鸡管理，及时淘汰处理病鸡，采精、输精严格消毒，每鸡使用一个消过毒的输精管。

在大肠杆菌病危害严重的鸡场，采用本地区发病鸡群的多个毒株或本场分离菌株制成的自家疫苗进行免疫接种。

对发病的鸡群要改善饲养管理，消除发病诱因，减少应激反应，同时用敏感药物进行治疗。常用药物有恩诺沙星、环丙沙星、阿米卡星、氟苯尼考、新霉素、安普霉素、硫酸黏菌素等（注意在产蛋期不能使用抗生素治疗，可以使用中药制剂；肉鸡出栏前10天不能使用抗生素）。大肠杆菌很易产生耐药性，投放药物时应做药敏试验。

5. 禽霍乱

（1）流行特点：鸡、鸭、鹅和火鸡均能感染，但鹅易感性较差。雏鸡对本病有一定的抵抗力，发病较少，3~4月龄的鸡和成年鸡较易感染发病。主要通过呼吸道、消化道及皮肤外伤感染发病。病鸡和带菌鸡及被污染的用具、饲料、饮水是主要的传染源。禽舍不洁、潮湿拥挤、天气突变、饲养失调、长途运输和患寄生虫病等均可诱发本病流行。

（2）临床症状：本病3种类型的表现如下。

1）最急性型：常见于流行初期，在鸡群中突然发现死亡，以产蛋率高的鸡最常见。病鸡无前驱症状，晚间一切正常，吃得很饱，次日发病死在鸡舍内；或鸡只在鸡舍内正常采食或活动，突然扇动翅膀后倒地死亡。病程短者数分钟，长者也不过数小时。

2）急性型：此型最为常见，病鸡主要表现为精神沉郁，羽毛松乱，缩颈闭眼，不愿走动，离群呆立。病鸡常见腹泻，排出黄色、灰白色或绿色的稀粪。体温升高到43~44℃，减食或不食，渴欲增加。呼吸困难，张口吸气时发出"咯、咯"声，口、鼻分泌物增加。鸡冠和肉髯变青紫色，有的病鸡肉髯肿胀，有热痛感。产蛋鸡停止产蛋。最后发生衰竭，昏迷而死亡，病程短的约半天，长的1~3天。

3）慢性型：由急性病例转变而来，多见于流行后期。病鸡鼻孔有黏性分泌物流出，鼻窦肿大，喉头积有分泌物而影响呼吸。经常腹泻，逐渐消瘦，贫血，精神委顿，冠苍白。有些病鸡一侧或两侧肉髯显著肿大，随后可能有脓性干酪样物质，或干结、坏死、脱落。有的病鸡表现为关节肿大、疼痛，脚趾麻痹，跛行。

（3）病理变化：最急性型死亡的病鸡无特殊病变，有时只能看见心外膜有少许出血点，肝脏有少量针尖大灰黄色坏死点。急性病例肝脏的病变具有特征性，肝稍肿，质变脆，呈棕色或黄棕色，肝表面散布有许多灰白色、针头大的坏死点。病鸡的腹膜、皮下组织及腹部脂肪常见小点出血。心包变厚，心包内积有多量不透明淡黄色液体，有的含纤维素絮状液体，心外膜、心冠脂肪出血尤为明显。肺有充血或出血点。肌胃出血显著，肠道尤其是十二指肠呈卡他性和出血性肠炎，肠内容物含有血液。

（4）临床诊断：根据病鸡流行病学、剖检特征、临床症状可以初步诊断，确诊须由实验室诊断。取病鸡血涂片，肝脾触片经美兰、瑞氏或吉姆萨染色，如见到大量两极浓染的短小杆菌，有助于诊断。进一步的诊断须经细菌的分离培养及生化反应确定。

（5）防治：加强鸡群的饲养管理，本病的发生常常是由于某些应激因素的影响，使机体抵抗力降低的结果。因此，预防的关键是搞好平时的饲养管理工作，保持鸡舍环境清洁卫生，通风良好，定时清粪消毒。

鸡群发病应立即采取治疗措施，有条件的地方应通过药敏试验选择有效药物全群给药。常用的药物有氟苯尼考、甲砜霉素、庆大霉素、环丙沙星、恩诺沙星等（注意在产蛋期不能使用抗生素治疗，可以使用中药制剂；肉鸡出栏前10天不能使用抗生素）。

6. 传染性鼻炎

（1）流行特点：本病发生于各种年龄的鸡，但日龄越大易感性越强。主要发生在育成鸡和产蛋鸡。产蛋鸡发病率高、症状典型且严重。雏鸡易感性差，临床上很少发病。病鸡及隐性带菌鸡是传染源，而慢性病鸡及隐性带菌鸡是鸡群中发生本病的重要原因。其传播途径主要以飞沫及尘埃经呼吸道传染，但也可通过污染的饲料和饮水经消化道传染。环境条件差常常是传染性鼻炎的诱因。本病多发于秋冬两季。

（2）临床症状：病鸡最初的症状是发热，食欲减退，流稀薄鼻液，2~3天后转为浆液黏性分泌物，在鼻孔形成黄色结痂，出现呼噜声和奇怪的咳声，常有甩头动作。颜面浮肿并流泪，面部肿胀严重的病例，泪水使眼睑胶着，引起一时性失明。少数病鸡肉垂、下颌肿胀。病鸡出现下痢，排绿色粪便。产蛋鸡的卵巢受到侵害，引起产蛋停止或产蛋率降低。在发生过本病的养鸡场内再次发生时，缺乏上述典型症状，有许多病例仅流鼻液后即耐过。

（3）病理变化：主要病变为鼻腔和眶下窦充满水样至灰白色黏稠性分泌物或黄色干酪物。黏膜充血肿胀，表面覆有大量黏液。结膜充血肿胀，脸部及肉髯皮下水肿。严重时可见气管黏膜炎症，偶有肺炎及气囊炎。产蛋鸡可见到由坠卵引起的腹膜炎和软卵泡及血肿卵泡等。公鸡可见睾丸萎缩。

（4）临床诊断：根据面部浮肿性肿胀的特征性症状结合病理变化可做出初步诊断。本病和慢性呼吸道病、慢性鸡霍乱的症状相类似，应注意鉴别诊断。此外，传染性鼻炎常有并发感染，在诊断时必须考虑到其他细菌或病毒并发感染的可能性。如群内死亡率高，病期延长时，则更需考虑有混合感染的因素。

（5）防治：鸡场在平时应加强饲养管理，改善鸡舍通风条件，做好鸡舍内外的兽医卫生消毒工作，以及病毒性呼吸道疾病的防治工作，提高鸡的抵抗力对防治本病有重要意义。

本病流行严重地区的鸡群可进行免疫接种，提高鸡群的特异性抵抗力。一般首免在 5~6 周龄，二免在 14~16 周龄。

磺胺类药物是治疗传染性鼻炎的首选药物，可选用磺胺间甲氧嘧啶、复方新诺明等。鼻炎易复发，间隔 3~5 天，重复一次。鼻炎易继发或并发慢性呼吸道病，在治疗鼻炎的同时添加预防慢性呼吸道病的药物如多西环、红霉素、泰乐菌素等。产蛋鸡禁用抗生素，需要用中药治疗；肉鸡出栏前 10 天不能使用抗生素。

7. 鸡葡萄球菌病

（1）流行特点：金黄色葡萄球菌在自然界分布很广，土壤、饲料、饮水及健康鸡的肠道中均有存在。本病是一种条件性疾病，其发生与饲养管理水平、环境污染程度、饲养密度等因素有直接关系。本病的传播途径主要是伤口感染，凡是能够造成鸡皮肤、黏膜完整性遭到破坏的因素均可成为发病的诱因，常见于由鸡痘的发生而引起本病的暴发，因此，在鸡痘高发的夏秋时节本病发生较多。各种日龄的鸡均可发生，以 40~80 日龄鸡多发，成年鸡发生较少。另外地面平养、网上平养较笼养鸡发生得多。

（2）临床症状及病理变化：本病有多种表现类型。

1）脐炎型：初生雏鸡脐带愈合不良，易感染葡萄球菌。脐孔发炎肿大，腹部膨胀（大肚脐），皮下充血、出血，有黄色胶冻样渗出物等。主要是在孵化厂或育雏早期感染。

2）关节炎型：本病多发生于 4~12 周龄的鸡群，病鸡两侧胫、跗关节及邻近的腱鞘肿胀、变形，跛行、不愿走动，有热痛感。有的鸡腹泻，严重者瘫伏或伏卧。有的出现趾瘤、脚底肿胀、化脓。剖检见关节肿胀处皮下水肿，关节液增多，关节腔内有白色或黄色絮状物。

3）败血型：多发生于 30~70 日龄的中雏，急性败血症突然死亡，病程较长者精神、食欲不好，低头缩颈呆立，水样下痢，胸翅及腿部下有斑点出血，胸腹部、大腿、翅膀内侧、头部、下颌部和趾部可见皮肤湿润、肿胀，相应部位羽毛潮湿易掉，皮肤呈青紫色或深紫红色，皮下疏松组织较多的部位触之有波动感，皮下潴留渗出液，有时仅见翅膀内侧、翅尖或尾部皮肤形成大小不等的出血、糜烂和炎性坏死，局部干燥，呈红色或暗紫色，无毛，该型最严重，造成的损失最大。

4）眼型：病鸡上下眼睑肿胀，闭眼，有脓性分泌物黏附，眼结膜红肿，眼角多量分泌物，甚至有血液，肉芽肿，病程长者，眼球下陷，导致失明。

（3）防治：加强饲养管理，注意环境消毒，避免外伤发生，尽可能做到消除发病诱因，认真检修笼具，清除地面尖锐物体，防止体表挂伤，切实做好鸡痘的预防接种是预防本病发生的重要手段。

金黄色葡萄球菌对药物极易产生耐药性，在治疗前应做药物敏感实验，选择有效药物全群给药。实践证明，庆大霉素、卡那霉素、恩诺沙星、新霉素等均有不同的治疗效果。

8. 坏死性肠炎

（1）流行特点：病原是魏氏梭菌。自然条件下仅见鸡发生本病，肉鸡、蛋鸡均可发生，尤以平养鸡多发，育雏和育成鸡多发。肉用鸡发病多见 2~6 周龄。一年四季均可发生，但在炎热潮湿的夏季多发。该病的发生多有明显的诱因，如鸡群密度大，通风不良，饲料的突然更换，不合理地使用药物添加剂，球虫病的发生，环境中的产气荚膜梭菌超过正常数量等均会诱发本病。

（2）临床症状：病鸡拉稀，有时排黄白色稀粪，有时排黄褐色糊状臭粪，有时排红色乃至黑褐色煤焦油样粪便，有的粪便混有血液和肠黏膜组织；食欲严重减退，减食可达50%以上；不愿走动，羽毛蓬乱，病程较短，常呈急性死亡。

（3）病理变化：急性暴发时，病死鸡呈严重脱水状态，刚病死的鸡打开腹腔即可闻到尸腐臭味。病变主要在小肠后段，尤其是回肠和空肠部分。小肠显著肿大至正常的2~3倍，肠壁脆弱、扩张、充满气体，内有黑褐色肠容物。肠黏膜上附着疏松或致密的黄色或绿色的假膜，有时可出现肠壁出血。

本病与小肠球虫合并感染时，除可见到上述病变外，在小肠浆膜表面还可见到大量针尖状大小的出血点和灰白色小点，肠内充满黑红色渗出物，黏膜呈现更为严重的坏死。

（4）临床诊断：根据临诊表现、剖检病变等特点，不难做出诊断，但应注意与溃疡性肠炎和小肠球虫病相区别。溃疡性肠炎是由肠梭菌引起的，特征性肉眼病变为小肠后段和盲肠的多发性坏死和溃疡，以及肝坏死；坏死性肠炎病变则局限于空肠和回肠，肝脏和盲肠很少发生病变。小肠球虫病的病变主要在小肠中段，但肠壁明显增厚，剪开病变肠段出现自动外翻等。另外，通过粪便涂片检查有无球虫也可得到鉴别。由于球虫常与魏氏梭菌混合感染，所以应特别加以注意。

（5）防治：加强饲养管理和环境卫生工作，避免密饲和垫料堆积，合理贮藏饲料，减少细菌污染等。做好球虫病等一些肠道疾病的预防工作。对于发病的鸡群可用杆菌肽、青霉素、庆大霉素、林可霉素、利高霉素等治疗（注意在产蛋期不能使用抗生素治疗，可以使用中药制剂；肉鸡出栏前10天不能使用抗生素）。由于鸡坏死性肠炎易与鸡球虫病合并感染，故一般在治疗过程中可适当加入一些抗球虫药。由于魏氏梭菌主要存在于粪便、土壤、灰尘、污染的饲料、垫料及肠内容物中，为了迅速控制本病，在使用高敏药物的同时，还必须做好勤换垫料，及时清扫粪便；勤喂少添饲料，搞好栏舍及周围的清洁消毒；对病死鸡及时认真做好无害化处理。

9. 鸡支原体病

（1）流行特点：各种日龄的鸡均可感染，以 4~8 周龄最易感，成年鸡常为隐性感染。一年四季均可发生，天气多变和寒冷的季节易发。本病的传播方式有水平传播和垂直传播，水平传播是病鸡通过咳嗽、喷嚏或排泄物污染空气，经呼吸道传染，也能通过饲料或水源由消化道传染，也可经交配传播。垂直传播是由隐性或慢性感染的种鸡所产的带菌蛋传播。

本病常与其他疾病如大肠杆菌病、新城疫、鸡传染性鼻炎、鸡传染性支气管炎等并发或继发感染。鸡群密度过大、鸡舍寒冷、潮湿、通风不良、氨气浓度大、维生素 A 缺乏、疫苗免疫接种，均可诱导本病的发生。

（2）临床症状：引起鸡群感染的支原体有败血支原体和滑液囊支原体两种。

1）败血支原体感染：病鸡先是流稀薄或黏稠鼻液，打喷嚏，鼻孔周围和颈部羽毛常被沾污。然后炎症蔓延到下呼吸道即出现咳嗽、呼吸困难，呼吸有气管啰音等症状。病鸡食欲不振，体重减轻消瘦。个别病鸡表现眼睑肿胀，眶下窦肿胀、发硬，眼内有干酪样渗出物，眼球受到压迫，发生萎缩和造成失明，可以侵害一侧眼睛，也可能两侧同时发生。母鸡常产出软壳蛋，同时产蛋率和孵化率下降，后期常蹲伏一隅，不愿走动。

2）滑液囊支原体感染：病鸡表现行走困难，跛行，步态呈"八"字或踩高跷状。跗关节和跖底关节肿胀。

（3）病理变化：两种支原体感染的病理变化如下。

1）鸡败血支原体感染：气囊中有渗出物，气管黏膜常增厚。胸部和腹部气囊的变化明显，早期为气囊膜轻度混浊、水肿，表面有增生的结节病灶，外观呈念珠状。随着病情的发展，气囊膜增厚，囊腔中含有大量干酪样渗出物，有时能见到一定程度的肺炎病变。在严重的慢性病例，眶下窦黏膜发炎，窦腔中积有混浊黏液或干酪样渗出物，炎症蔓延到眼睛，往往可见一侧或两侧眼部肿大，眼球破坏，剥开眼结膜可以挤出灰黄色的干酪样物质。

2）滑液囊支原体感染：病鸡的关节肿胀，病变关节的滑膜、滑液囊和腱鞘可见到多量炎性渗出物，早期清亮并逐渐混浊，以后变成干酪样渗出物。有时关节软骨出现糜烂。

（4）临床诊断：根据本病的流行情况、临诊症状和病理变化，可做出初步诊断。本病在临诊上应注意与鸡传染性鼻炎、鸡的传染性支气管炎、传染性喉气管炎、新城疫相鉴别。

鸡传染性鼻炎的面部肿胀、流鼻液、流泪等症状与慢性呼吸道病相似，但通常无明显的气囊病变。鸡传染性支气管炎表现鸡群急性发病，输卵管有特征性病变，成年鸡产蛋量大幅度下降并出现严重畸形蛋，各种抗菌药物均无直接疗效，这些均可区别于慢性呼吸道病。鸡传染性喉气管炎表现全群鸡急性发病，严重呼吸困难，咳出带血的黏液，很快出现死亡，各种抗菌药物均无直接疗效，这些可与支原体病相区别。鸡新城疫病表现全群鸡急性发病，症状明显，但消化道严重出血，并且出现神经症状，鸡新城疫病可诱发支原体病，而且其严重病症会掩盖支原体病，往往是鸡新城疫症状消失后，支原体病的症状才逐渐显示出来。

（5）防治：加强饲养管理，降低饲养密度，鸡舍通风良好，空气清新，阳光充足，防止受冷，饲料配合适宜，避免各种应激反应。

种鸡场应进行支原体净化，淘汰阳性反应鸡，控制垂直传播。

疫苗接种是一种减少霉形体感染的有效方法。疫苗有两种，弱毒活疫苗和灭活疫苗。10~20日龄采用支原体弱毒活疫苗点眼免疫。一般一次免疫即可，也可在10~16周龄用活苗再补强免疫一次。种鸡开产前用支原体油乳剂灭活苗免疫。

发病鸡可选用泰乐菌素、壮观霉素、林可霉素、多西环、红霉素、恩诺沙星等治疗，有一定疗效（注意在产蛋期不能使用抗生素治疗，可以使用中药制剂；肉鸡出栏前10天不能使用抗生素）。由于支原体易产生耐药性，长期使用单一药物，往往效果不好，在使用时药量一定要足，疗程不宜太短，一般要连续用药3~7天，且最好是几种药物轮换使用或联合使用。

中药治疗：用柴胡、荆芥、半夏、茯苓、甘草、贝母、桔梗、杏仁、麻黄、赤芍、厚朴、陈皮各30克，细辛6克，研粗粉，用时加沸水焖半小时，取上清液加水适量供饮服，药渣拌料，剂量为每天每千克体重1克生药，效果极佳。

10. 鸡曲霉菌病

（1）流行特点：高温高湿、通风不良、饲养密度大的地面平养鸡群容易发生，10周龄以下的鸡群容易发生。曲霉菌的孢子广泛存在于自然界，如土壤、草、饲料、谷物、环境中的各类设备、动物体表等都可存在。霉菌孢子还可借助于空气流动而散播到较远的地方，在适宜的环境条件下，可大量生长繁殖，污染环境，引起传染。本病的主要传染媒介是被曲霉菌污染的垫料和发霉的饲料。

（2）临床症状：分为急性型和慢性型。

1）急性型病鸡临床症状：表现为病鸡精神沉郁，多卧伏，食欲减退，反应迟钝，常有眼炎，呼吸困难，冠和肉髯发绀，个别可见麻痹、共济失调等神经症状。眼睛被感染时可见瞬膜下形成黄色干酪样的小球状物，以致眼睑突出，角膜中央形成溃疡。1~4周龄的雏鸡常会引起大群死亡，死亡率一般为5%~50%。

2）慢性型病鸡临床症状：表现为精神沉郁，羽毛松乱，两翅下垂，食欲减退，进行性消瘦，呼吸困难，皮肤、黏膜发绀，常有腹泻，有的鸡还伴有嗉囊积液、口腔分泌物增多。病程一般为3~7天，少数慢性病例可拖至2周以上，死亡率较高。

（3）病理变化：在病鸡肺部、气囊上能够见到大小不一、数量不等的霉菌结节。肺脏上出现典型的霉菌结节，大小从粟粒到小米粒、绿豆不等，结节呈灰白色、黄白色或淡黄色，散在或均匀地分布在整个肺脏组织，结节被暗红色浸润带所包围，稍柔软，切开时内容物呈干酪样。气囊壁混浊、变厚，或见炎性渗出物覆盖，气囊膜上有数量和大小不一的霉菌结节，有时可见较肥厚隆起的霉菌斑。

（4）防治措施：加强垫料和饲料管理，防治发霉变质；防止鸡舍潮湿，保持合理的饲养密度，合理通风；定期清理和更换垫料；定期对鸡舍内环境进行消毒。治疗可以用1∶2 000硫酸铜溶液饮水，连用3~5天；制霉菌素每千克饲料，100万单位拌料，连用7天；克霉唑按0.01克/只，拌料，连用5天。也可以使用中药治疗。

（三）寄生虫病防治

寄生虫病可分为体内寄生虫病和体表寄生虫病两类。生产中常见的而且危害较大的主要是体内寄生虫病。对于生态养鸡，尤其是采用放养方式的时候，鸡只在地面活动，与土壤、粪便、污水、垃圾接触比较多，感染体内寄生虫病的机会也比较多。

1. 鸡球虫病

（1）流行特点：各个品种的鸡均有易感性，15~50日龄的鸡发病率和致死率都较高，成年鸡对球虫有一定的抵抗力。病鸡粪便是主要传染源，凡被带虫鸡污染过的饲料、饮水、垫料、土壤和用具等均为传染源。人及其衣服、用具等，以及某些昆虫都可成为传播者。鸡感染球虫的途径主要是吃了感染性卵囊。

放养鸡接触地面，病鸡粪便污染的饲料、饮水、土地，是本病的主要传染媒介。如天热多雨、鸡群过分拥挤、运动场太潮湿、大小鸡混群饲养、饲料中缺乏维生素A及日粮搭配不当，都是诱发本病流行的因素。

（2）临床症状：鸡感染盲肠球虫时，精神不振，羽毛松乱，缩颈闭目呆立，食欲减退，嗉囊内充满液体，鸡冠及可视黏膜苍白，逐渐消瘦，拉血便，严重者甚至排出鲜血，3~5天死亡。鸡患小肠球虫病时，其临床表现与盲肠球虫病相似，但病鸡不排鲜血便。日龄较大的鸡患球虫病时，一般呈慢性经过，症状轻，病程长。呈间歇性下痢，饲料报酬低，生产性能不能充分发挥，死亡率低。

（3）病理变化：盲肠球虫病病变主要见于盲肠，盲肠显著肿大，外观呈暗红色，浆膜面可见有针尖大至小米粒大小的白色斑点和小红点，肠内容物充满血液或凝固的血凝块，盲肠黏膜增厚，有许多出血斑和坏死灶。

患小肠球虫病的病死鸡，主要表现为肠管呈暗红色，高度膨胀、充气，肠壁增厚，浆膜面见有大量的白色斑点和出血斑。肠腔中充满血液或血样凝块。

（4）防治：加强饲养管理，保持鸡舍干燥、通风和鸡场卫生，定期清除粪便，堆放发酵以杀灭卵囊。保持饲料、饮水清洁，笼具、料槽、水槽定期消毒，一般每周一次，可用沸水、热蒸气或3%~5%的热碱水等处理。每千克日粮中添加0.25~0.5毫克硒可增强鸡对球虫的抵抗力。补充足够的维生素K和给予3~7倍推荐量的维生素A可加速鸡患球虫病后的康复。

免疫预防，使用球虫弱毒疫苗进行免疫，1~10日龄免疫一次。免疫后3周内禁用有抗球虫活性的药物，2周内不准更换垫料。

药物防治，抗球虫药应从12~15日龄的雏鸡开始给药，坚持按时、按量给药，特别要注意在阴雨连绵或饲养条件差时更不可间断（注意肉鸡出栏前10天不能使用抗球虫药）。为预防球虫在接触药物后产生耐药性，应采用穿梭用药、轮换用药或联合用药方案。在使用抗球虫药治疗的同时，补加维生素 K，每只每天 1~2 毫克；鱼肝油 10~20 毫升或维生素 A、维生素 D 粉适量，并适当增加多维素用量。

氯苯胍：预防按 30~33 毫克/千克浓度混饲，连用 1~2 个月；治疗按 60~66 毫克/千克浓度混饲 3~7 天，后改预防量予以控制。

氨丙啉：可混饲或饮水给药。混饲预防浓度为 100~125 毫克/千克，连用 2~4 周；治疗浓度为 250 毫克/千克，连用 1~2 周，然后减半，再连用 2~4 周。应用本药期间，应控制每千克饲料中维生素 B_1 的含量不超过 10 毫克，以免降低药效。

硝苯酰胺（球痢灵）：混饲，预防浓度为 125 毫克/千克，治疗浓度为 250~300 毫克/千克，连用 3~5 天。

莫能霉素：预防按 90~110 毫克/千克浓度混饲连用。

盐霉素（球虫粉、优素精）：预防按 60~70 毫克/千克浓度混饲连用。

马杜拉霉素（抗球王、杜球、加福）：预防按 5 毫克/千克浓度混饲连用。

常山酮（速丹）：预防按 3 毫克/千克浓度混饲连用至蛋鸡上笼，治疗用 6 毫克/千克混饲连用 1 周，后改用预防量。

尼卡巴嗪：混饲，预防浓度为 100~125 毫克/千克，育雏期可连续给药。

地克珠利（杀球灵）：主要做预防用药，按 1 毫克/千克浓度混饲连用。

托曲珠利（百球清）：主要做治疗用药，按 25~30 毫克/千克浓度饮水，连用 2 天。

磺胺类药：对治疗已发生感染的优于其他药物，故常用于球虫病的治疗。

磺胺喹噁啉（SQ）：预防按 150~250 毫克/千克浓度混饲或

按 50~100 毫克/千克浓度饮水，治疗按 500~1 000 毫克/千克浓度混饲或 250~500 毫克/千克浓度饮水，连用 3 天，停药 2 天，再用 3 天。16 周龄以上鸡限用。与氨丙啉合用有增效作用。

磺胺氯吡嗪（ESb$_3$），以 600~1 000 毫克/千克浓度混饲，300~400 毫克/千克浓度饮水，连用 3 天。

2. 鸡住白细胞原虫病

（1）流行特点：本病的发生有明显的季节性，南方多发生于 4~10 月，北方多发生于 7~9 月。各个年龄的鸡都能感染，但以 3~6 周龄的雏鸡发病率较高。本病主要通过库蠓蚊子等吸血昆虫叮咬而传播，故靠近池塘、水沟等杂草丛生的地方易发生。

（2）临床症状：病鸡精神沉郁，食欲不振，流涎，下痢，粪便呈青绿色。病鸡贫血严重，鸡冠和肉垂苍白，鸡冠表面有麸皮样皮屑，有的可在鸡冠上出现圆形出血点，所以本病亦称为"白冠病"。严重者因咯血、出血、呼吸困难而突然死亡，死前口流鲜血。

（3）病理变化：特征性病变是口流鲜血，口腔内积存血液凝块，鸡冠苍白，血液稀薄。全身皮下出血，胸肌和腿部肌肉散在明显的点状或斑块状出血。肝脏肿大，表面有散在的出血斑点。肾脏周围常有大片出血，严重者大部分或整个肾脏被血凝块覆盖。双侧肺脏充满血液，心脏、脾脏、胰脏、腺胃也有出血。肠黏膜呈弥漫性出血，在肠系膜、体腔脂肪表面、肌肉、肝脏、胰脏的表面有针尖大至粟粒大与周围组织有明显界限的灰白色小结节，这种小结节是住白细胞虫的裂殖体在肌肉或组织内增殖形成的集落，是本病的特征病变。

（4）临床诊断：根据流行病学资料、临诊症状和病原学检查即可确诊。

（5）防治：消灭库蠓、蚊子等吸血昆虫是预防本病的主要环节。应在立秋前，通过清除鸡舍周围杂草，填平臭水沟等措施,达到消灭或减少库蠓、蚊子等吸血昆虫的目的。库蠓、蚊子成虫多于晚间飞入鸡舍吸血,可用0.1%除虫菊酯喷洒,杀灭库蠓、蚊子的成虫。或安装细孔的纱门、纱窗防止库蠓、蚊子进入。在流行季节前,可对鸡群进行预防性投药。乙胺嘧啶按0.000 1%浓度混饮或按0.000 25%浓度混饲预防。

发病鸡可用下列药物治疗:①复方磺胺-5-甲氧嘧啶,按0.03%拌料,连用5~7天。②磺胺-6-甲氧嘧啶,按0.1%拌料,连用4~5天。③复方泰灭净,按0.05%~0.1%拌料混料投喂连用4~5天。饮水中添加维生素K_3,效果较好。注意,在产蛋期不能使用化学药物治疗,可以使用中药制剂。

3. 鸡蛔虫病

(1) 生活史与流行特点:鸡蛔虫一天可产7万多个虫卵,虫卵随鸡粪排到体外,在适宜的温度和湿度等条件下,经1~2周发育为感染性虫卵。鸡因接触被污染的土壤、垫料,吞食了被感染性虫卵污染的饲料或饮水而感染。3~4月龄以内的雏鸡最易感染和发病,1岁以上的鸡多为带虫者。

(2) 临床症状:雏鸡常表现为生长发育不良,精神沉郁,行动迟缓,食欲不振,下痢,有时粪中混有带血黏液,羽毛松乱,消瘦,贫血,黏膜和鸡冠苍白,最终可因衰弱而死亡。严重感染者可造成肠堵塞导致死亡。成年鸡一般不表现症状,但严重感染时表现下痢、产蛋量下降和贫血等。

(3) 病理变化:小肠黏膜发炎、出血,肠壁上有颗粒状化脓灶或结节。严重感染时可见大量虫体聚集,相互缠结,引起肠阻塞,甚至肠破裂和腹膜炎。

(4) 诊断:根据临床症状和剖检变化,结合饱和盐水漂浮法检查粪便发现大量虫卵,或尸体剖检在小肠,有时在腺胃和肌胃内发现有大量虫体可确诊。

(5) 防治:实行全进全出制,鸡舍及运动场地面认真清理消毒，并定期铲除表土；搞好环境卫生；及时清除粪便，堆积发酵，杀灭虫卵；饲槽、用具要经常清洁消毒；4 月龄以内的雏鸡、青年鸡应与成年鸡分群饲养，防止带虫的成年鸡使幼鸡感染发病；雏鸡采用笼养或网上饲养，使鸡与粪便隔离，减少感染机会；对污染场地上饲养的鸡群应定期进行驱虫，每年 2~3 次。可选用氟苯达唑，每千克饲料 30 毫克拌入，连喂 7 天。或选用左旋咪唑、阿苯达唑等。

治疗用阿苯达唑，每千克体重 10~20 毫克，一次内服；左旋咪唑，每千克体重 20~30 毫克，一次内服；噻苯达唑，每千克体重 500 毫克，配成 20% 的混悬液内服；枸橼酸哌嗪（驱蛔灵），每千克体重 250 毫克，一次内服。注意在产蛋期不能使用抗生素治疗，可以使用中药制剂；肉鸡出栏前 10 天不能使用化学药物。

4. 鸡羽虱　鸡羽虱是鸡常见的体外寄生虫病。一般常见的有头虱、体虱和羽虱 3 种，分别寄生在鸡的头颈部、羽毛上和体表各部皮肤上。虫体靠咀嚼形口器吸取鸡的羽毛或皮鳞屑，破坏毛囊，有时还吸吮鸡的血液。本病一年四季均可发生，以低温季节较为严重。

（1）临床症状：鸡群精神活泼，时常拥挤，躁动不安，出现惊群现象；羽毛蓬乱、断折居多，多数鸡啄自身羽毛；鸡体消瘦，掉毛处皮肤可见红疹、皮屑，查看鸡体，可见头、颈、背、腹、翅下羽毛较稀部位皮肤及羽毛基部上有大量羽虱爬动，或可见卵块；生长发育受阻，产蛋量下降。

（2）临床诊断：根据鸡群奇痒不安的表现对鸡群进行检查，发现鸡体皮肤羽毛基部寄生大量羽虱或卵块可确诊。

（3）防治：主要是用药物杀灭禽体上的虱，同时对禽舍、笼具、饲槽、饮水槽等用具和环境进行彻底杀虫和消毒。杀灭鸡体上的虱，可根据季节、药物制剂及鸡群受侵袭程度等不同情况，采用不同的用药方法。

1）烟雾法：20%杀灭菊酯（敌虫菊酯、速灭杀丁、氰戊菊酯）乳油，按每立方米空间 0.02 毫升，用带有烟雾发生装置的喷雾机喷雾。烟雾后鸡舍需密闭 2~3 小时。

2）喷雾或药浴法：20%杀灭菊酯乳油用 3 000~4 000 倍水稀释，或 2.5%敌杀死乳油（溴氰菊酯）用 400~500 倍水稀释，或 10%二氯苯醚菊酯乳油用 4 000~5 000 倍水稀释，直接向禽体上喷洒或药浴，均有良好效果。一般间隔 7~10 天再用药一次，效果更好。

3）伊维菌素：按每千克体重 0.1 毫克，混饲或皮下注射，均有良效。

（四）其他病防治

1. 啄癖 啄癖是啄肛癖、啄羽癖、啄趾癖、啄蛋癖等恶癖的统称，是由于管理不善、营养缺乏及其代谢障碍所致的一种综合征。一旦发生，鸡只互相啄食，常引起胴体等级下降，产蛋量减少，伤残和死亡增多，造成较大经济损失。

（1）病因：本病的病因主要有 4 方面。

1）管理因素：鸡舍潮湿，温度过高，通风不畅，有害气体浓度高，光线过强，密度过大，缺乏充足的运动，食槽少或摆放不合理，补饲时间不规律，外寄生虫侵袭等。

2）营养因素：饲料配合不当，蛋白质含量偏少，氨基酸不平衡，维生素、微量元素、食盐缺乏等。

3）疾病因素：感染传染性法氏囊病、腹泻类疾病、输卵管炎、外寄生虫侵袭等。

4）激素因素：鸡即将开产时血液中所含的雌激素和黄体酮增长，公鸡雄激素含量的增长，都是促使啄癖倾向增强的因素。性成熟偏早、初产母鸡蛋重偏大引起不同程度的难产也会诱发啄癣。

　　放养鸡群有比较大的活动空间，啄癖的发生相对较少。

　　（2）临状症状：主要有4种表现。

　　1）啄肛癖：雏鸡和产蛋鸡最为常见。尤其是雏鸡患白痢病时，病雏肛门周围羽毛粘有白灰样粪便，其他雏鸡不断啄食病鸡肛门，造成肛门破伤和出血，严重时直肠脱出，很快死亡。产蛋鸡产蛋时泄殖腔外翻（难产时泄殖腔外翻持续时间长），被其他母鸡看见后啄食（鸡对红色比较敏感），往往引起输卵管脱垂、破损和泄殖腔炎。

　　2）啄羽癖：各种年龄的鸡群均有发生，常见于产蛋高峰期和换羽期。常表现为自食羽毛或互相啄食羽毛，有的鸡被啄去尾羽、背羽，几乎成为"秃鸡"，或被啄得鲜血淋漓。多与含硫氨基酸和B族维生素缺乏有关。

　　3）啄趾癖：多发生于雏鸡。表现啄食脚趾，引起流血或跛行，有的甚至脚趾被啄光。

　　4）啄蛋癖：主要发生于产蛋鸡群，尤其是高产蛋鸡。表现为自产自食和互相啄食蛋现象。发生的原因多由于饲料缺钙或蛋白质含量不足。

　　（3）防治：应针对发病原因采取相应措施。

　　1）断喙：断喙是最有效的防治措施。7~15日龄断喙效果较好，50日龄前后再修喙一次。但是，对于商品肉鸡不能断喙，否则其销售价格会被压低。

　　2）提供平衡全价日粮：保证饲料中氨基酸的平衡（尤其是不能缺少含硫氨基酸，如蛋氨酸、胱氨酸等），并且不能缺少维生素和微量元素。啄羽癖可能是由于饲料中硫化物不足引起的，在饲料中补充硫化钙粉（把天然石膏磨成粉末即可），用量为每只鸡每天补充0.5~3克。有的啄食癖是由于饲料中缺乏食盐所引起的，可在日粮中短期添加1.5%~2%的食盐，连续3~4天，但不能长期饲喂，避免引起食盐中毒。

3）淘汰有啄癖鸡：鸡群一旦发现啄癖，应立即将被啄的鸡和有啄癖习惯的鸡淘汰。

4）注意改善环境和加强管理：鸡舍通风要好，饲养密度不宜过大，光线不能太强。食槽、饮水器应足够。给公鸡戴塑料眼镜也是减少啄癖的重要措施。

2. 黄曲霉毒素中毒　黄曲霉毒素中毒是由于鸡采食了被黄曲霉菌污染的含有毒素的玉米、花生粕、豆粕、棉籽饼、麸皮、混合料、配合料、垫料等而引起的中毒。本病的主要特征是病鸡肝脏肿大、黄疸、变性、硬化、增生和癌变。

（1）临床症状：雏鸡表现精神沉郁，食欲不振，消瘦，鸡冠苍白，虚弱，凄叫，拉淡绿色稀粪，有时带血。腿软不能站立，翅下垂。育成鸡表现精神沉郁，不愿运动，消瘦，小腿或爪部有出血斑点，或融合成青紫色，如乌鸡腿。成鸡耐受性稍高，病情和缓，产蛋减少或开产期推迟、极度消瘦。

（2）病理变化：黄曲霉毒素急性中毒与慢性中毒的病理变化表现如下。

1）急性中毒：肝脏充血、肿大、出血及坏死，色淡呈黄白色，胆囊充盈。肾苍白肿大。胸部皮下、肌肉有时出血。肠道出血。

2）慢性中毒：常见肝硬变，体积缩小，颜色发黄，并呈白色点状或结节状病灶，个别可见肝癌结节，伴有腹水。心包积水。胃和嗉囊有溃疡，肠道充血、出血。

（3）临床诊断：根据有食入霉败变质饲料的病史，有出血、贫血和衰弱为特征的临床症状，有肝脏变性、出血、坏死等病变为特征的剖检变化可做出初步诊断。

（4）防治：不要使用发霉的饲料及原料；防止饲料及原料发霉，饲料要在低温、干燥、通风、避光的地方贮存，防止雨淋。为防止饲料发霉，可在饲料中加入防霉剂，如在饲料中加入0.3%的丙酸钠或丙酸钙。一旦无法保证原料是否发霉，可以在饲料中添加脱霉剂。

3. 有机磷农药中毒　有机磷农药中毒是指鸡误食、吸入或皮肤接触有机磷农药，而引起胆碱酯酶失活的中毒病。常见的有机磷农药有1059、1605、3911、乐果、敌敌畏、敌百虫等。家禽对其特别敏感。

（1）病因：对农药管理或使用不当，致使鸡中毒。如用上述药物在鸡舍杀灭蚊、蝇或投放毒鼠药饵，被鸡吸入；鸡采食喷洒过农药不久的蔬菜、农作物或牧草；饮水或饲料被农药污染；防治鸡寄生虫时药物使用不当；其他意外事故等。放养鸡接触农药的概率高于舍内饲养的鸡。

（2）临床症状：最急性病例往往无明显症状，突然死亡。典型病例表现为流涎，流泪，瞳孔缩小，肌肉震颤、无力，共济失调，呼吸困难，冠髯发绀，下痢，最后呈昏迷状态，体温下降，卧地不起，窒息死亡。

（3）病理变化：由消化道食入者常呈急性经过，消化道内容物有一种特殊的蒜臭味，胃肠黏膜充血，肿胀，易脱落。肺充血水肿，肝、脾肿大，肾肿胀，被膜易剥离。心脏点状出血，皮下、肌肉有出血点。病程长者有坏死性肠炎。

（4）诊断：病鸡有与有机磷农药接触史。表现流涎，流泪，瞳孔缩小，呼吸困难，下痢，肌肉震颤，共济失调等临床症状。剖检消化道内容物有特殊的蒜臭味。

（5）治疗：首先是清除毒源或将鸡群与毒源隔离。常用的解毒药有双复磷或双解磷，成年鸡肌内注射40~60毫克/千克，同时配合1%的硫酸阿托品每只肌内注射0.1~0.2毫升。饮水中加入电解多维和5%的葡萄糖溶液。

十二、生态养鸡的经营管理

与集约化养鸡相比，生态养鸡的生产水平相对较低，生产成本相对较高。如在正常情况下，每个笼养鸡蛋的生产成本约为0.38元，而每个放养鸡蛋的成本约为0.65元；体重为1.8千克的舍饲优质肉鸡生产成本约为15元，而同一品种相同体重的放养肉鸡生产成本约为23元。生态养殖的鸡产品（肉、蛋）风味很好，受到消费者的广泛喜爱，加上鸡健康状况好、使用的药物和化学添加剂少，产品的质量安全效果好，因此，其销售价格也比集约化生产的鸡肉和鸡蛋高。尤其是目前，优质鸡蛋常常被作为走亲访友的礼品，其价格更是高于普通的零售鸡蛋。

优质的产品能够以较高的价格销售是保证生态养鸡生产和经营效益的重要前提。如何使消费者了解生态养鸡的产品质量，是提高销售价格、实现产品价值的基础。

（一）了解市场信息，以销定产

养鸡生产是市场化经济，而且是明显的买方市场，消费者的需求导向决定了生产者的生产模式和生产方向。如果不了解市场需求而发展生产则带有很大的盲目性，生产的产品不为消费者所接受，影响生产效益。

当前，我国的鸡产品市场向两个方向发展。一是集约化生产，通过实施标准化工程（所有的环节如场址选择、鸡舍设计、设备标准化、品种良种化、饲料配合化、饲养管理规范化、卫生防疫程序化、产品规格化等均按照有关标准执行），为市场提供充足的、产品质量符合安全标准的肉鸡和鸡蛋；二是采用生态养殖模式，为高消费群体提供风味好、产品质量安全的鸡肉和鸡蛋。

从当前我国养鸡生产现状看，集约化养殖（包括笼养和圈养）是当前养鸡生产的主流，它所提供的鸡肉和鸡蛋的总量已经能够满足人们日常的消费需要。目前，我国鸡蛋产量已经占全世界总产量的 40% 多，鸡肉产量占 15% 左右，而且出口很少，基本都是在国内消费。我国鸡蛋的人均占有量位居世界前列，鸡肉的人均占有量达到了世界的平均水平，想要通过进一步增加消费量来刺激消费、提升效益的空间很有限。此外，由于我国养鸡业的生产、管理、经营的规范化程度低，尤其是卫生防疫管理工作与标准化要求相差甚远，鸡病问题依然十分突出。由此造成的鸡群生产性能偏低、死亡率偏高、产品质量问题突出（药物残留、微生物污染等）的现象很普遍。我国鸡蛋、鸡肉出口量十分有限的根本原因在于肉和蛋的质量达不到一些发达国家的质量标准。这也引起了国内一些消费者的重视，而且会进一步受到重视。

由于食品质量安全事件频发，由此导致的消费者心理上受到的不良刺激很大，在一些大中城市中收入水平较高的消费者对食品质量安全已经高度重视，宁愿以较高的价格去购买质量安全能够得到保证的产品。在一些超市内柴鸡蛋的价格比普通的笼养鸡蛋高 2 倍多，柴鸡的价格是白羽肉鸡的 2~3 倍，就是这种高端消费潜力和趋势的重要表现。

正是由于较高收入人群对鸡蛋和鸡肉的质量安全问题给予重视，高质量的肉鸡和鸡蛋的价格远远高出普通的鸡蛋和肉鸡，由此催生了近年来生态养鸡产业的快速发展。但是，由于规模化生态养鸡处于起步阶段，能够提供的产品数量有限，造成市场上假冒的柴鸡和柴鸡蛋泛滥。据一些媒体报道，一些城市内销售的柴鸡蛋中有 90% 左右是假冒的柴鸡蛋，是笼养鸡所产的蛋（粉壳蛋、重量小的褐壳蛋，甚至就是褐壳蛋、白壳蛋），70% 左右的柴鸡并非真正意义上的放养柴鸡，而是舍饲的优质肉鸡。另外，一些生态养鸡场不注意宣传，使自己生产的真正的优质产品不为城市消费者所知而无法以较高的价格销售，也影响到他们的生产经营效益和积极性。近年来，许多放养柴鸡的业主，在鸡养成后无法以较好的价格销售出去的现象很多。可以说，目前柴鸡蛋和柴鸡市场的混乱情况，假冒产品充斥市场的状态让很多消费者对所谓的柴鸡和柴鸡蛋质量产生怀疑，也影响了他们对优质鸡蛋和鸡肉的信任，这种信任危机导致一些真正的生态放养柴鸡和柴鸡蛋无法实现优质优价。

市场需求是产品价格的决定因素，生产销售市场真正急需的产品是逐渐提升高端鸡蛋和鸡肉消费水平的基础。在这种情况下，发展常规的养鸡业已经很难获得高而且稳定的生产效益，而发展特色性的柴鸡放养模式，提供风味好、质量安全有保证的柴鸡和柴鸡蛋将在未来较长时期处于繁荣阶段。

（二）加强产品宣传，提高消费者的认知水平

消费市场的开发、拓展需要宣传。再好的产品也需要进行宣传，只有通过宣传使消费者了解你的产品和你的产品的优点才能刺激消费，才能促进生态养殖产业的不断升级。

产品宣传的媒介很多，报纸、电视、各种网络平台、传单、交易会、讲座、产品的外包装都是产品的宣传形式，生产者要根据自己所在地区的具体情况，选择合适的宣传方式。因为，作为生态养殖的产品大都是在本地区或附近城市销售的。

产品的宣传内容要真实、要科学，不能夸大其词，要让消费者认可。因为许多高档产品的消费者文化水平比较高，对产品质

量的认识更科学、更理性。过分夸大产品的优点或作用，只会适得其反。

通过会员制的方式，让会员购买会员卡，然后生态放养鸡场为会员定期提供优质的鸡蛋或鸡肉，是保证产品及时以理想价格销售的重要手段。

通过与大中型企事业单位建立供需联系，定期定量提供产品，成为他们的固定供应者，也是争取客户的重要途径。

在居民区设立专卖店或专用自助售货柜也是当前一些规模化生态养殖场正在探索的销售途径。

（三）改进产品包装，迎合消费需要

1. 产品的包装对消费者的影响很直观　目前，城市消费者在购买各种消费品的时候都会非常重视产品的包装。要求产品的外包装能够反映产品的内在质量，能够吸引消费者的注意力，能够体现消费者所关心的事项。

消费者所关心的有几个方面的事项：一是包装内的柴鸡蛋是否真正是放养鸡产的蛋，二是放养的鸡是否大量使用商业性配合饲料，三是鸡群的放养环境如何，四是鸡群放养期间是否健康与药物使用是否规范，五是柴鸡蛋的真正品质是否能够有保证。包装设计必须能够反映出消费者所关心的这些问题。

2. 包装方法　传统的鸡蛋销售都是用容量为 25～30 千克的大筐，在市场上用秤进行称量。一些企业使用了专用包装箱，每个箱内的鸡蛋或者是数量一致，或者是重量一致，多数为 60 枚或 5 千克。柴鸡蛋一般都是按照个数进行包装的，使用塑料蛋托或蛋盒，每个蛋托（盒）可以放 12 枚蛋，每个箱内装 48～60 枚蛋。这样既可以保证一箱鸡蛋在不太长的时间内吃完（避免存放时间过长而影响蛋的品质），又能够方便取用。

随着电子商务和物流配送行业的发展，经过包装的鸡蛋可以

通过网购形式购买，由物流公司派送，这种情况对鸡蛋的包装要求更高，需要采用带孔泡沫板作为内包装材料，要求能够有效防止由于振动和碰撞造成鸡蛋的破损。

（四）加强产品质量管理

要想真正赢得消费者的认可，长期保持柴鸡和柴鸡蛋的内在品质良好是必需的，无论任何时候都要把质量放在第一位。尤其是对于品牌化经营者更是如此。

1. 保证鸡群放养的时间 放养柴鸡其产品所具有的独特风味与其在较长时间内有较大的运动量有密不可分的关系。柴鸡在放养过程中大范围、大活动量的运动会产生一系列的运动代谢产物，而这些产物中的有些成分与肉或蛋的风味直接有关。而肉和蛋的风味与其内部风味物质的沉积量有很大关系，没有足够的时间是无法沉积足够的风味物质的。

要使柴鸡和柴鸡蛋具有良好的风味，必须保证这些鸡有足够的运动量。肉用柴鸡出售前在较大场地内的放养时间超过 6 周，通过运动不仅沉积了风味物质，也使肌肉更紧实，吃起来的口感更好。蛋用柴鸡每周的室外活动时间不应该少于 25 小时，或每天不少于 4 小时，有足够的室外活动时间既能够保证风味物质的形成与沉积，又能够使鸡与地面土壤有足够的接触，能够采食到一定数量的野生饲料。

2. 保证野生饲料资源的较多使用 如果把柴鸡圈在鸡舍内喂饲全价配合饲料，虽然鸡肉和鸡蛋的品质会比笼养商品蛋鸡的蛋、快大型白羽肉鸡的肉风味好，但是远远不如放养的鸡产品。一些与生命活动和产品风味有关的物质并没有被人们充分认识，鸡群在放养过程中与土壤充分接触，并能够在刨食过程中通过土壤获得一些我们所未知的营养因子。野生的、新鲜的饲料中所包含的一些成分也有许多是未知的，配合饲料都是经过干燥、贮存、加工的产品，一些成分在这些过程中可能就被破坏了。因此，让鸡采食新鲜的野生饲料（包括原粮），能够摄入这些未知成分，是有助于提高产品的风味的。

放养过程为鸡群采食野生饲料资源提供了良好条件。即便是在围圈放养过程中，也要为鸡群提供青草、草籽、原粮、灯光诱虫（甚至是人工育虫）等野生饲料，才能保证所饲养的柴鸡和生产的柴鸡蛋有良好的风味。

3. 不能过分追求高的生产性能　一些柴鸡饲养者在生产过程中总希望通过与专家交流，最大幅度地提高柴鸡的生产性能（包括生长发育速度、产蛋率等）。其实这是不现实的事情，因为目前在养鸡生产中，生产性能太高会使产品的质量（尤其是产品的风味）有所降低。柴鸡和柴鸡蛋之所以风味好，与其生产性能较低是有很大关系的。

放养柴鸡的产蛋率超过60%，鸡蛋的含水率就明显提高，鸡蛋的风味就明显减弱；放养的柴鸡如果70日龄的体重超过1.5千克，100日龄超过2千克，则其肉的风味就远远不如100日龄体重在1.2~1.5千克的肉鸡。

追求高的生产性能就失去了柴鸡放养的宗旨，即提供含水率低、风味好、肉蛋中药物和化学添加剂残留少的产品。

4. 保证鸡群的健康　只有健康的鸡群才能保持良好的生产性能和产品质量，才是获得良好生产经营效益的前提。

如果柴鸡放养过程中忽视了卫生防疫管理，鸡群发生了疾病，其生产性能不仅要受到重要影响，产品的质量安全也无法得到保证，如感染致病性大肠杆菌的鸡群，产蛋率低，蛋壳表面常常沾有粪便，蛋壳表面带有大肠杆菌；感染副伤寒的鸡群所产的鸡蛋或肉中会携带鸡副伤寒沙门杆菌，这是一种能够引起人肠炎的病菌。此外，当鸡群发生疾病的时候，很多鸡场经营者不可避免地要使用药物进行治疗，这些药物则有可能残留到鸡肉和鸡蛋中；感染传染病的鸡，其血液或组织中有病原微生物的存在，也为消费者留下很大的安全隐患。

因此，在生产过程中加强卫生防疫管理，提高鸡群的健康水平是保证柴鸡和柴鸡蛋质量安全的基础。

5. 控制使用的药物 在柴鸡放养过程中，为了预防疾病，不可避免地要使用疫苗和药品。如果能够合理使用，不仅能够保证鸡群的健康，也不会造成产品的质量安全问题。

（1）疫苗的合理使用：按照免疫程序及时接种疫苗不会对鸡肉和鸡蛋的质量安全造成问题。需要注意的是在柴鸡上市前15天不要接种活疫苗，上市前45天不要接种油乳剂疫苗，因为接种疫苗后当抗体产生的时候鸡群就该出售了，失去了接种疫苗的意义。另外，油乳剂疫苗接种后，疫苗要经过30天左右的时间才能吸收完全，接种时间晚，疫苗吸收不完全则接种部位会存在溃疡斑。接种油乳剂疫苗之前要使疫苗的温度上升到27℃左右，如果温度低，会在接种部位形成硬结，疫苗吸收不良，接种部位的皮下或肌肉处有溃疡，影响肉的质量。

（2）合理使用药物：放养柴鸡时，为了防治细菌性疾病和寄生虫病，在必要的时候需要使用抗生素或抗寄生虫药物。使用的药物必须是国家允许使用的，农业部规定在家禽养殖中不能使用的药物名单，即违禁药物是绝对不能使用的。使用中草药预防疾病是生产无公害或绿色鸡肉和鸡蛋的重要措施。

对于蛋用柴鸡，很多的化学合成药物吸收后会转移到蛋内，这些药物多数都注明产蛋鸡不能使用。因此，放养产蛋鸡需要在平时使用一些中药制剂、益生素产品等用于防治疾病的发生，保证鸡蛋中没有化学药物残留。

对于肉用柴鸡，为了减少或避免药物在鸡肉中的残留，在肉鸡上市前15天不能使用各种药物。如果使用了化学合成药物，则必须推迟上市时间，以保证肉鸡上市前体内药物充分地进行分解代谢和排泄。

6. 养殖场地的环境要好　生态放养鸡群经常在室外放养场地中活动和觅食，放养场地的环境会从多方面对鸡群产生影响。要求放养场地没有受到过污染，场地中没有设立过化工厂、药厂、屠宰场，没有垃圾填埋场，没有污水排放池，因为这些设施会对周边环境（土壤、地下水）造成污染，这种地面上生长的植物也难免不被污染。在平原地区选择的放养场地地势要相对较高，排水便利，雨后没有积水，这样能够防止随污水带来的污染物在场地内沉积，保持场地干燥也有利于减少环境中微生物和寄生虫的繁殖。如果放养场地被化学品或微生物污染，所生产的肉和蛋被污染的概率很高。

7. 产品及时上市　柴鸡饲养的时间越长，饲养成本越高，患疾病的风险也越大。因此，在生长发育基本成熟的时候必须及时上市。如有的柴鸡饲养到 100~120 日龄的时候，体重达到 1.5千克，饲养成本约 30 元；如果饲养到 140 日龄，体重达到 1.7千克，饲养成本则达到 40 元。

柴鸡蛋在生产出来后也要及时销售出去，在鸡场内鸡蛋存放时间越长，则到销售和消费环节中的保质期越短。

（五）教会消费者选择放养鸡产品

要加强科技知识的宣传普及工作，让消费者对放养鸡产品有一定的鉴别能力，能够通过肉眼鉴别所购产品是否是真正的放养鸡产品，减少假冒伪劣产品对消费者利益的损害。

1. 放养柴鸡蛋的选择　真正的放养柴鸡蛋所具备的特征如下。

（1）蛋重：柴鸡由于没有经过系统选育，其体重大小差异较大、开产日龄也有较大差别，这就造成一群放养柴鸡所产蛋的大小有明显差异，不像笼养配套系蛋鸡产的鸡蛋大小很均匀。目前，一些人用笼养蛋鸡刚开产期间所产的蛋冒充柴鸡蛋，因蛋的重量较小，其大小与柴鸡蛋比较接近。一些公司培育的粉壳蛋鸡所产鸡蛋的蛋壳颜色为浅褐色或灰色，也是当前市场上假冒柴鸡蛋的主要来源，其蛋重差异也比较小。

（2）蛋壳颜色：放养柴鸡群所产鸡蛋的蛋壳颜色差异较大，在一筐鸡蛋中有褐色、浅褐色、灰色、灰白色和绿色等，不像培育品种或配套系蛋鸡所产鸡蛋的蛋壳颜色比较均匀一致。

（3）蛋壳表面性状：放养柴鸡由于在地面活动，脚爪上经常沾有泥巴、杂草等，产蛋窝中也可能有泥土、粪便、草屑等，一部分产出的鸡蛋表面也可能沾有这些杂物；笼养鸡群所产蛋的蛋壳一般比较干净，个别会沾有粪便，有些蛋壳的表面有条状灰痕（笼底网铁丝表面的灰尘）；放养鸡群所产蛋的蛋壳致密度高、气孔小，绝大多数蛋壳表面比较光滑；笼养鸡所产蛋蛋壳表面气孔大，有一部分蛋壳表面粗糙或有深褐色斑点。

（4）蛋白黏稠度：打开鸡蛋倒入盘子中会发现放养柴鸡蛋的蛋白黏稠度高、蛋白隆起；笼养鸡所产蛋的蛋白较稀，向周围扩散面大。

（5）蛋黄性状：打开鸡蛋倒入盘子中会发现放养柴鸡蛋的蛋黄黏稠度高、成凸起状，颜色发黄；笼养鸡所产蛋的蛋黄隆起较低，颜色多呈浅黄色，如果饲料中添加色素则蛋黄颜色为深黄甚至发红。

（6）观察胚盘：绝大多数的放养柴鸡群中会有一些公鸡，这就会使大多数鸡蛋受精，受精的鸡蛋在打开后观察蛋黄表面会发现有一个颜色较浅的圆斑，直径约 0.5 厘米；而笼养商品蛋鸡所产蛋则没有受精，蛋黄表面也有一个颜色较浅的斑块，直径约 0.25 厘米。

2. 放养肉用柴鸡的选择　市场上冒充放养肉用柴鸡的产品主要是舍饲的优质肉鸡，它们的主要区别有以下几方面。

（1）趾与爪：放养肉用柴鸡的饲养期比较长，一般要求在100日龄以上，其趾和爪也比较细长；而舍饲的优质肉鸡饲养期一般不超过70天，趾和爪相对较短粗。

（2）胫部特征：舍饲的优质肉鸡大多数胫部较粗，出栏时由于周龄小，胫部鳞片显得光润，胫部中间靠后面的距不明显；放养肉用柴鸡饲养期长，大多数胫部较细，胫部鳞片显得比较干瘪、粗糙，有的鸡距部突出。

（3）胸肌和腿肌丰满度：放养肉用柴鸡胸部和腿部肌肉没有舍饲优质肉鸡丰满，但是用手捏一下感觉前者比较紧实。

（4）羽毛：舍饲优质肉鸡出栏时间较早，鸡全身的羽毛常常处于换羽时期，羽毛的毛根较粗、毛管常常呈褐色，体表有刚露出皮肤的新羽毛，羽毛显得蓬松。而放养柴鸡饲养期超过100天后尾羽发育比较完整，羽毛紧贴身躯，全身羽毛光亮可鉴。